U0730211

根据新版考试大纲编写

全国计算机等级考试教程

二级 Access 数据库程序设计

策未来◎编著

NATIONAL COMPUTER RANK EXAMINATION

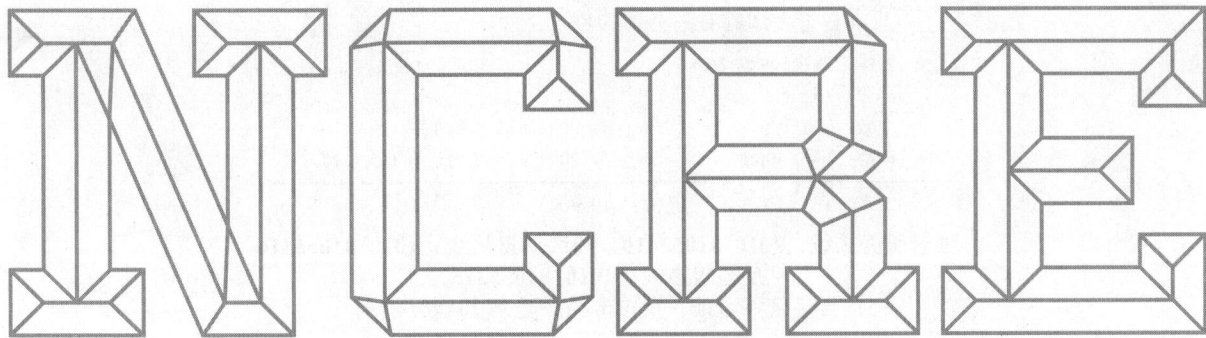

NCRE

人民邮电出版社

北京

图书在版编目（CIP）数据

全国计算机等级考试教程. 二级Access数据库程序设计 / 策未来编著. -- 北京 : 人民邮电出版社, 2021.5
ISBN 978-7-115-55656-1

Ⅰ. ①全… Ⅱ. ①策… Ⅲ. ①电子计算机－水平考试－教材②关系数据库系统－程序设计－水平考试－教材 Ⅳ. ①TP3

中国版本图书馆CIP数据核字(2020)第255381号

内 容 提 要

本教程严格依据《全国计算机等级考试二级 Access 数据库程序设计考试大纲》（2021年版）编写，旨在帮助考生（尤其是非计算机专业的考生）学习相关内容，顺利通过考试。

本教程共 8 章，主要内容包括数据库基础、数据库和表、查询、窗体、报表、宏、VBA编程基础以及 VBA 数据库编程。本教程中所提供的例题、习题均源自新版无纸化考试题库。此外，本教程的重、难点知识旁还提供了二维码，考生扫描后可进入"微课堂"观看该知识的微视频讲解，使学习、练习、听课有机结合，学习方式更灵活，学习效率更高。

本教程可作为全国计算机等级考试二级 Access 数据库程序设计的培训教材和自学用书，也可作为相关人员学习 Access 的参考书。

◆ 编　　著　策未来
　　责任编辑　牟桂玲
　　责任印制　彭志环

◆ 人民邮电出版社出版发行　　北京市丰台区成寿寺路 11 号
　　邮编　100164　　电子邮件　315@ptpress.com.cn
　　网址　https://www.ptpress.com.cn
　　北京鑫正大印刷有限公司印刷

◆ 开本：787×1092　1/16
　　印张：16
　　字数：370 千字　　　　　　　　　　2021 年 5 月第 1 版
　　印数：1 – 2 500 册　　　　　　　2021 年 5 月北京第 1 次印刷

定价：49.90 元

读者服务热线：(010)81055410　印装质量热线：(010)81055316
反盗版热线：(010)81055315
广告经营许可证：京东市监广登字 20170147 号

本书编委会

主　编:朱爱彬

副主编:方廷香

编委组(排名不分先后):

刘志强	尚金妮	朱爱彬	范二朋
方廷香	欧成静	荣学全	李超群
蔡广玉	刘　兵	韩雪冰	章　妹
刘伟伟	王　翔	段中存	胡结华
王　超	赵宁宁	王　勇	王晓丽
费　菲	张明涛	钱　凯	龚　敏
曹秀义	钱林林	何海平	詹可军

前 言

全国计算机等级考试由教育部考试中心主办，是国内影响较大、参加考试人数较多的计算机水平考试。它的根本目的在于以考促学，这决定了它的报考门槛较低，考生不受年龄、职业、学历等背景的限制，任何人均可根据自己学习和使用计算机的实际情况报考不同级别的考试。本教程面向选考"二级 Access 数据库程序设计"科目的考生。

一、为什么编写本教程

对于全国计算机等级考试，考生一般从报名到参加考试只有不到 4 个月的时间，复习时间有限，并且大多数考生都是非计算机专业的学生或社会人员，基础比较薄弱，复习起来比较吃力。通过对该考试的研究和对大量考生的调查分析，我们逐渐摸索出一些可以帮助考生提高学习效率和学习效果的方法。因此我们策划、出版了本教程，并将我们多年研究、总结的教学和学习方法贯穿全书，帮助考生巩固所学知识，顺利通过考试。

二、本教程特色

1. 全新升级的教程

在深入研究新大纲、操作系统及考试方法的基础上，我们组织一批专家、名师精心编写了本教程。书中以 Microsoft Office Access 2016 为载体，采用最新无纸化题库资源，适用于 Windows 7、Windows 8 和 Windows 10 操作系统环境，考生可以通过本教程全面掌握新大纲中要求的考试内容。

2. 全新"微课堂"教程

为了帮助考生快速掌握应试方法、提高应试成绩，顺利通过考试，我们组织专家、名师经过多次研讨，在将书本知识与互联网技术相结合的前提下编写了本教程。本教程的最大亮点是通过"微课堂"将教程中的重难点内容与视频讲解相结合，使学习、练习、听课相辅相成。在重难点后附有二维码，读者只需用手机或平板电脑扫描二维码，即可进入"微课堂"观看老师讲解该知识点的视频。每个视频的时长为 3～20 分钟，读者可以利用碎片时间学习，有效解决时间和效率等现实问题。

3. 一学就会的教程

本教程的知识体系都经过精心设计，力求将复杂问题简单化，将理论难点通俗化，让读者一看就懂，一学就会。

● 针对初学者和考生的学习特点和认知规律，精选内容，分散难点，降低学习难度。

● 例题丰富，深入浅出地讲解和分析复杂的概念和理论，力求做到通俗易懂。

● 采用大量插图，并通过简洁明了的图注，将复杂的理论知识讲解得生动、易懂。

● 为考生精心设计学习方案，设置"请注意"等栏目引导和帮助考生学习。

4.衔接考试的教程

本教程在深入分析和研究历年考试真题的基础上,结合历年考试的命题规律选择内容、安排章节,遵循"多考多讲、少考少讲、不考不讲"的原则。在讲解各章节的内容之前详细介绍考试的重点和难点,便于考生合理安排学习计划,做到有的放矢。

三、如何学习本教程

本教程的每章都安排了章前导读、本章评估、学习点拨、本章学习流程图、知识点详解等固定板块。下面详细介绍如何合理地利用这些资源。

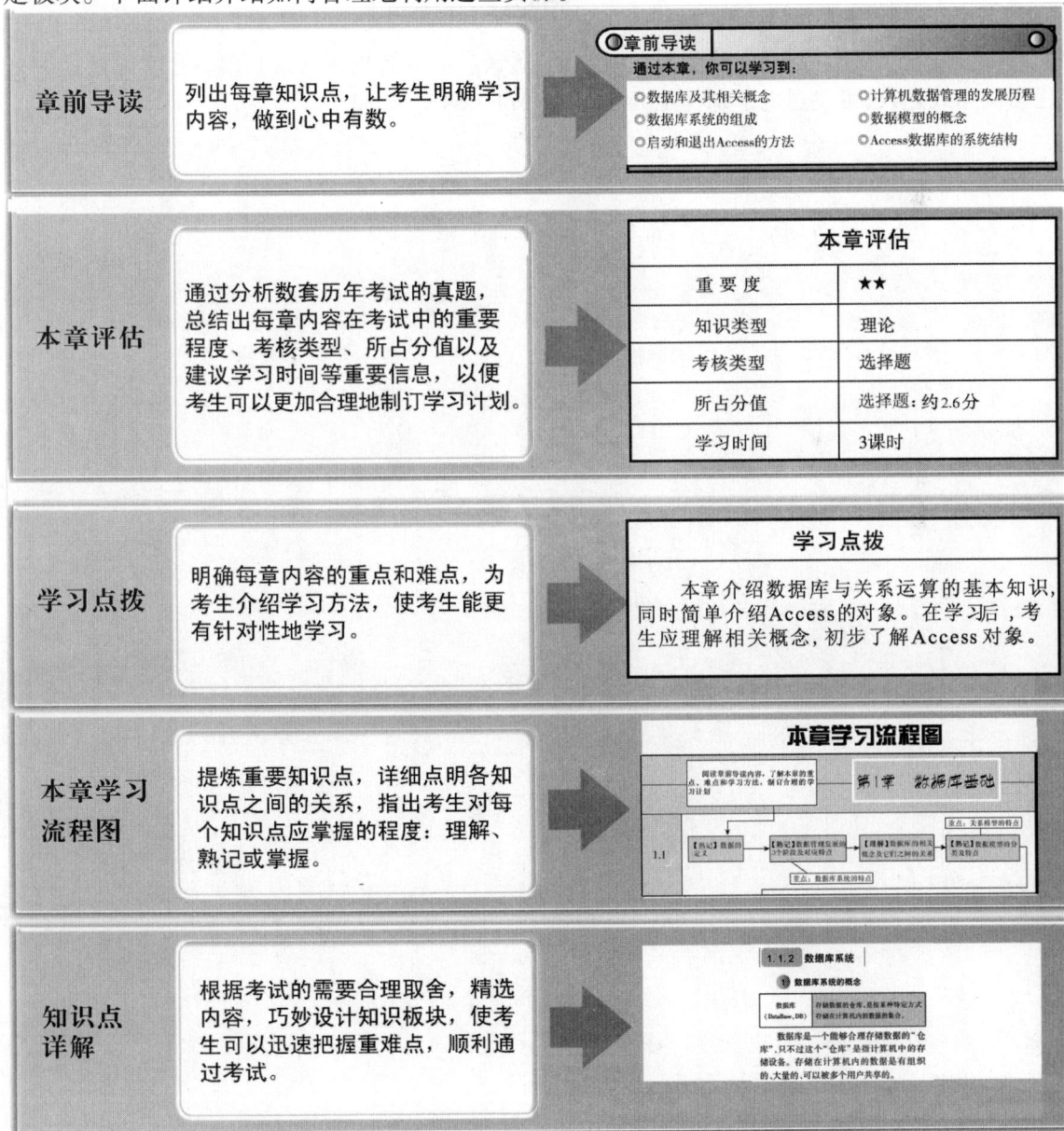

章前导读

列出每章知识点,让考生明确学习内容,做到心中有数。

> **章前导读**
> 通过本章,你可以学习到:
> ◎ 数据库及其相关概念　　◎ 计算机数据管理的发展历程
> ◎ 数据库系统的组成　　　◎ 数据模型的概念
> ◎ 启动和退出Access的方法　◎ Access数据库的系统结构

本章评估

通过分析数套历年考试的真题,总结出每章内容在考试中的重要程度、考核类型、所占分值以及建议学习时间等重要信息,以便考生可以更加合理地制订学习计划。

> **本章评估**
>
> | 重要度 | ★★ |
> | --- | --- |
> | 知识类型 | 理论 |
> | 考核类型 | 选择题 |
> | 所占分值 | 选择:约2.6分 |
> | 学习时间 | 3课时 |

学习点拨

明确每章内容的重点和难点,为考生介绍学习方法,使考生能更有针对性地学习。

> **学习点拨**
>
> 本章介绍数据库与关系运算的基本知识,同时简单介绍Access的对象。在学习后,考生应理解相关概念,初步了解Access对象。

本章学习流程图

提炼重要知识点,详细点明各知识点之间的关系,指出考生对每个知识点应掌握的程度:理解、熟记或掌握。

> **本章学习流程图**

知识点详解

根据考试的需要合理取舍,精选内容,巧妙设计知识板块,使考生可以迅速把握重难点,顺利通过考试。

> **1.1.2　数据库系统**
>
> ① 数据库系统的概念

四、本书配套资源及获取方式

为方便考生备考和教师教学，本教程精心打造了配套教学资源，包括无纸化考试模拟软件、所有案例的素材及最终效果文件、PPT课件、视频教程、章末课后总复习答案及解析等内容。扫描下方的二维码，关注微信公众号"职场研究社"，回复"55656"，即可获得资源下载链接。

由于编者水平有限，书中难免有疏漏之处，敬请广大读者批评指正。读者在学习过程中有任何疑问或建议，可发送电子邮件至 muguiling@ ptpress. com. cn。

编　者

目 录

第1章
数据库基础

章前导读

通过本章，你可以学习到：

◎数据库及其相关概念　　　　◎计算机数据管理的发展历程

◎数据库系统的组成　　　　　◎数据模型的概念

◎启动和退出Access的方法　　◎Access数据库的系统结构

本章评估		学习点拨
重 要 度	★★	
知识类型	理论	本章介绍数据库与关系运算的基本知识，同时简单介绍Access的对象。在学习后，考生应理解相关概念，初步了解Access对象。
考核类型	选择题	
所占分值	选择题：约2.6分	
学习时间	3课时	

本章学习流程图

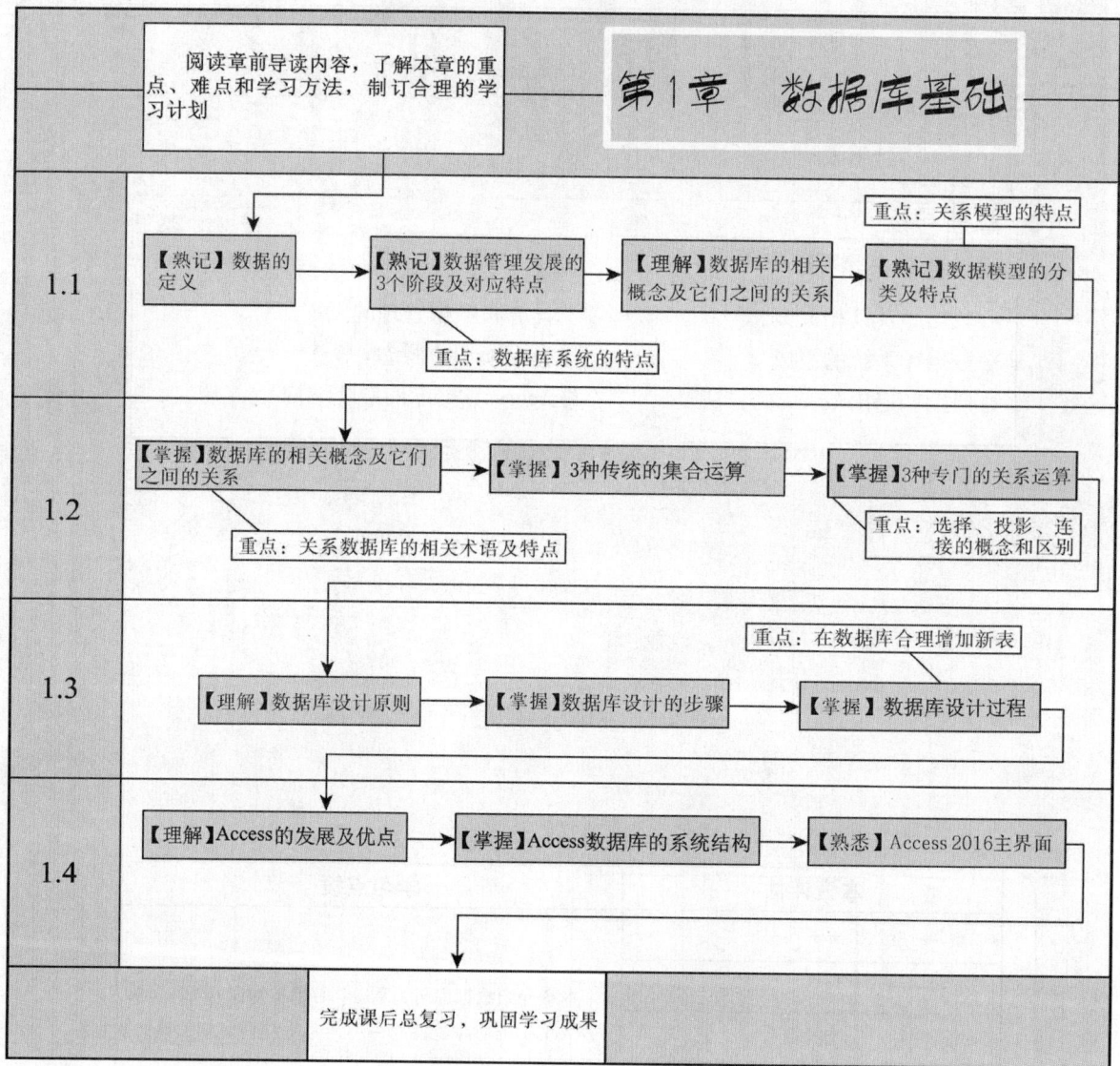

	阅读章前导读内容，了解本章的重点、难点和学习方法，制订合理的学习计划	**第1章　数据库基础**

1.1	【熟记】数据的定义　→　【熟记】数据管理发展的3个阶段及对应特点　→　【理解】数据库的相关概念及它们之间的关系　→　【熟记】数据模型的分类及特点　重点：关系模型的特点　重点：数据库系统的特点
1.2	【掌握】数据库的相关概念及它们之间的关系　→　【掌握】3种传统的集合运算　→　【掌握】3种专门的关系运算　重点：关系数据库的相关术语及特点　重点：选择、投影、连接的概念和区别
1.3	【理解】数据库设计原则　→　【掌握】数据库设计的步骤　→　【掌握】数据库设计过程　重点：在数据库合理增加新表
1.4	【理解】Access的发展及优点　→　【掌握】Access数据库的系统结构　→　【熟悉】Access 2016主界面
	完成课后总复习，巩固学习成果

1.1　数据库基本概念

"数据库"已经成为现代信息技术的核心和基础。在生活中,学校的图书管理、银行的账户管理、超市的商品管理都要用到数据库。那么,什么是数据库? 它有哪些类型? 读者将通过本节的学习得到答案。

1.1.1　计算机数据管理的发展

名师讲解

1　数据

数据(Data)	存储于某种媒体,用于承载信息的物理符号,是一种未经加工的原始资料。

数据不仅包括数字、字母、文字等文本数据,还包括图形、图像、动画等非文本数据。

数据包含以下两方面内容。

①描述事物特性的数据内容。

②存储在某种媒体上的数据形式。

例如,对于一部电视剧来说,电视剧内容就是描述事物特性的数据内容,而电视剧内容存储在录像带上,其实是以数据形式存储在这一媒体上的。

2　计算机数据处理和数据管理

数据处理(Data Processing)	将数据转换为信息的过程。

信息(Information)	从数据处理的角度而言,信息是一种被加工成特定形式的数据。

人们说的"信息处理",其真正含义是为了获取信息而处理数据。人们通过处理数据可以获得信息,通过分析和筛选信息可以进行决策。

在计算机操作系统中,使用计算机的外存储器(如磁盘)来存储数据;使用软件系统来管理数据;使用应用系统来对数据进行加工处理。

数据管理(Data Management)	数据处理中最基本的工作,是其他数据处理的核心和基础。

数据管理的主要工作包括对数据的组织、分类、编码、储存、维护、查询统计等。

3　计算机数据管理的发展阶段

计算机在数据管理方面经历了从低级到高级的发展过程。计算机数据管理随着计算机硬件、软件和应用范围的发展而不断发展,经历了人工管理、文件系统、数据库系统(后又发展为分布式数据库系统和面向对象的数据库系统)等几个阶段。

计算机数据管理发展中的3个具有代表性的阶段说明如表1-1所示。

表 1-1　　　　　计算机数据管理的发展

发展阶段	人工管理	文件系统	数据库系统
背景	20 世纪 50 年代中期以前的数据处理大都采用人工管理的方式	20 世纪 50 年代后期,计算机技术大量应用于数据处理。这一阶段,数据与应用程序具有了一定的独立性。这一独立性体现在数据文件和程序文件分别保存	20 世纪 60 年代后期,数据处理的数量达到了前所未有的高度,单纯依靠文件管理系统来管理数据已经不能满足用户的需求了。各个厂家开发了大量的数据处理系统。数据库管理系统就是在这个大背景下产生的

发展阶段	人工管理	文件系统	数据库系统
关系 示意图	在人工管理阶段,应用程序和数据之间的关系如下: 应用程序1 → 数据组1 应用程序2 → 数据组2 ⋮　　　　　⋮ 应用程序n → 数据组m	在文件系统阶段,应用程序和数据之间的关系如下: 应用程序1 ⇄ 文件系统 ⇄ 数据组1 应用程序2 　　　　　　　数据组2 ⋮　　　　　　　　　　　　⋮ 应用程序n 　　　　　　　数据组m	在数据库系统阶段,应用程序和数据之间的关系如下: 应用程序1 应用程序2 ⇄ 数据库管理系统 ⇄ 数据库 ⋮ 应用程序n
特点	● 数据和应用程序不具有独立性 ● 数据不能长期保存 ● 数据不能共享,冗余度高	● 数据和应用程序具有一定独立性 ● 数据文件可以长期保存 ● 数据不能共享,冗余度高	● 实现了数据共享,减少了数据冗余 ● 采用特定的数据模型 ● 具有较高的数据独立性 ● 具有统一的数据控制功能

在数据库管理系统的统一控制下,不同的应用程序可以调用数据库中相同的数据,实现了数据共享,减少了数据冗余。文件系统中的数据就像是小区里每家的房子,是不能共享的;而数据库系统中的数据就像是小区里的花园,是大家可以共同使用的。

随着科学技术和数据库系统的发展,数据库系统又发展为分布式数据库系统和面向对象的数据库系统,二者的特点如表 1-2 所示。

表 1-2　　　　分布式数据库系统和面向对象的数据库系统的特点

类型	分布式数据库系统	面向对象的数据库系统
特点	● 是数据库技术与网络通信技术相结合的产物 ● 分为物理上分布、逻辑上集中的分布式数据库结构和物理上分布、逻辑上分布的分布式数据库结构两种	● 是数据库技术与面向对象的程序设计技术相结合的产物 ● 能够自然存储复杂数据对象及这些对象之间的复杂关系 ● 使数据库管理效率大幅提高,用户操作的复杂性大幅降低

1.1.2 数据库系统

1 数据库系统的概念

数据库 (DataBase,DB)	存储数据的仓库,是按某种特定方式存储在计算机内的数据的集合。

数据库是一个能够合理存储数据的"仓库",只不过这个"仓库"是指计算机中的存储设备。存储在计算机内的数据是有组织的、大量的、可以被多个用户共享的。

数据库管理系统 (DataBase Management System,DBMS)	数据库系统中专门对数据进行管理的软件,是数据库系统的核心组成部分。

数据库管理系统是提供数据库管理的计算机系统软件,专门用于管理数据库,是用户和数据库的接口。它不仅为数据库提供数据定义、数据操纵、数据库运行管理、数据库组织存储和管理、数据库建立和维护等操作功能,还具有对数据完整性、安全性进行控制的功能。

数据库管理系统的目的是让用户能够更方便、有效、可靠地建立数据库和使用数据库中的信息资源。

常用的数据库管理系统有 Oracle、Sybase、SQL Server、Access 等。

数据库系统 (DataBase System,DBS)	一种可以有组织地、动态地存储大量关联数据,方便用户访问的计算机软件和硬件资源组成的系统。

数据库系统由 5 个部分组成:硬件系统、

数据库集合、数据库管理系统及相关软件、数据库管理员、用户。

数据库应用系统 （DataBase Application System, DBAS)	为某一类实际应用定制开发的应用软件系统。

常见的数据库应用系统有电信计费系统、财务管理系统等。

🔍 **请注意**

数据库管理系统是数据库系统的组成部分，数据库是数据库管理系统的管理对象。数据库系统包括数据库管理系统和数据库。

数据库管理员 （DataBase Administrator, DBA)	负责监督和管理数据库系统的专门人员和管理机构。

2 数据库管理系统

数据库管理系统用于支持用户对数据库的基本操作，是数据库系统的核心软件。其主要目的是使数据成为方便用户使用的资源，易于为各种用户所共享；提高数据的安全性、完整性和可用性。数据库管理系统（DBMS）在数据库系统层次结构中的位置如图1-1所示。

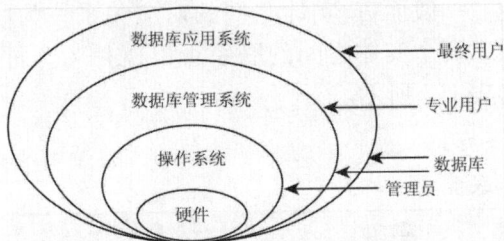

图1-1　数据库系统层次结构示意图

DBMS的功能主要包括以下6个方面。

（1）数据定义

数据定义包括定义构成数据库结构的外模式、模式和内模式，定义各个外模式与模式之间的映射，定义模式与模式之间的映射，定义有关的约束条件。

（2）数据操纵

数据操纵包括对数据库数据的检索、修改、插入、删除等基本操作。

（3）数据库运行管理

对数据库的运行进行管理是DBMS的核心功能，其包括对数据库进行并发控制、完整性约束条件的检查和执行、安全性检查、数据库的内部维护（如索引、数据字典的自动维护）等。所有访问数据库的操作都要在这些控制程序的统一管理下进行，以保证数据的安全性、完整性、一致性以及多用户对数据库的并行使用。

（4）数据的组织、存储和管理

数据库中需要存放多种数据，如数据字典、用户数据、存取路径等。DBMS负责分类地组织、存储和管理这些数据，确定以哪种文件结构和存取方式物理地组织这些数据、如何实现数据之间的联系，以便提高存储空间的利用率和随机查找、顺序查找、增、删、改等操作的效率。

（5）数据库的建立和维护

建立数据库包括数据库初始数据的输入及数据转换等。维护数据库包括数据库的转储与恢复、数据库的重组与重构、性能的监视与分析等。

（6）数据通信接口

DBMS可以提供与其他软件系统进行通信的功能。例如，DBMS提供与其他DBMS或文件系统的通信接口，从而能够将数据转换为另一个DBMS或文件系统能够接受的格式，或者接收其他DBMS或文件系统中的数据。

为了提供上述功能，DBMS通常由以下4个部分组成。

● 数据定义语言及其翻译处理程序。
● 数据操纵语言及其编译（或解释）程序。
● 数据库运行控制程序。
● 实用程序。

1.1.3 数据模型

数据模型是对现实世界数据特征的抽象

表现形式。由于计算机不能直接处理现实世界中的具体事物，因此人们必须把具体事物转化为计算机可以处理的数据。这一转化经历了对现实事物特性的认识、概念化到计算机数据库里的具体表示的逐级抽象过程，如图1-2所示。

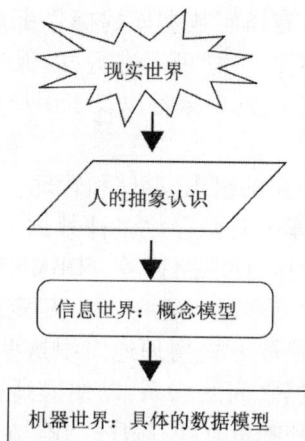

图1-2　客观事物的抽象过程

数据模型是数据库的核心和基础。

1　实体描述

（1）实体

实体 （Entity）	现实世界中存在的可以相互区分的事物或概念。

实体可以是一个实际的事物，例如一个学生、一名教师等；也可以是一个抽象的事件，例如一场演出、一场比赛等。

每个实体都有自己的特征，利用这些特征可以区分不同的实体，例如通过身高、年龄、体重等特征来描述一个学生。

（2）属性

属性 （Attribute）	描述实体的特性。

例如，对于一个学生，可以用学号、姓名、出生日期等来描述他的特性，即学生的属性。属性的取值称为属性值，例如学生的姓名为"张三"，则"张三"就是该学生姓名的属性值。

（3）实体型及实体集

实体型 （Entity Type）	属性值的集合表示一个实体，而属性的集合表示一种实体的类型。
实体集 （Entity Set）	具有相同特征或能用同样特征描述的实体的集合。

例如，某个学生的属性（学号，姓名，性别）是一个实体型，而学生作为一个整体则是实体集。实体集间也存在联系，如学生和课程之间有"选课"联系。

（4）实体之间的联系

现实世界中的事物彼此之间是相互关联的，换句话说，也就是实体之间是存在联系的。一般而言，实体之间的对应关系称为联系。两个实体之间的联系可以概括为3种，如表1-3所示。

表1-3　　　　　　　　　两个实体之间的联系

联系	比例	联系的描述	举例	对应图例
一对一	1:1	设有两个实体型A和B，对于实体型A中的每一个实体，在实体型B中只有一个实体与之联系；而对于实体型B中的每一个实体，在实体型A中也只有一个实体与之联系	校长和学校，1所学校只能有1个校长，1个校长只能在1所学校任职	
一对多	1:n	设有两个实体型A和B，对于实体型A中的每一个实体，在实体型B中均有多个实体与之联系；而对于实体型B中的每一个实体，在实体型A中只有一个实体与之联系	1个学校有多名教师，而每名教师只能在1所学校工作	

续表

联系	比例	联系的描述	举例	对应图例
多对多	$m:n$	设有两个实体型 A 和 B,对于实体型 A 中的每一个实体,在实体型 B 中均有多个实体与之联系;而对于实体型 B 中的每一个实体,在实体型 A 中也均有多个实体与之联系	1 个学生可以选修多门课程,1 门课程也可以有多个学生选修	学生1 — 课程甲 学生2 — 课程乙 学生3 — 课程丙

🔍 **请注意**

一对一联系是一对多联系的特例,而一对多联系又是多对多联系的特例。

2 常见的数据模型

(1)数据模型的相关概念

数据模型 (Data Model)	数据库管理系统中用来表示实体和实体间联系的方法,是一组严格定义的概念集合。它具有数据结构、数据操作和数据约束条件 3 个要素。

● 数据结构是指研究的对象类型的集合。

● 数据操作是指数据库中各种数据对象允许执行的操作集合。

● 数据约束条件是指一组数据完整性规则的集合,而数据完整性规则是指数据模型中的数据及其联系所具有的制约和依存规则。

(2)数据模型的分类

目前,数据库领域中最常用的数据模型有 3 种,即层次模型、网状模型和关系模型。其中层次模型和网状模型统称为非关系模型。

① 层次模型。

层次模型 (Hierarchical Model)	用树形结构表示实体及其联系的模型称为层次模型。在层次模型中,结点是实体,树枝是联系,从上到下是一对多(包括一对一)的联系。

支持层次模型的数据库管理系统称为层次数据库管理系统,其中的数据库称为层次数据库。

层次模型的特点如下。

● 有且仅有一个无双亲结点的根结点,它位于最高的层次,即顶端。

● 根结点以外的子女结点,向上有且仅有一个双亲结点,向下可以有一个或多个子结点。

同一双亲的子女结点称为兄弟结点,没有子女结点的结点称为叶结点,如图 1-3 所示。

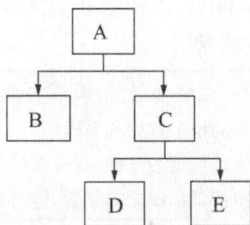

图 1-3 层次模型

在图 1-3 中,A 是根结点,B、C 是兄弟结点,D、E 也是兄弟结点,B、D、E 为叶结点;D、E 是 C 的子女结点,B、C 是 A 的子女结点;C 是 D、E 的双亲结点,A 是 B、C 的双亲结点。

层次模型的不足之处是:不能表示多对多的联系,结构缺乏灵活性,容易引起数据冗余。

② 网状模型。

网状模型 (Network Model)	用网状结构表示实体及实体间联系的模型称为网状模型。可以说,网状模型是层次模型的扩展,表示多个从属关系的层次结构,呈现一种交叉关系。

支持网状模型的数据库管理系统称为网状数据库管理系统,其中的数据库称为网状数据库。

网状模型的特点如下。

● 允许一个或一个以上的结点无双亲结点。

● 一个结点可以有多个双亲结点。

图 1-4 所示的两个例子都是网状模型。

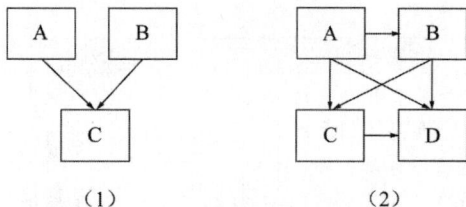

图 1-4　网状模型

图 1-4（1）所示的结点 A、B 没有双亲结点。

图 1-4（2）所示的结点 C、D 均有两个双亲结点 A 和 B。

网状模型的主要缺点是指针数据项使数据增大。当数据复杂时，指针部分将占用大量存储空间；数据增减时，指针也需随之变化，因此指针的建立和维护比较麻烦。

③ 关系模型。

关系模型 （Relational Model）	用"二维表"结构表示实体及实体之间联系的模型称为关系模型。关系模型以关系代数理论为基础，在关系模型中，操作的对象和结果都是二维表，即关系。

支持关系模型的数据库管理系统称为关系数据库管理系统，其中的数据库称为关系数据库。在 Access 中，每一个表都是一个关系，每个关系都是一个二维表。

每一个表组成一个关系，一个关系有一个关系名，如表 1-4、表 1-5 所示。

表 1-4　　　　课程表

课程号	课程名
1030000001	高等数学
1030000002	大学语文
1030000003	大学英语

表 1-5　　　　成绩表

学号	课程号	成绩
0100000001	1030000001	90
0100000001	1030000002	91
0100000001	1030000003	94

表和表之间通过关键字段建立起一对一、一对多、多对多的关系。例如表 1-4 和表 1-5 通过关键字段"课程号"建立联系。

关系模型与层次模型、网状模型的本质区别是关系模型的数据描述具有一致性，模型概念单一。在关系数据库中，每个关系都是一个二维表，无论是实体本身还是实体间的联系均用称为"关系"的二维表来表示，这使得描述实体的数据本身能够自然地反映它们之间的联系。而传统的层次数据库和网状数据库是使用链接指针来存储和体现联系的。

真题演练

【例1】数据库的基本特点是（　　　）。

A）数据可以共享，数据冗余大，数据独立性高，易统一管理和控制

B）数据可以共享，数据冗余小，数据独立性高，易统一管理和控制

C）数据可以共享，数据冗余小，数据独立性低，易统一管理和控制

D）数据可以共享，数据冗余大，数据独立性低，易统一管理和控制

【解析】本题主要考查数据库的基本特点。数据库的基本特点是数据可以共享、数据独立性高、数据冗余小，易移植、统一管理和控制。故选项 B 正确。

【答案】B

【例2】关系数据库管理系统中所谓的关系指的是（　　　）。

A）各元组之间彼此有一定的关系

B）各字段之间彼此有一定的关系

C）数据库之间彼此有一定的关系

D）满足一定条件的二维表格

【解析】在关系型数据库管理系统中，每个关系都是一个二维表，无论是实体本身还是实体间的联系均用称为"关系"的二维表来表示。所以关系就是满足一定条件的二维表格。故选项 D 正确。

【答案】D

【例3】按数据的组织形式，数据库的数据模型可分为 3 种，它们是（　　　）。

A）小型、中型和大型　　　B）网状、环状和链状

C）层次、网状和关系　　　D）独享、共享和实时

【解析】本题主要考查数据模型的分类。A 选项是从规模方面来划分数据库模型的，与题意不符；B 选项是根据存储方式划分的，与题意不符；D 选项是从数据是否共享方面来划分的，与题意不符；C 选项是根据数据的组织方式来划分的，将数据库划分为层次、网状和关系 3 种模型，故选择 C 选项。

【答案】C

1.2 关系数据库

1970年，美国 IBM 公司的埃德加·弗兰克·科德（Edgar Frank Codd）在美国计算机学会会刊 *Communication of the AMC* 上发表了论文 *A Relational Model of Data for Large Shared Data Banks*，文中提出了数据库的关系模型，开创了数据库系统的新纪元。目前，关系数据库系统的研究已经有了进一步的发展，如 DB2、Oracle、SQL Server 等。

1.2.1 关系数据模型

关系数据库系统是当今主流的数据库系统。本小节将介绍关系数据模型的相关概念及特点，并举例说明重要概念。

关系数据模型 （Relational Data Model）	用二维表的形式表示实体和实体间联系的数据模型。

1 关系术语

在关系模型中，实体集、实体之间的联系均由单一的关系结构表示。下面一一介绍关系中涉及较多的名词和概念。

（1）关系

关系 （Relation）	实际上就是一个二维表，每一个关系都有关系名。

Access 中的关系存储为具有表名的表，图 1-5 所示的"课程"表是一个关系，图 1-6 所示的"学生"表也是一个关系。

关系的描述格式如下。

关系名（属性名1，属性名2，……，属性名n）

在 Access 中则表示如下。

表名（字段名1，字段名2，……，字段名n）

图 1-5 所示的关系在 Access 中可以表示如下。

课程（课程号，课程）

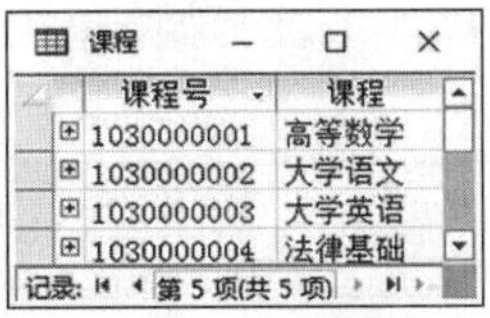

图 1-5 "课程"表

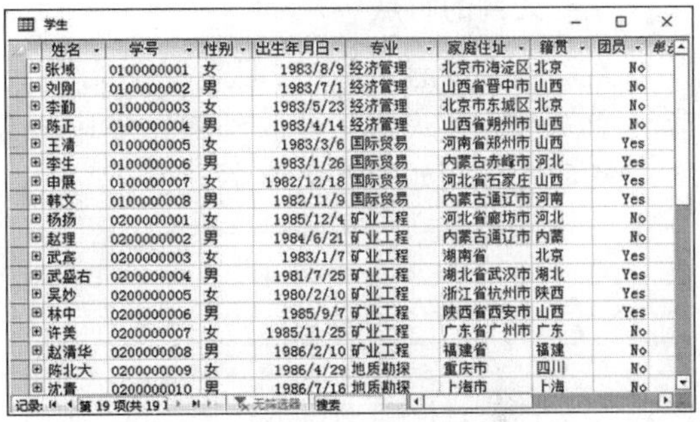

图 1-6 "学生"表

（2）属性

属性 （Attribute）	关系中的列，在 Access 中表示为字段名。

属性具有"型"和"值"两层含义，"型"是指属性名和属性取值域，"值"是指具体数值。属性用于表示实体的特征，一个关系中往往不止一个属性。图 1-6 所示的表有 8 个属性，分别为"姓名""学号""性别""出生年月日""专业""家庭住址""籍贯""团员"。

（3）元组

元组 （Tuple）	关系表中的行，表示一个实体属性的集合，在 Access 中表示为一条具体的记录。

图 1-5 所示的"课程"表中有 4 条记录，分别对应 4 门课程，例如"1030000001，高等数学"就是一条记录。

（4）域

域 （Domain）	即我们平时说的取值域，指属性的取值范围。

例如，在"性别"属性中，域为{男，女}，即属性值只能是"男"或"女"。

（5）主键

主键 （Primary Key）	能够唯一表示一个元组的属性或属性组合，在 Access 中表示为字段或字段的组合。

在 Access 中，能够唯一表示一个元组的

就是主键和候选主键。例如图1-6所示的"学号"就是能够唯一表示学生信息的主键。

（6）外键

外键 （Foreign Key）	对于两个相互联系的表 R 和 S，如果一个字段 A 不是本表 S 的主键，而是另一个表 R 的主键或候选主键，则这个字段 A 就是表 S 的外键，也叫外码。外键用于表现表与表之间的关联。

2 关系的特点

关系模型看起来简单，但是并不能把日常工作中手工管理所用的各种表格按照一个表对应一个关系的方式直接存放到数据库中。关系模型对关系有一定的要求。

关系的特点如图1-7所示。

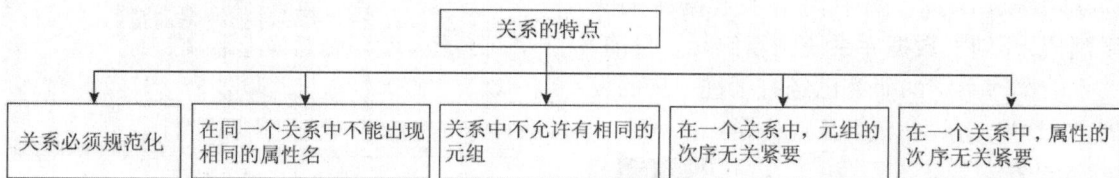

图1-7 关系的特点

所谓"规范化"，是指关系模型中的每一个关系模式都要满足一定的要求，而且表中不能再包含表。关系中的属性名具有不可重复性，即 Access 中不能出现相同的字段名。关系中不能出现完全相同的元组，也就是说不能出现数据冗余。关系中行（即元组）排列的先后次序不影响数据的实际含义，关系中列的先后次序也不影响数据的实际含义。

3 实际关系模型

若干个关系模式的组合就构成了一个关系模型。在关系模型中，信息被组织成若干个二维表，每个二维表称为一个二元关系。Access 数据库往往包含多个表，各个表通过相同字段名建立联系。

表（Table）也称为关系，由表名、列、行组成，表的结构称为关系模式。例如，"课程"表的关系模式为：课程（课程号，课程）。

列（Column）也称为字段、域、属性。表中的每一列包含一类信息。

行（Row）也称为元组。表中的每一行由若干个字段组成，记录一个对象的有关信息。

🔍 **请注意**

表中的行和列都可以是无序的。

"学生管理"数据库中，"学生""成绩""课程"3 个表之间的关系如图 1-8 所示。"学生"表和"成绩"表通过相同字段名"学号"相联系，"成绩"表和"课程"表通过相同字段名"课程号"相联系，3 个表的关系模型由此构成。"学生管理"数据库中的 3 个表如图1-9所示，由这 3 个相联系的表得到的"课程查询"表如图1-10所示。

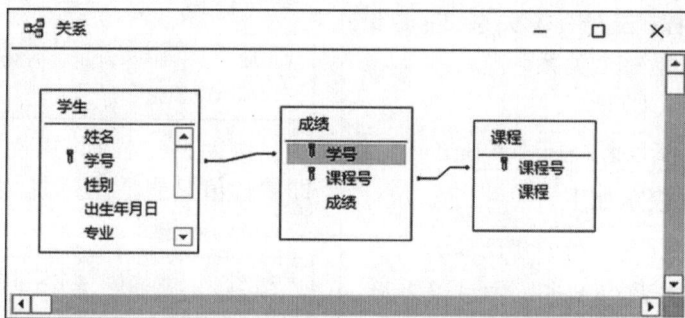

图1-8 "学生-成绩-课程"关系模型

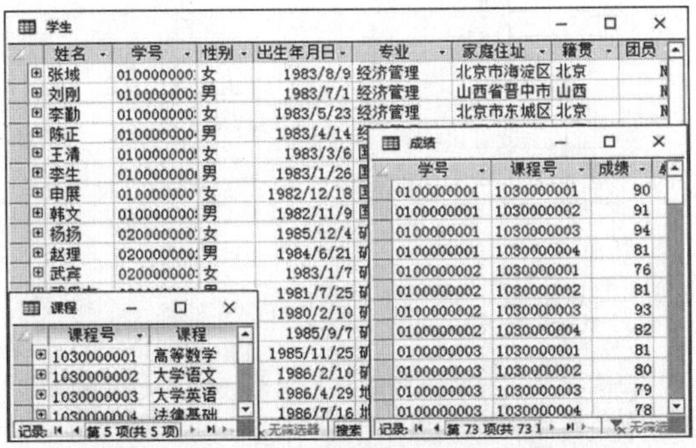

图 1-9 “学生管理”数据库中的数据表

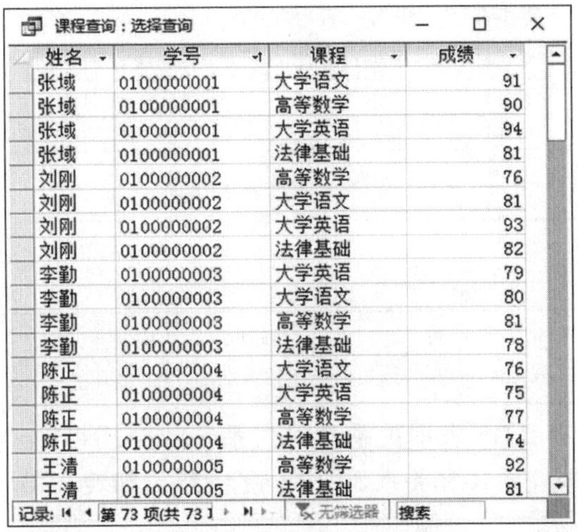

姓名	学号	课程	成绩
张域	0100000001	大学语文	91
张域	0100000001	高等数学	90
张域	0100000001	大学英语	94
张域	0100000001	法律基础	81
刘刚	0100000002	高等数学	76
刘刚	0100000002	大学语文	81
刘刚	0100000002	大学英语	93
刘刚	0100000002	法律基础	82
李勤	0100000003	大学英语	79
李勤	0100000003	大学语文	80
李勤	0100000003	高等数学	81
李勤	0100000003	法律基础	78
陈正	0100000004	大学语文	76
陈正	0100000004	大学英语	75
陈正	0100000004	高等数学	77
陈正	0100000004	法律基础	74
王清	0100000005	高等数学	92
王清	0100000005	法律基础	81

图 1-10 “课程查询”表

1.2.2 关系运算

名师讲解

关系运算是对关系数据库的数据操纵，主要用于关系数据库的查询操作。常见的关系运算符如表 1-6 所示。

表 1-6 常见的关系运算符

类型	运算符
传统的集合运算符	∪(并)、∩(交)、-(差)等
专门的关系运算符	σ(选择)、Π(投影)、⋈(连接)、÷(除)
算术比较符	>、≥、<、≤、≠和=
逻辑运算符	∨(或)、∧(与)和¬(非)

若将运算对象视为元组或者集合，则关系运算可分为传统的集合运算(并、差、交等)和专门的关系运算(选择、投影、连接、除等)。

其中，传统的集合运算将关系看成元组的集合，其运算是从关系“水平”方向的角度进行的。专门的关系运算不仅涉及行，还涉及列。算术比较符和逻辑运算符是用来辅助专门的关系运算符操作的。

1 传统的集合运算

关系代数是以集合代数为基础发展起来的，因此关系运算中引入了传统的集合运算。集合运算完全把关系看作元组的集合。进行集合运算的两个关系必须具有相同的结构。下面简单介绍集合运算中的∪(并)、∩(交)、-(差)运算。

关系 R(见表 1-7)和关系 S(见表 1-8)具有相同的属性个数，且相应的属性取自同一个域。

表 1-7 关系 R

A	B	C
a1	b1	c1
a1	b2	c1
a2	b1	c2

表 1-8 关系 S

A	B	C
a1	b1	c1
a2	b1	c2
a2	b2	c2

(1)并(∪)

并 (Union)	由属于这两个关系的所有元组组成的集合。

R∪S 表示关系 R 和关系 S 的并，R∪S = {关系 R 和关系 S 中的所有元组合并，再去掉重复的元组}，如表 1-9 所示。

表1-9　　　R∪S

A	B	C
a1	b1	c1
a1	b2	c1
a2	b1	c2
a2	b2	c2

（2）交（∩）

交 （Intersection）	假设关系R、S具有相同的结构关系，交运算的结果就是关系R、S共有的元组。

R∩S表示关系R和关系S的交，R∩S＝｛取关系R和关系S中相同的元组｝，如表1-10所示。

表1-10　　　R∩S

A	B	C
a1	b1	c1
a2	b1	c2

（3）差（-）

差 （Difference）	假设关系R、S具有相同的结构关系，差运算的结果就是从关系R中减去关系S中也有的元组。

R-S表示关系R和关系S的差，R-S＝｛从关系R中去掉与关系S中相同的元组｝＝R-（R∩S），如表1-11所示。

表1-11　　　R-S

A	B	C
a1	b2	c1

2　专门的关系运算

专门的关系运算包括σ（选择）、∏（投影）、⋈（连接）、÷（除）等。其中前3种是常用的关系运算。

（1）选择（σ）

选择 （Selection）	从关系中找到满足条件的所有元组，它是原关系的一个子集。

例如σ_F（R），其中R表示一个关系，F是选择条件，σ表示选择运算符。

例如，在关系R中选出"A"属性的取值为"2"的记录，表示为σ_{A=2}（R），得到新的关系S。

关系R

A	B	C
2	3	3
2	1	4
1	2	3
3	1	2

→

关系S

A	B	C
2	3	3
2	1	4

🔍 **请注意**

选择是从行的角度进行运算的，即从水平方向抽取满足条件的元组。

（2）投影（∏）

投影 （Projection）	从关系中挑出若干个属性组成新的关系。

如果新关系中包含重复元组，则去掉重复元组。投影运算记为∏_x（R），其中R为一个关系，x为一组属性名或属性序号。

例如，对关系R中的B、C属性列进行投影运算，记为∏_{B,C}（R），得到新的关系S。

关系R

A	B	C
2	3	3
2	1	4
1	2	3
3	1	2

→

关系S

B	C
3	3
1	4
2	3
1	2

🔍 **请注意**

投影是从列的角度进行运算的，会在选择某些列的同时丢弃某些列，相当于对关系进行垂直分解。

（3）连接（⋈）

连接 （Join）	将两个关系中的相关元组拼接成一个新的关系，生成的新关系中可以包含满足连接条件的全部相关元组。

连接也称为θ连接。它是从两个关系的笛

卡儿积中选取属性满足一定条件的元组。

连接运算中有两种最常用的连接,一种是等值连接,另一种是自然连接。

①等值连接($S \underset{A=B}{\bowtie} R$):从关系 R 和 S 的笛卡儿积中选择 A、B 属性相等的元组。

例如,对关系 R 和关系 S 进行等值连接,条件为关系 R 中"C"属性值等于关系 S 中"D"属性值。

关系 R

A	B	C
1	2	3
2	1	2
3	3	1

$\underset{C=D}{\bowtie}$

关系 S

D	E
2	3
1	1

→

A	B	C	D	E
2	1	2	2	1
3	3	1	1	1

②自然连接($R \bowtie S$):要求关系 R 和关系 S 必须有一个相同的属性,并从结果中去掉重复的属性列。自然连接是等值连接的特例,得到的结果是"共同属性"值相等的元组。

关系 R

A	B	C
1	2	3
2	1	2
3	3	1

$\bowtie$

关系 R

C	D
2	1
4	2

→

A	B	C	D
2	1	2	1

请注意

连接是关系的横向结合。关系运算的操作对象是关系,关系运算的结果仍然是关系。

真题演练

【例1】在 Access 中,与关系数据库中的术语"域"对应的概念是( )。

A)字段的取值范围　　B)字段的默认值

C)表中的名称　　　　D)表中的字段

【解析】本题主要考查数据库术语中"域"的概念。关系数据库中的"域"代表属性的取值范围,对应 Access 中的字段的取值范围。因此选项 A 正确。

【答案】A

【例2】关系模型中的术语"属性"对应的是 Access数据库中的( )。

A)字段　　　　　　B)索引

C)类型　　　　　　D)取值范围

【解析】本题主要考查数据库术语中"属性"的概念。关系术语"属性"表示二维表中垂直方向的列,对应 Access 数据表中的行和列分别称为记录和字段,因此关系术语"属性"对应 Access 数据库中的"字段"概念。因此选项 A 正确。

【答案】A

【例3】要在表中检索出属于计算机学院的学生,应该使用的关系运算是( )。

A)连接　　　　　　B)关系

C)选择　　　　　　D)投影

【解析】本题主要考查数据库中关系运算的应用及其概念。专门的关系运算包括投影、选择和连接。其中投影和选择是比较容易混淆的两个概念。投影运算是从关系模式中挑选若干个属性(列)组成新的关系,这是从列(字段)的角度进行的运算;而选择运算是在一个关系中找出满足指定条件的元组(行)。题干中要求在表中检索出属于计算机学院的学生,那么检索结果应该是一条条计算机学院的学生的完整记录,并不是单独的属性。因此选项 C 正确。

【答案】C

【例4】在 Access 中要显示"教师"表中姓名和职称的信息,应采用的关系运算是( )。

A)选择　　　　　　B)投影

C)连接　　　　　　D)关联

【解析】本题主要考查数据库中关系运算的应用及其概念。关系运算包括选择、投影和连接。①选择:从关系中找出满足给定条件的元组的操作。选择是从行的角度进行的运算,即从水平方向抽取记录。②投影:从关系中指定若干个属性组成新的关系。投影是从列的角度进行的运算,相当于对关系进行垂直分解。③连接:关系的横向结合。连接运算将两个关系拼接成一个新的关系,生成的新关系中包含满足连接条件的全部元组。此题干要求从关系中找出姓名和职称两列信息,应进行投影运算,所以选项 B 正确。

【答案】B

1.3 数据库设计基础

使用好的数据库设计方法,能够迅速、高效地创建一个设计完善的数据库。结构合理的数据库,将节省用户后期整理数据库所花的时间,并能更快地得到精确的查找结果。本节将介绍在 Access 中设计数据库的方法。

1.3.1 数据库设计原则

为了合理地组织数据,数据库设计应遵循以下几个原则,如图 1-11 所示。

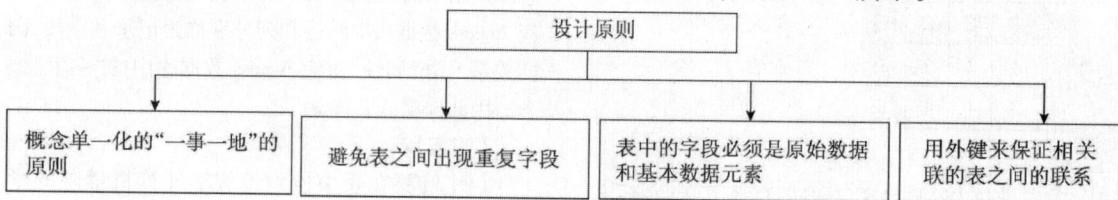

图 1-11　数据库的设计原则

"一事一地"指的是一个表描述一个实体或实体间的一种联系。例如,将有关职工基本情况的数据,包括性别、职位、职称等保存到职工表中。将工资信息保存到工资表中,而不是将这些数据统统放到一起。

"避免表之间出现重复字段"是指除了保证表中有反映与其他表之间的联系的外键之外,还应尽量避免在表之间出现重复字段。

1.3.2 数据库设计步骤

生活中所用到的关系数据库,通常都是利用给定的数据库管理软件创建出的符合用户需求的数据库应用系统,例如学生事务关系系统、网上购物系统、办公自动化系统、银行结算系统等。换句话说,我们需要的数据库不是一般性的抽象数据库,而是根据特定使用对象的条件和需求建立的具体应用数据库。

数据库大致的设计过程如图 1-12 所示。

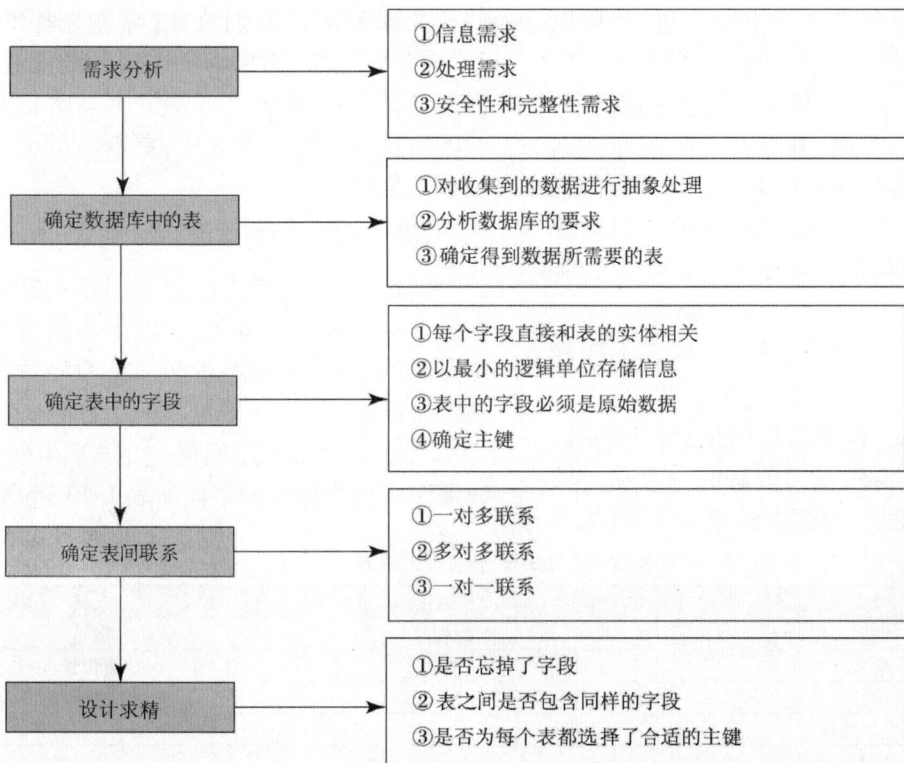

图1-12 数据库大致的设计过程

1.3.3 数据库设计过程

创建数据库首先要分析建立数据库的目的,再确定数据库中的表、表的结构、主键及表之间的关系。本小节将以设计"学生管理"数据库为例,介绍创建数据库的步骤。

【例】 设计"学生管理"数据库,包括"学生""课程""成绩"这3个表。"学生"表如表1-12所示。

表1-12 "学生"表

姓名	学号	性别	出生年月日	专业	家庭住址	籍贯	团员
张域	0100000001	女	1983-8-9	经济管理	北京市海淀区	北京	No
刘刚	0100000002	男	1983-7-1	经济管理	山西省晋中市	山西	No
……	……	……	……	……	……	……	……

1 需求分析

需求分析包括3个方面的内容:信息需求、处理需求,以及安全性和完整性需求。建立"学生管理"数据库的目的是更好地对学生的信息、成绩、课程进行系统管理,主要包括学生基本信息、成绩信息、课程信息。

2 确定数据库中的表

表是数据库的基本信息结构,确定数据库中应包含的表和表的结构,往往是数据库设计中最重要的也是最难处理的一个点。应合理地设计数据库中所包含的表,基本原则如下。

(1)每个表中只包含一个主题信息

每个表中只包含一个主题信息，才可以更好地、独立地维护主题信息。例如，将学生的基本信息、成绩信息和课程信息分别保存，在删除某一条信息时，就不会影响其他数据表中的信息。若将学生基本信息和课程信息放在一个表中，当某个学生只选修一门课程时，删除这一课程信息可能会将该学生的基本信息一起删除，这显然不符合要求。

（2）表中不包含重复信息，信息不在表间复制

信息不重复，在更新数据信息时可以提高效率，还可以消除不同信息的重复项。例如，在"学生管理"数据库中，将学生的基本信息及课程信息分别放在"学生"表和"课程"表中。这样，如果学生选修新的课程，则只需更新"课程"表。若将学生基本信息和课程信息放在同一个表中，更新时就会出现很多重复信息。

③ 确定表中的字段

确定关系时，需要注意的问题包括每个字段直接和表的实体相关、以最小的逻辑单位存储信息、表中的字段必须是原始数据和确定主键。

根据字段命名原则确定的"学生管理"数据库中包含的表的字段如表 1-13 所示。

表 1-13　"学生管理"数据库中的表的字段

学生	课程	成绩
姓名	课程号	学号
学号	课程	课程号
性别		成绩
出生年月日		
专业		
家庭住址		
籍贯		
团员		

主键主要用来确定表之间的联系，表示每一条记录。它可以是一个字段，也可以是一组字段。主键必须是唯一的、不可重复的。"学生管理"数据库各表中的主键如表 1-14 所示。

表 1-14　定义主键

学生	课程	成绩
学号	课程号	无

🔍 请注意

主键不是必须设置的，如表 1-14 中的"成绩"表就没有定义主键。但是一旦定义了主键，就必须确保主键的唯一性，Access 不允许在主键字段中输入重复值或空值。

④ 确定表间关系

为各个表定义了主键之后，还要确定各个表之间的关系，将各个表中的相关信息结合在一起形成一个关系数据库。图 1-13 所示为"学生管理"数据库中的表之间的关系。

设计完成之后，还应该向表中添加记录，以检验设计的数据库是否存在不足和缺陷，方便进一步完善数据库设计。

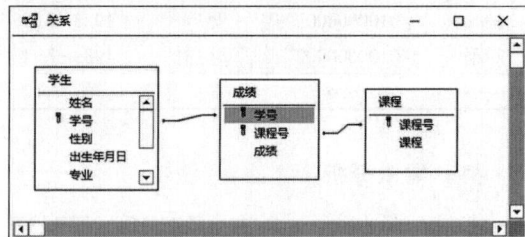

图 1-13　表间关系

⑤ 设计求精

通过前面几个步骤确定了表、表中的字段和表间关系后，应该再次研究一下设计方

案,检查可能存在的问题和需要改进的地方。要检查的内容包括是否遗忘了字段、是否包括重复信息、是否设置了正确的主键等。

真题演练

【例1】下列与 Access 表相关的叙述中,错误的是( )。

A)设计表的主要工作是设计表的字段和属性

B)Access 数据库中的表由字段和记录构成

C)Access 不允许在同一个表中有相同的数据

D)Access 中的数据表既相对独立又相互联系

【解析】本题主要考查数据表的相关概念。Access 数据库中的表由字段和记录构成,设计表的主要工作是设计表的字段和属性,Access 中的数据表既相对独立又相互联系。若 Access 没有设置主键,则可以在同一个表中输入相同的数据。因此选项 C 错误。

【答案】C

【例2】为了合理地组织数据,应遵从的设计原则是( )。

A)概念单一化"一事一地"的原则

B)避免在表中出现重复字段

C)用外键保证有关联的表之间的联系

D)以上都是

【解析】本题主要考查数据库设计应该遵循的设计原则。如上所述,数据库的设计原则包括4项,除了 A、B、C 3 项外,还有一项是表中的字段必须是原始数据和基本数据元素。故答案为 D 选项。

【答案】D

【例3】某学校有"教师"(教师号,教师名)、"学生"(学号,学生名)和"课程"(课程号,课程名)这3个表,若规定一名教师可讲授多门课程,一名学生可选修多门课程,则教师与学生之间形成了多对多联系。为反映这样的多对多联系并减少数据冗余,应在数据库中设计新表。下列关于新表的设计中,最合理的设计是( )。

A)增加两个表:学生 – 选课表(学号,课程号)和教师 – 任课表(教师号,课程号)

B)增加两个表:学生 – 选课表(学号,课程号,课程名)和教师 – 任课表(教师号,课程号,课程名)

C)增加一个表:学生 – 选课 – 教师表(学号,课

程号,教师号)

D)增加一个表:学生 – 选课 – 教师表(学号,学生名,课程号,课程名,教师号,教师名)

【解析】目前已建立"教师""学生""课程"3个基本表,另外一名教师可讲授多门课程、一名学生可选修多门课程,因此应增加学生 – 选课表(学号,课程号)和教师 – 任课表(教师号,课程号)来反映以上关系。课程名可通过"课程号"字段关联"课程"表获得,因此不需要增加课程名字段在以上两个表中。因此选项 A 正确。

【答案】A

1.4 Access 简介

1.4.1 Access 的发展及优点

Access 是 Office 办公套装软件中的重要组成部分。自 1992 年 11 月首次推出 Access 1.0 版本之后,经过多年的改进、完善,微软公司先后推出了多个版本:Access 2.0、7.0/9S、80/97、9.0/2000、10.0/2002、2003、2007、2010、2013 和 2016 版。Access 以功能强大、易学易用、界面友好等特点备受人们瞩目。现在,它已经成为主流的关系数据库管理系统。

Access 的最主要优点是不用携带向上兼容的软件。无论是有经验的数据库设计人员,还是刚刚接触数据库管理系统的新手,都会发现 Access 所提供的各种工具既非常实用,又十分方便。它具有高效的数据处理能力。

Access 的其他优点包括:具有方便实用的强大功能,Access 用户不用考虑构成传统计算机数据库的多个单独文件;可以利用各种图例快速获得数据;可以利用报表设计工具非常方便地生成漂亮的数据报表,而不需要编程;可以采用 OLE(Object Linking and Embedding,对象连接与嵌入)技术方便地创建和编辑多媒体数据库,包括文本、声音、图像、视频等对象;支持 ODBC 标准的 SQL 数

据库的数据;设计过程自动化,提高了相关人员使用数据库的工作效率;具有较好的集成开发功能;可以采用VBA(Visual Basic Application)编写数据库应用程序;提供了断点设置、单步执行等调试功能;能够像Word那样自动进行语法检查和错误诊断;进一步完善了将Internet/Intranet集成到整个办公室的桌面操作环境。

总之,Access发展到现在,已向用户展示出了它易于使用和功能强大的特性。

1.4.2 Access数据库的系统结构

Access数据库有表、查询、窗体、报表、宏和模块共6个数据库对象。Access所提供的这些对象都存放在同一个数据库文件中。

每种数据库对象用于实现不同的数据库功能。例如,表用来存储数据,查询用来检索符合条件的数据,窗体用来浏览或更新表中的数据,通过报表指定的方式来分析和打印数据。

表是数据库的核心与基础,存放着数据库的全部数据。查询、窗体、报表都可以根据用户的某一特定需求从数据库中获取数据,如查找、计算、统计、打印、修改数据。窗体可以提供一种良好的用户操作环境,通过它用户可以直接或间接地调用宏或模块,并执行查询、打印等功能。

1 表

表是Access中存储数据的地方,是数据库的核心和基础,是整个数据库系统的数据源,也是其他数据库对象的基础。

在Access中,用户可以利用表向导、表设计器和SQL语句创建表。利用表设计器创建表的设计界面如图1-14所示,称为设计视图。用于直接编辑、添加、删除表中数据的工作窗口如图1-15所示,称为数据表视图。

图1-14　设计视图

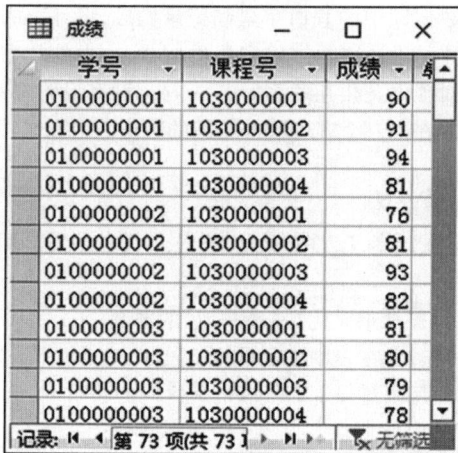

图1-15　数据表视图

本书第2章将详细讲解有关表的知识。

2 查询

查询是一个"虚表",它是以表为数据源的,是数据库设计目的的体现。它不仅可以作为表加工处理后的结果,还可以作为数据库其他对象的数据来源。

在Access中,用户可以利用查询向导、查询设计及SQL语句创建查询。图1-16所示为利用设计视图创建查询。

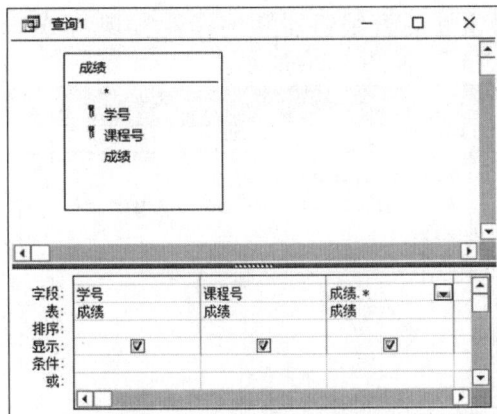

图 1-16　利用设计视图创建查询

本书第 3 章将详细讲解有关查询的知识。

③ 窗体

窗体是数据库和用户进行联系的界面，是 Access 中最为灵活的一个对象。在 Access 中，窗体是在数据库操作过程中时刻存在的一个数据对象。它的数据源可以是表，也可以是查询。利用窗体用户可以查询和输入数据，并可以通过添加按钮来控制数据库程序的执行。通过在窗体中插入宏，用户可以把 Access 的各个对象方便地联系起来。

图 1-17 所示为窗体的设计视图，窗体通常由窗体页眉、页面页眉、主体、页面页脚、窗体页脚 5 个部分组成。

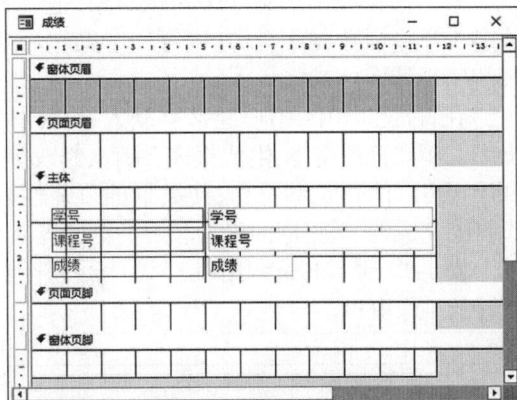

图 1-17　窗体的设计视图

本书第 4 章将详细讲解有关窗体的知识。

④ 报表

报表是数据库中数据输出的另一种形式，它可以将数据库中数据分析、处理的结果打印输出，也可以对要输出的数据进行分类小计、分组汇总等。用户使用报表可以让数据处理结果变得多样化。

图 1-18 所示的是报表输出格式的打印预览窗口。

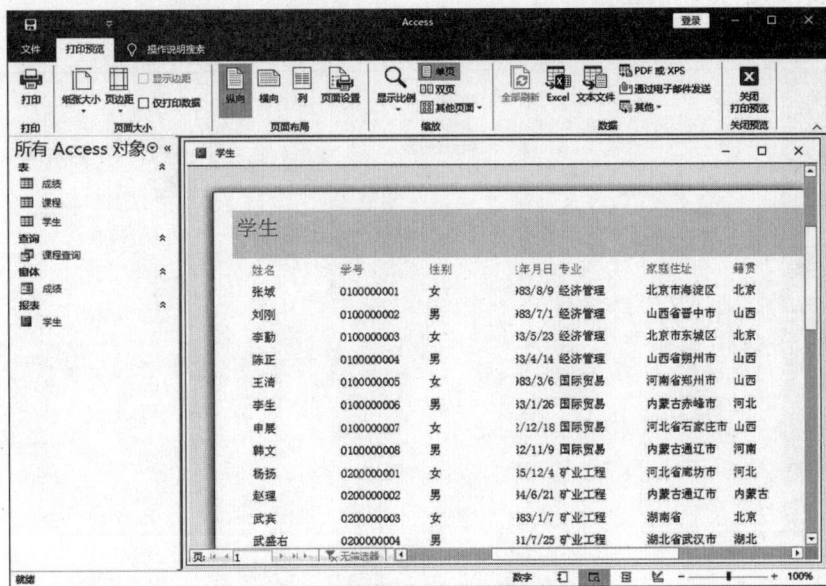

图 1-18　报表输出格式的打印预览窗口

本书第 5 章将详细讲解有关报表的知识。

5 宏

宏是数据库中的另一个特殊对象,是一个或多个操作命令的集合,其中每一个操作命令都能实现特定的功能。

在日常工作中,用户经常重复大量相同的操作。例如打开窗体、生成报表、保存、修改等,利用宏可以简化这些操作,使大量的重复性操作自动完成,让数据库的管理和维护更加容易。

图 1-19 所示的是利用"宏"设计器进行宏设计的工作窗口。

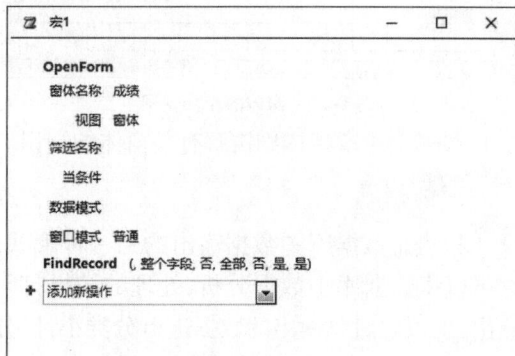

图 1-19　宏设计的工作窗口

本书第 6 章将详细讲解有关宏的知识。

6 模块

模块是将 VBA 声明和过程作为一个单元进行保存的集合,是应用程序开发人员的工作环境。它通过嵌入在 Access 中的 VB 程序设计语言编辑器和编译器实现与 Access 的结合,如图 1-20 所示。

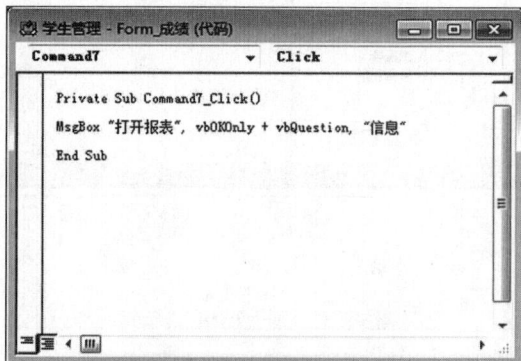

图 1-20　VBA 代码设计窗口

本书第 7 章将详细讲解有关 VBA 编程基础的知识。

> **请注意**
>
> 数据库对象与数据库是两个不同的概念。一个数据库可包括一个或若干个数据库对象。

1.4.3 Access 2016 主界面

在使用数据库前需要先打开 Access,然后打开需要使用的数据库。启动 Access 2016 之后,显示的主界面如图 1-21 所示。

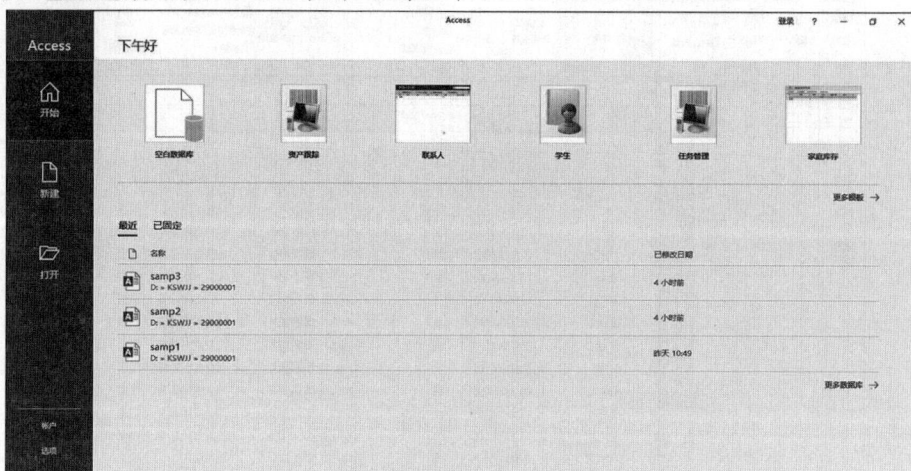

图 1-21　Access 2016 的主界面

Access 2016 用户界面由 3 个主要部分组成,分别是后台视图、功能区和导航窗格。这 3 部分提供了用户创建和使用数据库的基本环境。

1 后台视图

在打开 Access 2016 但未打开数据库时所看到的界面就是后台视图,如图 1-21 所示。后台视图中不仅有多个选项卡可用于创建新数据库、打开现有数据库、进行数据库维护,还包含适用于整个数据库文件的其他命令和信息等。

2 功能区

功能区位于 Access 主窗口顶部,相当于旧版本中的菜单栏和工具栏。每一个功能区都由一个选项卡标签来标识。选项卡分为主选项卡和上下文选项卡。

（1）主选项卡

主选项卡包括"文件""开始""创建""外部数据""数据库工具""帮助"等,每个选项卡下又有多个功能组,如图 1-22 所示。

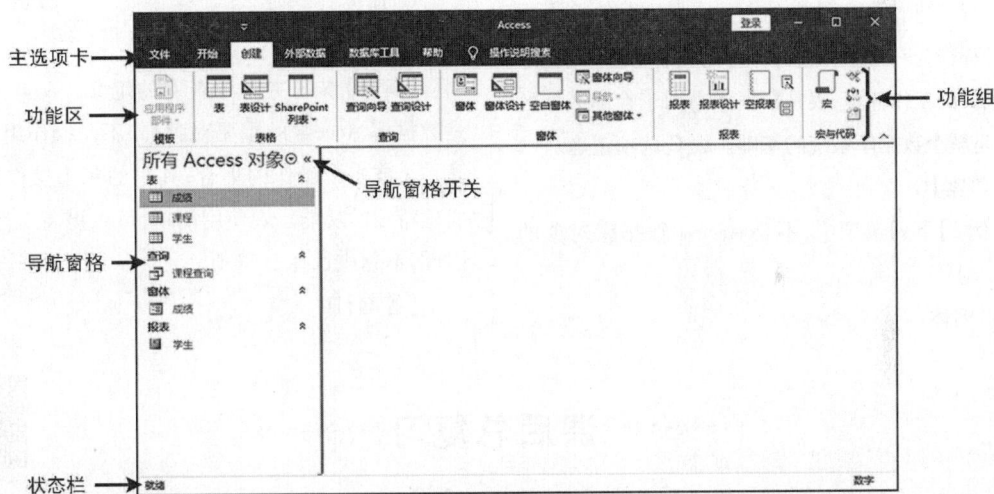

图 1-22　Access 2016 主窗口

（2）上下文选项卡

除了几个主选项卡之外,还有一种选项卡,只有当用户执行了某种特定的操作后才会出现,这种选项卡称为上下文选项卡。例如,当用户打开查询设计视图时,才会出现"查询工具"上下文选项卡——"设计"选项卡,其主要用于对查询设计进行相关设置操作,如图 1-23 所示。

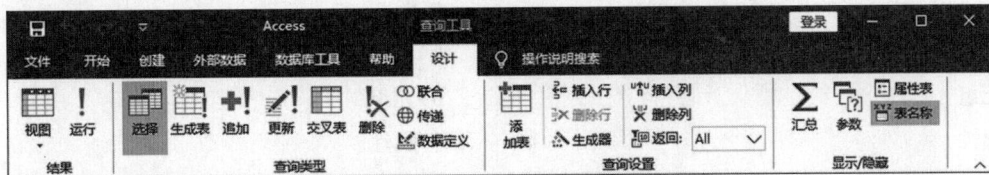

图 1-23　"查询工具"上下文选项卡

3 导航窗格

导航窗格位于 Access 2016 主窗口的左侧,通过各种分类方式来集中管理数据库中已创建的各种数据库对象。图 1-22 所示的导航窗格中列出了该数据库中的所有操作对象。

真题演练

【例1】在 Access 数据库对象中,体现数据库设计目的的对象是( )。

A)报表

B)模块

C)查询

D)表

【解析】本题主要考查查询的定义。查询是数据库设计目的的体现,创建数据库以后,数据只有被使用者查询才能真正体现它的价值。报表是一种数据库应用程序进行打印输出的方式;模块是将 VBA 声明和过程作为一个单元进行保存的集合,是应用程序开发人员的工作环境;表是数据库中用于存储数据的对象,是整个数据库系统的基础。故 C 选项正确。

【答案】C

【例2】下列选项中,不是 Access 数据库对象的是( )。

A)窗体

B)模块

C)报表

D)记录

【解析】本题主要考查数据库对象。Access 数据库对象有6种,具体包括表、查询、窗体、报表、宏、模块。记录不属于数据库对象。故 D 选项正确。

【答案】D

【例3】Access 中描述若干个操作组合的对象是( )。

A)表

B)查询

C)窗体

D)宏

【解析】本题主要考查宏的定义。A、B、C 选项是数据库 Access 的重要对象,并不是操作组合。宏是一个或多个操作的集合,其中的每个操作都可以实现特定的功能。宏使用简单,可以提高工作效率。因此,本题应选择 D 选项。

【答案】D

课后总复习

扫码看答案解析

1. 下列关于数据库的叙述中,正确的是( )。

A)数据库减少了数据冗余

B)数据库避免了数据冗余

C)数据库中的数据一致性是指数据类型一致

D)数据库系统比文件系统能够管理更多数据

2. Access 中的"表"指的是关系模型中的( )。

A)关系

B)元组

C)属性

D)域

3. 在窗体中要显示一名学生基本信息和该学生各门课程的成绩,要求在主窗体中显示学生基本信息,在子窗体中显示学生课程的成绩,则主窗体和子窗体数据源之间的联系是( )。

A)一对一联系

B)一对多联系

C)多对一联系

D)多对多联系

4. Access 数据表中的"记录"在关系模型中对应的概念是( )。

A)字段

B)元组

C)属性

D)域

5. 下列关于关系数据库中数据表的描述正确的是( )。

A)数据表相互之间存在联系,但用独立的文件名保存

B) 数据表相互之间存在联系,并用表名表示相互间的联系

C) 数据表相互之间不存在联系,完全独立

D) 数据表既相对独立,又相互联系

6. 在"学生"表中要查找所有年龄大于 30 岁且姓王的男同学,应该采用的关系运算是( )。

A) 选择

B) 投影

C) 联接

D) 自然联接

7. 在"教师"表中找出全部属于计算机学院的教授并生成一个新表,应该使用的关系运算是( )。

A) 选择

B) 查询

C) 投影

D) 连接

8. Access 数据库最基础的对象是( )。

A) 表

B) 宏

C) 报表

D) 查询

9. 在 Access 中,可用于设计输入界面的对象是( )。

A) 窗体

B) 报表

C) 查询

D) 表

第2章
数 据 库 和 表

章前导读

通过本章，你可以学习到：

◎ 创建与打开数据库的方法　　　◎ 表的建立方法

◎ 建立和维护数据库表间关系的方法　　◎ 表的维护方法

◎ 表的其他操作方法

本章评估	
重 要 度	★★★★★
知识类型	理论+应用
考核类型	选择题+操作题
所占分值	选择题：约4.3分　操作题：约18分
学习时间	5课时

学习点拨

　　本章主要讲解数据库和表的创建，介绍数据库的设计、建立、打开和关闭操作，表结构的建立和修改，字段属性的设置和输入数据与编辑表的内容，以及数据的查找和表关系的建立与维护。这些操作都是Access中最基本、最重要的操作，考生一定要熟悉本章所讲的有关数据库和表的操作。

本章学习流程图

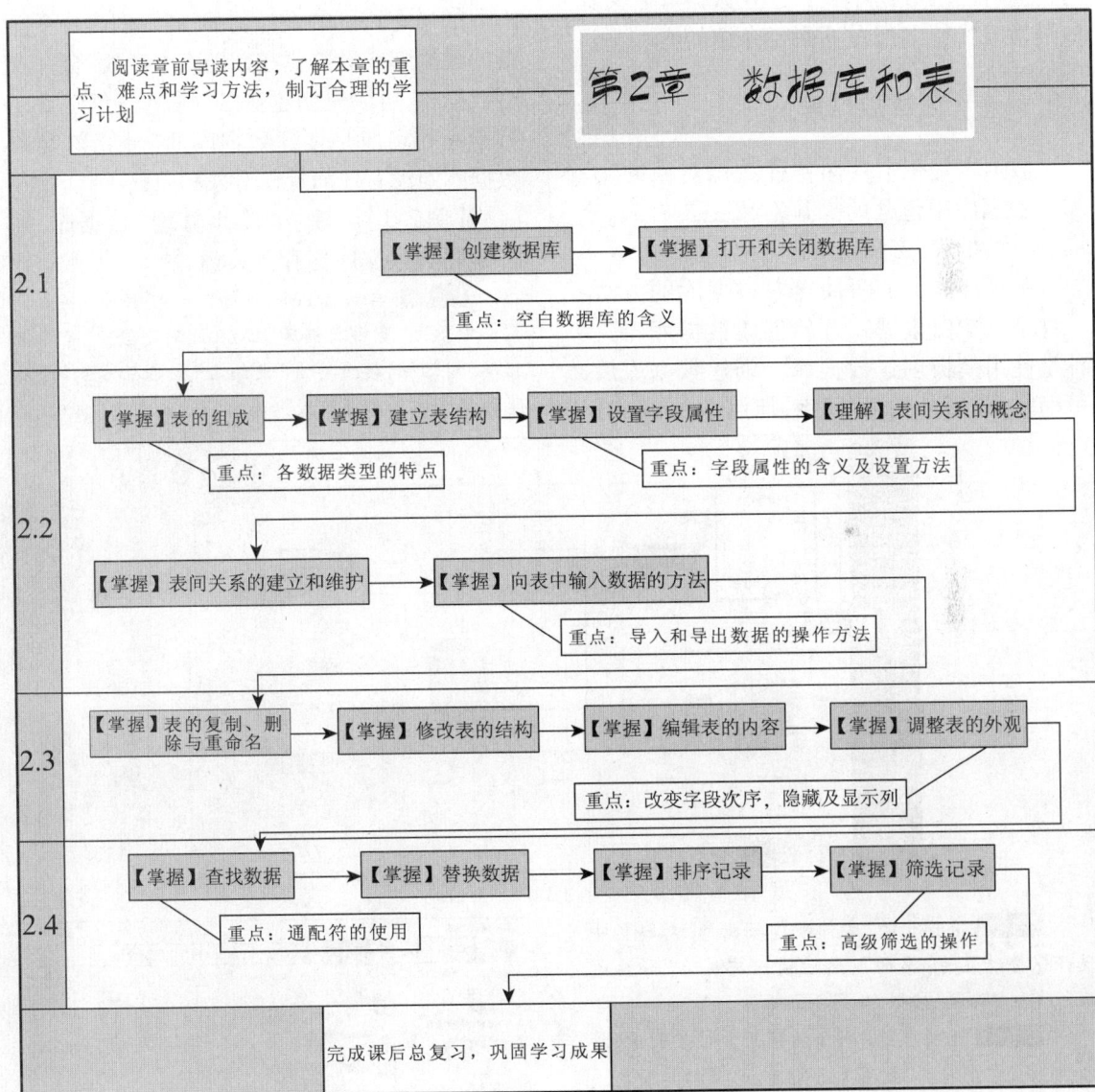

阅读章前导读内容，了解本章的重点、难点和学习方法，制订合理的学习计划

第2章　数据库和表

2.1

【掌握】创建数据库 → 【掌握】打开和关闭数据库

重点：空白数据库的含义

2.2

【掌握】表的组成 → 【掌握】建立表结构 → 【掌握】设置字段属性 → 【理解】表间关系的概念

重点：各数据类型的特点

重点：字段属性的含义及设置方法

【掌握】表间关系的建立和维护 → 【掌握】向表中输入数据的方法

重点：导入和导出数据的操作方法

2.3

【掌握】表的复制、删除与重命名 → 【掌握】修改表的结构 → 【掌握】编辑表的内容 → 【掌握】调整表的外观

重点：改变字段次序，隐藏及显示列

2.4

【掌握】查找数据 → 【掌握】替换数据 → 【掌握】排序记录 → 【掌握】筛选记录

重点：通配符的使用

重点：高级筛选的操作

完成课后总复习，巩固学习成果

2.1 数据库概述

名师讲解

数据库的应用如此广泛，那么我们该如何建立自己的数据库呢？建立数据库后又如何维护呢？答案都在下面要介绍的内容中。

2.1.1 创建数据库

数据库是一个存储各种数据对象的"仓库"，数据库中包含的操作对象主要有表、查询、窗体、报表、宏和模块。

Access 提供了两种建立数据库的方法：一种是从空白数据库开始创建数据库，另一种是使用模板创建数据库。创建数据库后，可随时修改和扩展数据库，使用 Access 2016 创建的数据库文件的扩展名是.accdb。

本小节将以"学生管理"数据库、"职工管理"数据库的创建为例，介绍常用的数据库创建方法。

1 创建空白数据库

如果有特别的设计要求，需要创建一个复杂的数据库或者需要在数据库中存放、合并现有数据时，可以先创建空白数据库。创建空白数据库的实质是创建数据库的"外壳"，空白数据库中没有任何操作对象和数据。

【例2-1】 建立"学生管理"数据库，并将建好的数据库保存于桌面。

步骤1 启动 Access，选择"新建"命令，在左侧窗格中单击"空白数据库"按钮，此时会弹出"空白数据库"对话框，接着单击"文件名"文本框右侧的"浏览到某个位置来存放数据库"按钮，如图2-1所示。

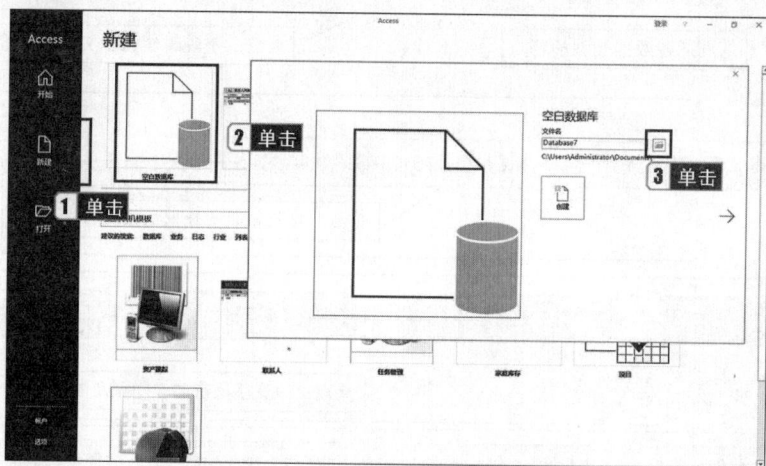

图2-1 "空白数据库"对话框

步骤2 在弹出的"文件新建数据库"对话框中选择保存位置为"桌面"，然后输入文件名"学生管理"，单击"确定"按钮，如图2-2所示。

步骤3 返回图2-1所示的界面，单击"创建"按钮，完成"学生管理"数据库的创建，此时的界面如图2-3所示。

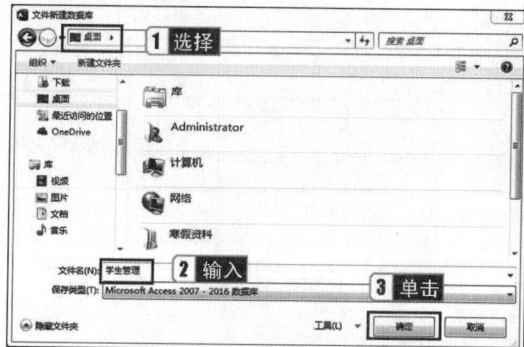

图2-2 "文件新建数据库"对话框

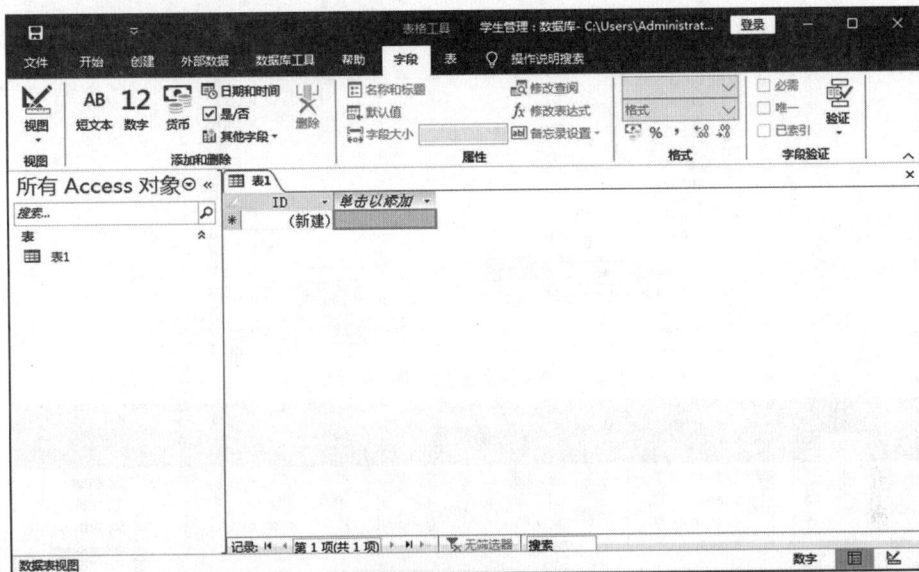

图 2-3 "学生管理"数据库

2 使用模板创建数据库

使用模板可以快速、方便地创建数据库。Access 本身自带了多种数据库模板,如果这些模板不能完全满足需要,用户还可以在创建后自行修改。

【例 2-2】 在桌面创建"职工管理"数据库。

●步骤1 启动 Access,选择"新建"命令,在右侧窗格中单击"个人联系人管理器"按钮,此时会弹出"个人联系人管理器"对话框,然后单击"文件名"文本框右侧的"浏览到某个位置来存放数据库"按钮,如图 2-4 所示。

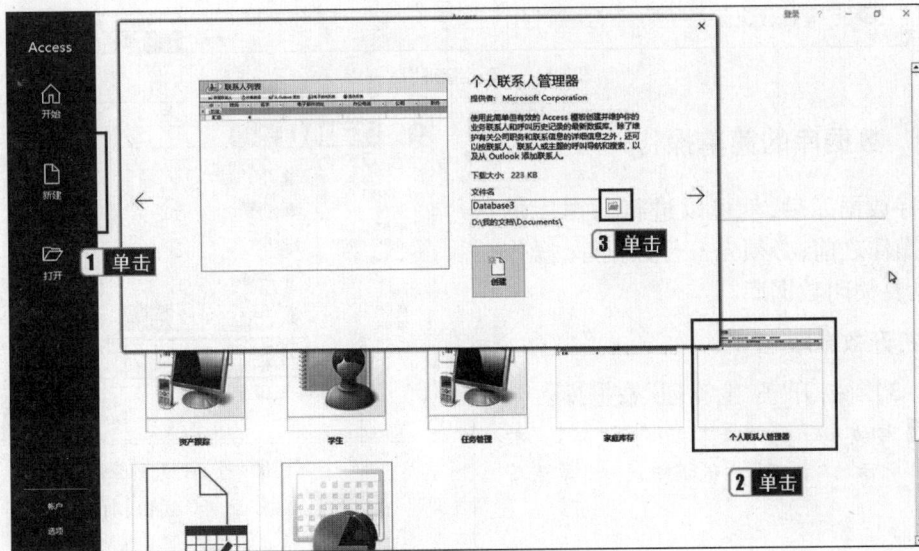

图 2-4 "个人联系人管理器"对话框

●步骤2 在弹出的"文件新建数据库"对话框中选择保存位置为"桌面",然后输入文件名"职工管理",单击"确定"按钮,如图 2-5 所示。

●步骤3 返回图 2-4 所示的界面,单击"创建"按钮,创建的"职工管理"数据库如图 2-6 所示。

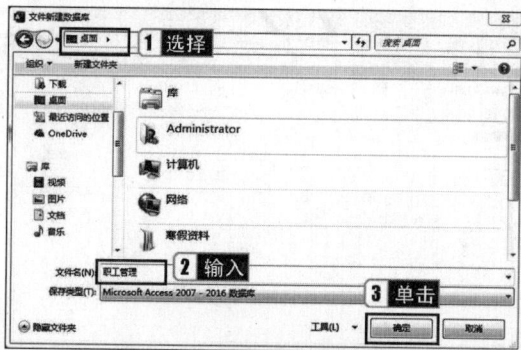

图 2-5 "文件新建数据库"对话框

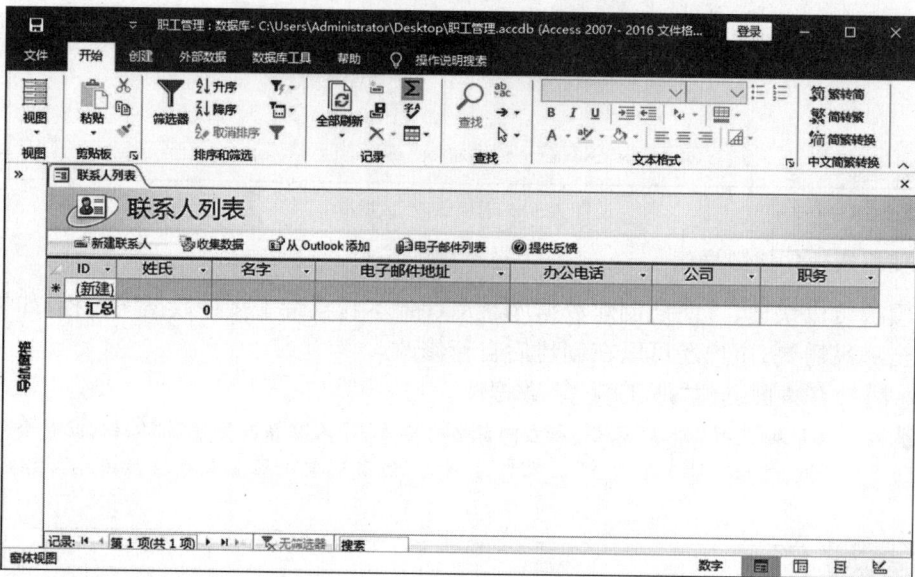

图 2-6 "职工管理"数据库

2.1.2 数据库的简单操作

创建好数据库后,就可以进行数据库的操作了。操作之前,必须先打开数据库,操作完成后,也要关闭数据库。

1 打开数据库

【例2-3】 打开"学生管理"数据库。

步骤1 启动 Access,单击"打开"→"浏览"按钮,在图 2-7 所示的"打开"对话框中选择"学生管理"文件。

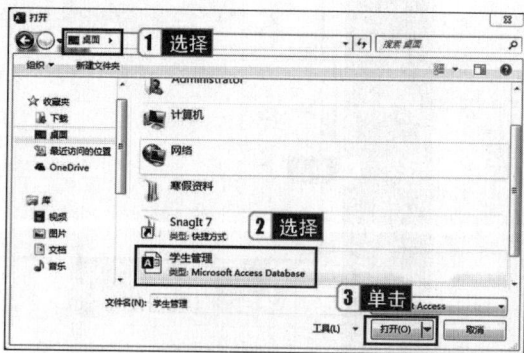

图 2-7 打开数据库

步骤2 单击"打开"按钮,打开数据库。

2 关闭数据库

选择"文件"选项卡中的"关闭数据库"命令。

真题演练

【例1】在 Access 中,空白数据库是指(   )。

A)表中没有数据

B)没有基本表的数据库

C)没有窗体、报表的数据库

D)没有任何数据库对象的数据库

【解析】本题主要考查空数据库的概念。在 Access 中,用户通常会创建一个空数据库,然后根据实际情况设计相关的数据表及表中的字段。空数据库指的是存在的数据库,只是数据库中没有对象和数据。因此,本题应选择 D 选项。

【答案】D

【例2】在 Access 2016 中,创建一个新的数据库文件,其扩展名为(   )。

A).accdb B).mdb

C).png D).jpg

【解析】本题主要考查 Access 数据库的扩展名。在 Access 2016 中,创建的数据库文件的扩展名是 .accdb;Access 2003 创建的数据库文件的扩展名是 .mdb;.png 和 .jpg 都是图片文件的扩展名。故本题选 A 选项。

【答案】A

2.2 建立表

表是 Access 中最基本的对象,主要用来存储原始数据。Access 中的其他数据库对象,如查询、窗体、报表等,都是在表的基础上建立的。完成数据库的创建后,首先要做的就是创建表。本节将介绍 Access 中表的创建方法及相关知识。

2.2.1 表的组成

Access 数据库中的数据表由表结构和表内容(记录)两部分组成。其中,表结构是指表的框架,主要包括字段名称、数据类型、字段属性、索引、关系等,表内容是指表中存储的数据。

1 字段名称

每个字段都具有唯一的名称,称为字段名称。在 Access 中字段的命名规则如下。

①长度为 1~64 个字符。

②可以包含字母、汉字、数字、空格和其他字符,但是不能以空格开头。

③不能包含点号(.)、感叹号(!)、方括号([])和单引号(')。

④不能使用 ASCII 码为 0~32 的 ASCII 字符。

2 数据类型

在关系数据库的表中,同一列的数据具有相同的数据特征,称为字段的数据类型,它决定了数据的存储方式和使用方式。

数据表中的数据类型、功能及取值范围如表 2-1 和表 2-2 所示。

表 2-1　　　　　　　　　　　　　　数据类型

数据类型	功能	大小
短文本	用于保存短文本或数字	0~255 个字符
长文本	用于保存较长文本	0~65535 个字符
数字	用于存储进行运算的数据	参见表 2-2
货币	用于数学运算的货币数值	8 字节
日期/时间	用于存储日期、时间或日期与时间的组合	8 字节
是/否	用于存储布尔型或逻辑型值	1 字节
自动编号	为记录自动指定唯一序号,用于标识该条记录	4 字节
OLE 对象	用于存储可链接或嵌入型对象	—

续表

数据类型	功能	大小
超链接	用于保存超链接的字段	—
查阅向导	在由向导建立字段中,可以实现多列字段选择	—
附件	可将多个文件附加到记录中	—
计算	用于显示计算结果	8 字节

表 2-2 数字类型及其取值范围

数字类型	取值范围	小数位数	字段长度
字节	$0 \sim 255$	0	1 字节
整数	$-32768 \sim 32767$	0	2 字节
长整数	$-2147483648 \sim 2147483647$	0	4 字节
单精度数	$-3.4 \times 10^{38} \sim 3.4 \times 10^{38}$	7	4 字节
双精度数	$-1.79734 \times 10^{308} \sim 1.79734 \times 10^{38}$	15	8 字节

3 数据类型说明

(1)短文本数据类型

短文本数据类型用于存放各种文字和数据的组合,适用于存放文字及不需要计算的数字(如名称、邮政编码等),长度最长不超过 255 个字符。

(2)长文本数据类型

长文本数据类型与短文本数据类型相似,不同之处在于长文本数据类型最多可以存放 65535 个字符,用于保存较长的文本。

(3)数字数据类型

数字数据类型用于存放需要进行数值计算的数据,但是所存放的数据不能用于货币的计算,如工资等。其"字段属性"的"字段大小"分为字节、小数、整型、长整型、单精度型、双精度型和同步复制 ID 等,用户可以根据需要选择。

(4)日期/时间数据类型

日期/时间数据类型用于存放日期和时间,如出生日期等。

(5)货币数据类型

货币数据类型是特殊的数据类型,等价于具有双精度属性的数据类型。货币型数据带有 0~14 位小数,系统默认的小数位数是 2 位。向货币字段中输入数据时,系统会自动添加货币符号、千位分隔符和 2 位小数。使用货币数据类型可以避免计算时的四舍五入。

(6)自动编号数据类型

当向表中添加新记录时,Access 会为记录自动指定唯一序号,用于标识该条记录。当删除表中含有自动编号的某条记录时,Access 不会重新自动编号。当添加新记录时,Access 不会使用被删除的自动编号,而会按递增的规律为其赋值。值得注意的是,不能人为地对自动编号字段指定数值或修改其数值,且每个表中只能包含一个自动编号数据类型字段。

(7)是/否数据类型

是/否数据类型是针对只有两种不同取值的字段而设置的。如 Yes/No、True/False、On/Off 等。在 Access 中,"是"值用"-1"表示;"否"值用"0"表示。

(8)OLE 对象数据类型

OLE 对象数据类型可以让用户轻松地将使用 OLE 协议创建的对象(表格、图形、图像、声音等嵌入或链接对象)嵌入 Access 表中。

(9)超链接数据类型

超链接数据类型用于存放超链接地址。

(10)计算数据类型

计算数据类型用于显示计算结果,计算时

必须引用同一表中的其他字段,可用表达式生成器来创建。计算数据类型的字段长度为8字节,计算结果应为整型、短文本、日期/时间、是/否类型等。计算数据类型不能建立索引。

（11）查阅向导数据类型

查阅向导数据类型的字段较为特殊,其可以使用"列表框"或"组合框"来选择另一个表或数据列表中的值。

4 字段属性

字段属性即表的组织形式,包括表中字段的个数和各字段的大小、格式、输入掩码、验证规则等。不同的数据类型其字段属性也有所不同。定义字段属性可以对输入的数据进行限制或验证,也可以控制数据在视图中的显示格式。Access 数据库中表的常见字段属性如表2-3 所示。

表2-3　　　　常见字段属性

字段属性	说明
字段大小	用于设置短文本型字段的大小和数字型数据的类型
格式	用于设置数据显示或打印的格式
小数位数	用于设置数字和货币数据的小数位数,默认是"自动"
输入掩码	用于设置向字段中输入的数据格式
标题	用于设置在数据表视图中显示的字段名
默认值	用于设置字段的固定值,减少输入次数
验证规则	根据表达式建立的规则来确定数据是否有效
验证文本	当输入的数据不符合验证规则时显示的提示信息
必需	用于设置字段值是否为空
允许空字符串	用于设置字段值是否允许空字符串
索引	用于设置该字段是否为索引,有3个选项:"无""有(无重复)""有(有重复)"

2.2.2 建立表结构

建立表结构的步骤包括定义字段名称、定义数据类型、设置字段属性等。

1 建立表结构的方法

建立表结构的方法有两种,分别为使用数据表视图和使用设计视图。

（1）使用数据表视图

数据表视图是指按行和列显示表中数据的视图。在数据表视图中,可以对表中字段或记录进行添加、编辑和删除,还可以实现数据的查找和筛选。

【例2-4】　在"学生管理"数据库中建立"课程"表。"课程"表的结构如表2-4 所示。

表2-4　　　　"课程"表的结构

字段名称	数据类型	字段大小	格式
课程编号	短文本	8	
课程名称	短文本	20	
开课日期	日期/时间		短日期
必修否	是/否		是/否
简介	长文本		

步骤1 打开"学生管理"数据库。在"创建"选项卡的"表格"功能组中单击"表"按钮,此时会自动生成名为"表1"的新表,并在数据表视图中打开,选中"ID"字段列,如图2-8 所示。

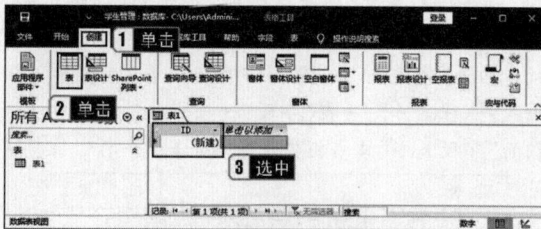

图2-8　新建的数据表视图

步骤2 在"字段"选项卡的"属性"功能组中单击"名称和标题"按钮,如图2-9所示。

图2-9 "属性"功能组

步骤3 弹出"输入字段属性"对话框,在该对话框的"名称"文本框中输入"课程编号",单击"确定"按钮,如图2-10所示。

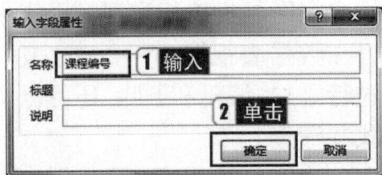

图2-10 "输入字段属性"对话框

步骤4 选中"课程编号"字段列,切换到"字段"选项卡,在"格式"功能组的"数据类型"下拉列表中选择"短文本";然后在"属性"功能组的"字段大小"文本框中输入"8",如图2-11和图2-12所示。

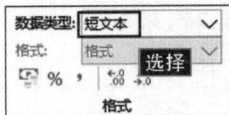

图2-11 在"格式"功能组中设置数据类型

图2-12 在"属性"功能组中设置字段大小

步骤5 单击"单击以添加"字段列,在弹出的下拉列表中选择"短文本",此时 Access 自动将新字段命名为"字段1",如图2-13所示。在"字段1"中输入"课程名称",再在"字段"选项卡的"属性"功能组的"字段大小"文本框中输入"20"。

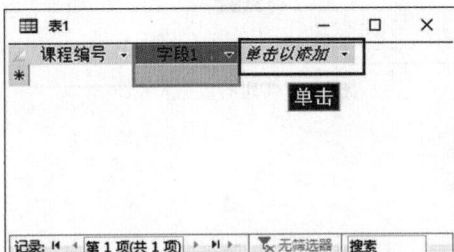

图2-13 添加新字段

步骤6 单击"单击以添加"字段列,在弹出的下拉列表中选择"日期和时间",然后在"字段1"中

输入"开课日期"。切换到"字段"选项卡,在"格式"功能组中的"格式"下拉列表中选择"短日期"。如图2-14所示。

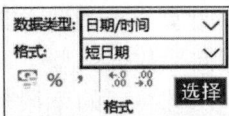

图2-14 在"格式"功能组中设置日期格式

步骤7 按照"课程"表的结构,重复步骤5、步骤6,添加其他字段,结果如图2-15所示。

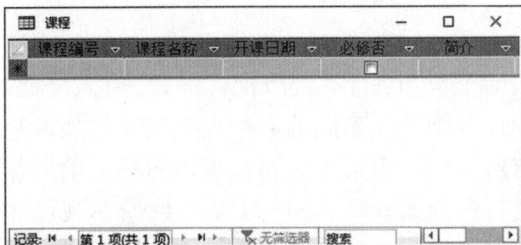

图2-15 "课程"数据表视图

步骤8 单击快速访问工具栏中的"保存"按钮,此时会弹出"另存为"对话框,在"表名称"文本框中输入"课程",单击"确定"按钮。

请注意

使用数据表视图新建表时,自动创建的"ID"字段默认为"自动编号"数据类型。通过数据表视图创建表的方法虽然比较简单,但是却无法对字段属性进行详细的设置。一般通过数据表视图创建的表结构还需要在表的设计视图中进行修改。

(2)使用设计视图

使用设计视图创建表是一种非常常用的方法,用户可在设计视图中定义表结构,并详细说明每个字段的字段名、数据类型,以及设置字段大小等属性。设计视图如图2-16所示。

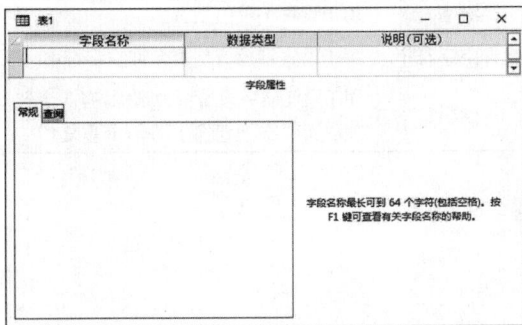

图2-16 设计视图

【例2-5】 使用设计视图在"学生管理"数据库中创建"成绩"表,其结构如表2-5所示。

表2-5 "成绩"表的结构

字段名称	数据类型	字段大小
学号	短文本	10
课程号	短文本	10
成绩	数字	

步骤1 打开"学生管理"数据库。在"创建"选项卡的"表格"功能组中单击"表设计"按钮,如图2-17所示。

图2-17 "表格"功能组

步骤2 打开"表1"的设计视图,如图2-18所示。

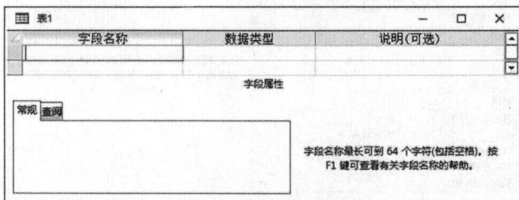

图2-18 设计视图

步骤3 在"字段名称"列中分别输入"学号""课程号""成绩"。在"学号"的"数据类型"下拉列表中选择"短文本",在"常规"选项卡下"字段大小"行中输入"10"。同样,设置"课程号"的"数据类型"为"短文本"、"字段大小"为"10"。在"成绩"的"数据类型"下拉列表中选择"数字",如图2-19所示。

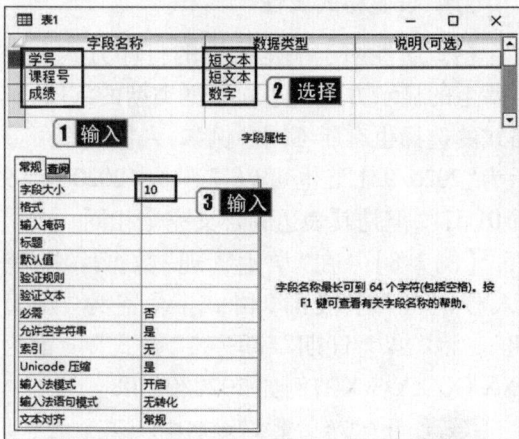

图2-19 设置表的内容

步骤4 单击快速访问工具栏中的"保存"按钮,在"表名称"文本框中输入"成绩"并单击"确定"按钮保存数据表,如图2-20所示。

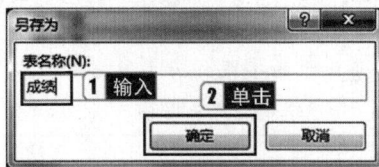

图2-20 "另存为"对话框

步骤5 如果新建的数据表中没有设置主键,保存数据表时将弹出设置主键提示对话框,单击"否"按钮,取消主键设置,即可完成"成绩"数据表的建立,如图2-21所示。

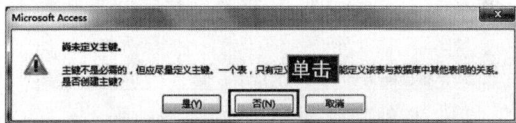

图2-21 设置主键提示对话框

2 定义主键

主键也称主关键字,是表中能够唯一标识记录的一个字段或多个字段的组合,不能为空值,不能随意更改主键字段的记录值。主键是数据库中表间关系建立的基础。

在Access中,可以定义3种类型的主键,即自动编号、单字段和多字段。

①自动编号主键的特点如下。将某个字段指定为自动编号类型后,当向表中增加一条新记录时,主键值会自动加1;但是在删除记录时,自动编号的主键值会出现空缺,变得不连续,且不会自动调整。如果在保存新建表之前未设置主键,Access则会提示是否要创建主键,如果选择"是",则Access将创建自动编号类型的主键。

②单字段主键以某一个字段作为主键来唯一标识一条记录。

③多字段主键是由两个或两个以上的字段组合在一起来唯一标识表中的一条记录。如果表中没有一个字段的值可以唯一标识一条记录,那么就可以考虑选择多个字段组合在一起作为主键。

【例2-6】 根据"职工管理"数据库中

"薪资"表的结构来设置主键。

步骤1 打开"职工管理"数据库。

步骤2 双击"薪资"表,打开数据表视图,如图2-22所示。在数据表视图中,无法找到一个可以唯一标识一条记录的字段作为主键。因此,选择"工号""年月"字段组合作为主键。

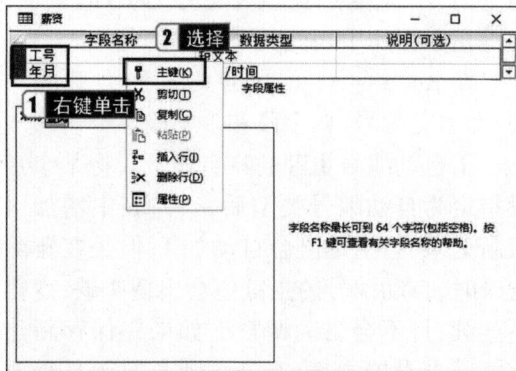

图2-22　"薪资"表的数据表视图

步骤3 右键单击"薪资"表,在弹出的快捷菜单中选择"设计视图"命令。

步骤4 选中"工号"和"年月"字段行并右键单击,在弹出的快捷菜单中选择"主键"命令,如图2-23所示。

图2-23　设置主键

步骤5 单击快速访问工具栏中的"保存"按钮。

2.2.3 设置字段属性

字段属性可定义数据的保存、处理或显示方式。为保证表中数据的完整性、一致性及兼容性,同时也为了使数据表的数据能够有效地满足应用的需求,在完成字段命名以及设置好相应的数据类型后,还要对字段的属性进行设置。本小节将通过具体的实例介绍如何设置相关的字段属性。

1　设置字段大小

设置"字段大小"属性可以控制字段使用的空间大小,但此属性只适用于数据类型为"短文本"和"数字"的字段。

【例2-7】 在"学生管理"数据库中,设置"学生"数据表中的"学号"字段的"字段大小"为10。

步骤1 打开"学生管理"数据库,然后右键单击"学生"表,在弹出的快捷菜单中选择"设计视图"命令。

步骤2 选中"学号"字段,切换到"常规"选项卡,在"字段大小"行中输入"10",如图2-24所示。

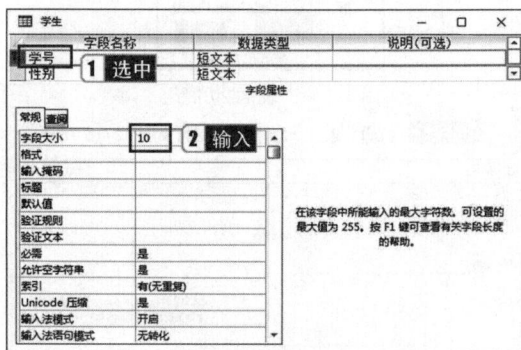

图2-24　设置字段大小

步骤3 单击快速访问工具栏中的"保存"按钮。

🔍 **请注意**

如果短文本字段中已经包含数据,减小字段大小可能会截断数据,造成数据丢失。

2　设置格式属性

格式属性用于决定数据的打印方式和在屏幕上的显示方式。不同数据类型的字段,其格式的选择也有所不同。例如,入校时间可显示为"2020/9/1",也可以显示为"2020年09月01日",但是其表达的含义完全相同。

【例2-8】 在"学生管理"数据库中,将"入校时间"字段的"格式"设置为"短日期"。将"出生日期"字段的"格式"设置为"XXXX/XX/XX",例如2020/06/08。

步骤1 打开"学生管理"数据库,然后右键单击"学生"表,在弹出的快捷菜单中选择"设计视图"命令。

步骤2 选中"入校时间"字段，切换到"常规"选项卡，在"格式"下拉列表中选择"短日期"，如图2-25所示。

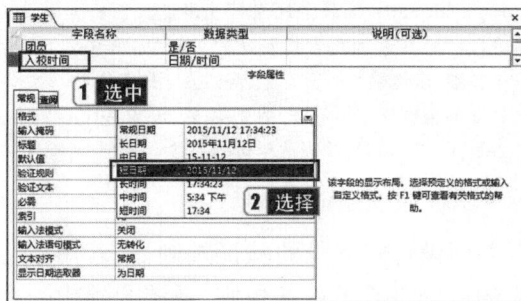

图2-25 设置"入校时间"字段的格式

步骤3 选中"出生日期"字段，切换到"常规"选项卡，在"格式"行中输入"yyyy/mm/dd"，如图2-26所示。

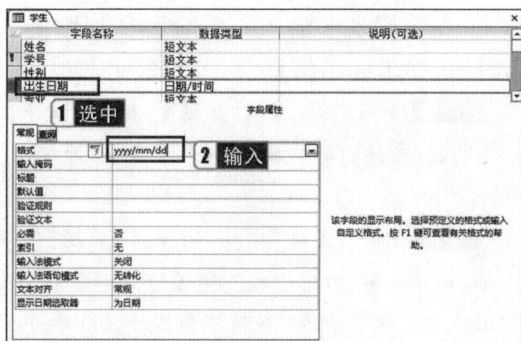

图2-26 设置"出生日期"字段的格式

步骤4 单击快速访问工具栏中的"保存"按钮。

3 设置字段默认值

默认值是一个非常有用的属性。在一个数据表中，往往会有一些字段的数据内容相同或者包含有相同的部分，此时我们可以将出现次数较多的值作为该字段的默认值，从而减少数据的输入量。在增加新记录时，可以使用这个默认值，也可以输入新值来取代这个默认值。

【例2-9】 在"学生管理"数据库中，将"学生"数据表中的"性别"字段的"默认值"设置为"女"，同时将"出生日期"字段的"默认值"设置为当前系统日期的前一天。

步骤1 打开"学生管理"数据库，然后右键单击"学生"表，在弹出的快捷菜单中选择"设计视图"命令。

步骤2 选中"性别"字段，切换到"常规"选项卡，在"默认值"行中输入""女""，如图2-27所示。

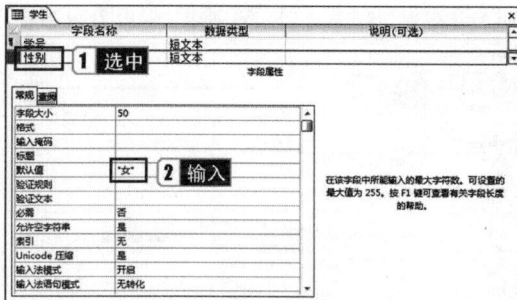

图2-27 设置"性别"字段的默认值

步骤3 选中"出生日期"字段，切换到"常规"选项卡，在"默认值"行中输入表达式"Date( ) – 1"，如图2-28所示。

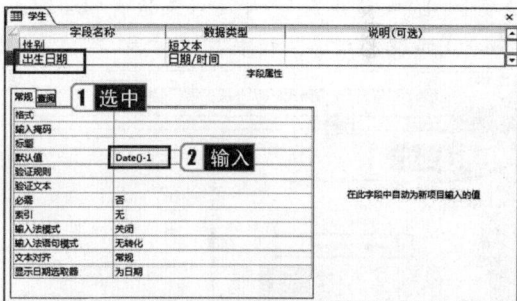

图2-28 设置"出生日期"字段的默认值

步骤4 单击快速访问工具栏中的"保存"按钮。

🔍 **请注意**

使用Date()函数的功能是获取当前系统日期。在使用表达式设置字段属性时，其所有的符号均在全英文状态下输入。

4 设置验证规则

验证规则是指向表中输入数据时应遵循的约束条件，以限制该字段输入可以接受的数据内容。无论通过哪种方式添加或编辑数据，都将强行实施字段验证规则，以确保输入数据的合理性并防止非法数据的输入。

【例2-10】 在"职工管理"数据库中，设置"职工"表中"年龄"字段的"验证规则"为不能是空值。"聘用时间"字段的"验证规则"为系统当前年的1月1日。将表的"验证规则"设置为输入"出生日期"小于输入的"聘用时间"。

步骤1 打开"职工管理"数据库，然后右键单击"职工"表，在弹出的快捷菜单中选择"设计视图"命令。

步骤2 选中"年龄"字段，切换到"常规"选项卡，在"验证规则"行中输入"Is Not Null",如图2-29所示。

图2-29　设置"年龄"字段的验证规则

步骤3 选中"聘用时间"字段,切换到"常规"选项卡,在"验证规则"行中输入表达式"DateSerial(Year(Date()),1,1)",如图2-30所示。

图2-30　设置"聘用时间"字段的验证规则

步骤4 在"设计"选项卡下的"显示/隐藏"功能组中单击"属性表"按钮,在弹出的"属性表"对话框的"验证规则"行中输入"[出生日期]<[聘用时间]",如图2-31所示。

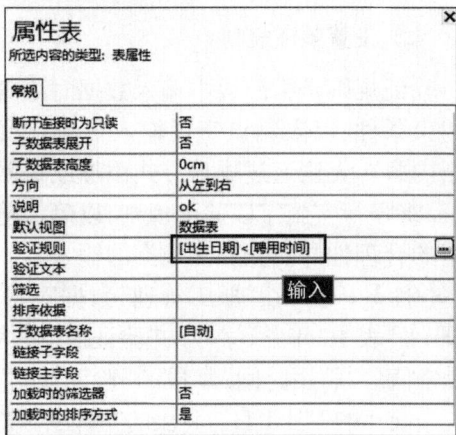

图2-31　设置表的验证规则

步骤5 关闭"属性表"对话框。单击快速访问工具栏中的"保存"按钮,在弹出的"Microsoft Access"提示对话框中单击"是"按钮。

请注意

DateSerial(<表达式1>,<表达式2>,<表达式3>)函数返回包含指定年月的日期,其中包含3个参数,表达式1的值为年、表达式2的值为月、表达式3的值为日。Date()函数返回当前系统日期。Year()函数返回日期表达年份的整数。

5　设置验证文本

当设置好字段的验证规则后,若用户输入的数据违反了验证规则,系统会给出一个提示信息,这个提示信息称为验证文本。

【例2-11】 在"学生管理"数据库中,为"成绩"数据表的"成绩"字段设置"验证文本"。在数据表中输入不符合验证规则的数据时,将弹出提示信息。

步骤1 打开"学生管理"数据库,然后右键单击"成绩"表,在弹出的快捷菜单中选择"设计视图"命令。

步骤2 选中"成绩"字段,切换到"常规"选项卡,在"验证规则"行中输入">=0 And <=100",在"验证文本"行中输入"成绩不能大于100和小于0",如图2-32所示。

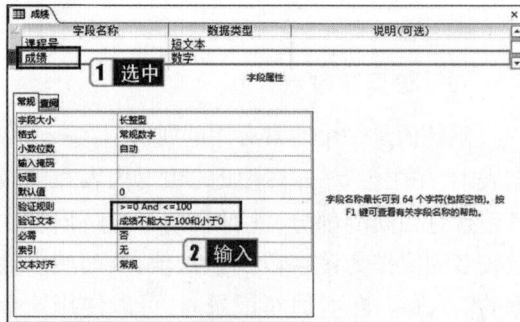

图2-32　设置"成绩"字段的验证文本

步骤3 单击快速访问工具栏中的"保存"按钮,在弹出的"Microsoft Access"提示对话框中单击"是"按钮。

步骤4 切换到"开始"选项卡,在"视图"功能组中的"视图"下拉列表中选择"数据表视图",测试验证文本的效果。在任意一行"成绩"字段中输入120,再在其他数据上单击,将弹出"Microsoft Access"提示对话框,如图2-33所示。最后单击"确定"按钮。

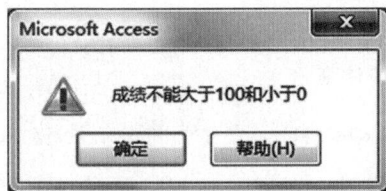

图 2-33　提示对话框

6　设置输入掩码

设置输入掩码是为了控制用户在向表中输入数值时按照特定的格式输入,使查找或排序数据更方便。

在 Access 的字段数据类型中,短文本、日期/时间、数字和货币可以设置输入掩码。输入掩码属性字符的含义如表 2-6 所示。

表 2-6　输入掩码属性字符的含义

字符	说明
0	必须输入数字(0~9),不允许使用" + "和" - "符号
9	数字或空格(可选),不允许使用" + "和" - "符号
#	数字或空格(可选),允许使用" + "和" - "符号
L 和?	表示字母(A~Z,a~z),L 是必须选择项,? 是可选择项
A 和 a	表示数字和字母,A 是必须选择项,a 是可选择项
-	十进制占位符
,	千分位分隔符
/	日期分隔符
:	时间分隔符
<	其后全部字符转换为小写
>	其后全部字符转换为大写
密码	将输入的字符显示为" * "

【例 2-12】　在"学生管理"数据库中,利用"输入掩码向导"设置"学生"数据表的"出生年月日"字段。

步骤1　打开"学生管理"数据库,然后右键单击"学生"表,在弹出的快捷菜单中选择"设计视图"命令。

步骤2　选中"出生年月日"字段,在"常规"选项卡的"输入掩码"行右侧单击"输入掩码向导"按钮,如图 2-34 所示。

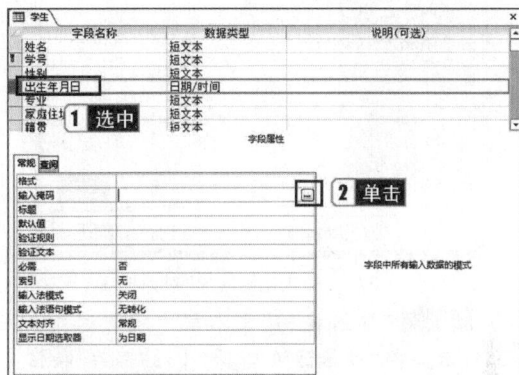

图 2-34　输入掩码

步骤3　弹出"输入掩码向导"对话框 1,选择"短日期(中文)"选项,单击"下一步"按钮,如图 2-35 所示。

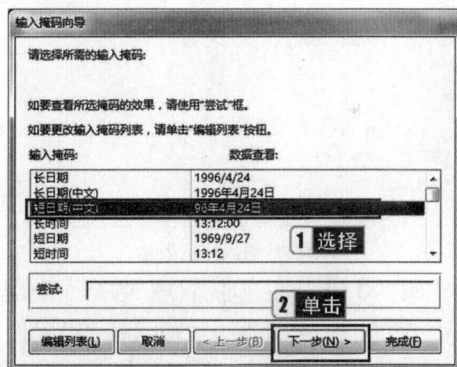

图 2-35　"输入掩码向导"对话框 1

步骤4　在弹出的"输入掩码向导"对话框 2 中,保持系统默认设置,单击"下一步"按钮,如图 2-36 所示。

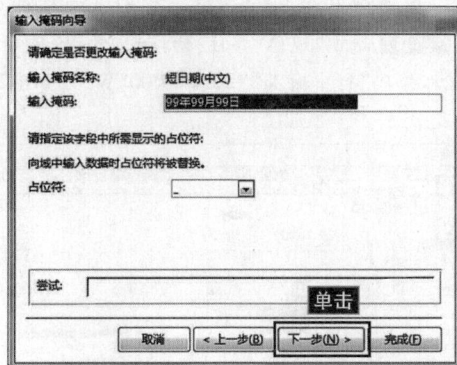

图 2-36　"输入掩码向导"对话框 2

步骤5　在弹出的"输入掩码向导"对话框 3 中单击"完成"按钮,如图 2-37 所示。

图 2-37　"输入掩码向导"对话框 3

步骤6 "输入掩码"文本框中的表达式如图 2-38 所示。单击快速访问工具栏中的"保存"按钮。

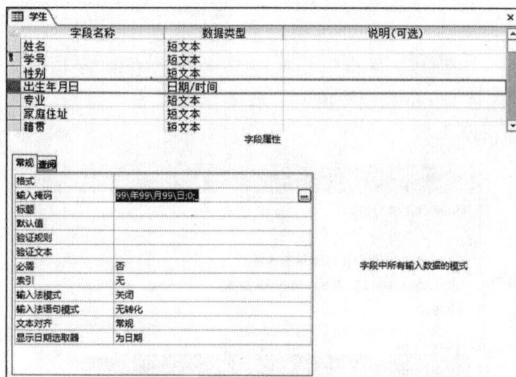
图 2-38　输入掩码表达式

【例 2-13】 在"仓库管理"数据库中,设置 "产品"表的"规格"字段的"输入掩码"属性,输入掩码的格式为"220V–W"。其中,"–"与"W" 之间为两位数字,且只能输入 0~9 的数字。

步骤1 打开"仓库管理"数据库,然后右键单击 "产品"表,在弹出的快捷菜单中选择"设计视图"命令。

步骤2 选中"规格"字段,切换到"常规"选项卡, 在"输入掩码"行中输入""220V–"00"W"",如图2-39 所示。

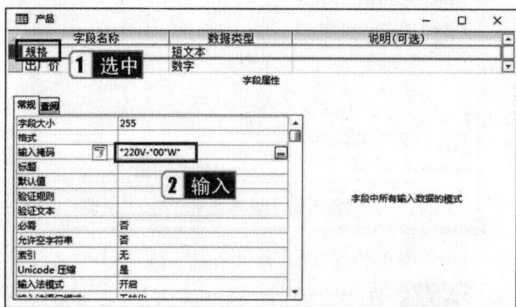
图 2-39　设置"规格"字段的输入掩码

步骤3 单击快速访问工具栏中的"保存"按钮。

> 🔍 **请注意**
>
> 输入掩码只适用于数字、短文本、货币和日期/时间型字段。

7　索引

索引是非常重要的属性,它可以根据键值加快在表中查找和排序数据的速度,而且能对表中的记录实施唯一性。按索引功能分,索引可分为唯一索引、普通索引和主索引 3 种。其中,唯一索引的索引字段值不能相同,即没有重复值。若向该字段输入重复值,系统会提示操作错误。如果为已有重复值的字段创建索引,则不能创建唯一索引。普通索引的索引字段值可以相同,即可以有重复值。在 Access 中,同一个表可以创建多个唯一索引,其中一个可设置为主索引,且一个表只有一个主索引。

"索引"属性有 3 个选项,具体说明如表 2-7 所示。

表 2-7　　"索引"属性选项说明

索引属性值	说明
无	该字段不建立索引
有(有重复)	以该字段建立索引,且字段中的内容可以重复
有(无重复)	以该字段建立索引,且字段中的内容不能重复。这种字段适合做主键

如果经常需要同时搜索或排序两个或更多的字段,可以创建多字段索引。使用多字段索引进行排序时,将首先用定义在索引中的第一个字段进行排序,如果第一个字段中有重复值,再用索引中的第二个字段进行排序,以此类推。

【例 2-14】 在"学生管理"数据库中,将 "学生"表中的"姓名"字段设置为有重复索引。

步骤1 打开"学生管理"数据库,然后右键单击 "学生"表,在弹出的快捷菜单中选择"设计视图" 命令。

数”属性值为“0”，设置结果如图 2-42 所示。

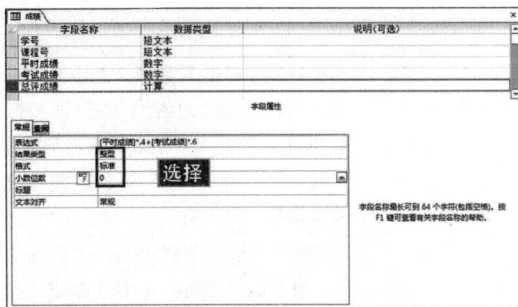

图 2-42 属性设置结果

步骤5 单击“保存”按钮，切换到数据表视图查看结果，此时“总评成绩”字段已根据计算公式自动计算出结果，如图 2-43 所示。

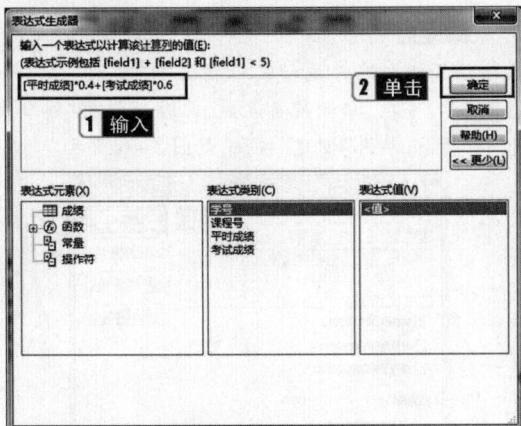

图 2-43 计算数据类型字段计算结果

2.2.4 表间关系的建立

通过前面的学习，我们已经知道了建立数据库和表的方法。实际上，表之间的数据是存在一定联系的，所以要想更好地利用和管理数据，就必须了解并建立表与表之间的关系。本小节将介绍表间关系的概念和如何建立表间关系。

1 表间关系的概念

表间关系是指两个表中都有一个数据类型和大小都相同的字段，再利用相同字段建立两个表之间的关系。

每个表都不是完全孤立的，两个表之间的字段往往有关联性，这些相互关联的字段往往是各个表中的关键字。

两个表之间的匹配关系可以分为一对一、一对多和多对多 3 种，如表 2-8 所示。

步骤2 选中“姓名”字段，切换到“常规”选项卡，在“索引”行下拉列表中选择“有(有重复)”，如图 2-40 所示。

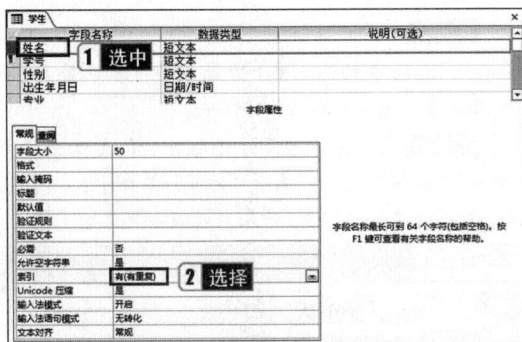

图 2-40 设置“姓名”字段的索引

步骤3 单击快速访问工具栏中的“保存”按钮。

8 使用计算数据类型字段

Access 2016 提供了计算数据类型，可以将计算结果保存在该数据类型的字段中。

【例 2-15】 在“学生管理”数据库的“成绩”表中添加计算字段“总评成绩 = 平时成绩 * 0.4 + 考试成绩 * 0.6”并设置相关属性。

步骤1 打开“学生管理”数据库，然后右键单击“成绩”表，在弹出的快捷菜单中选择“设计视图”命令。

步骤2 在“字段名称”列的空白行中输入“总评成绩”，在“数据类型”下拉列表中选择“计算”。

步骤3 在弹出的“表达式生成器”对话框中输入“[平时成绩] * 0.4 + [考试成绩] * 0.6”，如图 2-41 所示，单击“确定”按钮。

图 2-41 输入计算表达式

步骤4 设置“总评成绩”字段的“结果类型”属性值为“整型”、“格式”属性值为“标准”、“小数位

表 2-8　　　表间的 3 种关系

匹配关系	说明
一对一的关系	假设有表1和表2,如果表1中的1条记录只能与表2中的1条记录相匹配,而表2中的1条记录也只能与表1中的1条记录相匹配,那么这种对应关系就是一对一关系
一对多的关系	如果表1中的一条记录和表2中的多条记录相匹配,而表2中的1条记录只能与表1中的1条记录相匹配,则称表1和表2是一对多的关系。一对多的关系是数据库中最常用的一种关系。此时表1称为主表,表2称为相关表
多对多的关系	如果表1中的多条记录和表2中的多条记录相匹配,而表2中的多条记录也与表1中的多条记录相匹配,这样的关系就是多对多关系

🔍 **请注意**

在建立表间关系时,相同字段的字段名称可以不同,但字段的取值要一致。

② 参照完整性

参照完整性是在输入或删除记录时,为维持表间已建立的关系而必须遵循的规则。在定义表与表之间的关系时,应设立一些规则,这些规则将有助于保证数据的完整性。

如果实施了参照完整性规则,那么当主表中没有相关记录时,不能将记录添加到相关表中,也不能在相关表中存在匹配的记录时删除主表中的记录,更不能在相关表中有相关记录时更改主表中的主键值。即实施了参照完整性规则后,对表中主键字段进行操作时,系统会自动检查主键字段,看看该字段是否被添加、修改或删除了。如果对主键字段的修改违背了参照完整性的要求,系统就会自动强制执行参照完整性。

③ 表间关系的建立

在定义表间的关系前,应该关闭要定义关系的所有表,不能在已打开的表之间创建关系。若发现表与表之间的关系有误,用户

可以修改和删除表间关系。

【例 2-16】 建立"学生管理"数据库中 3 个表之间的关系。

步骤1 打开"学生管理"数据库,然后在"数据库工具"选项卡的"关系"功能组中单击"关系"按钮,此时会弹出"显示表"对话框。

步骤2 在"显示表"对话框中,依次双击添加"课程""成绩""学生"表到"关系"窗口中,关闭"显示表"对话框,如图2-44所示。结果如图2-45所示。

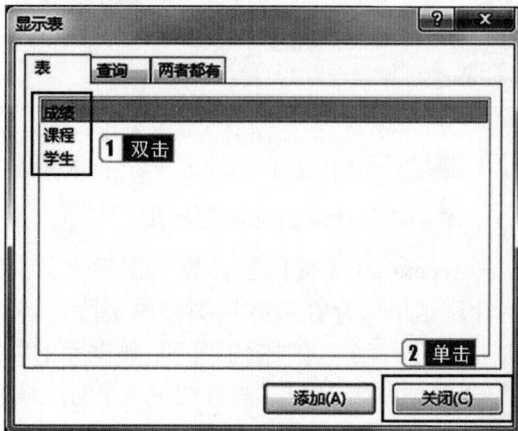

图 2-44　"显示表"对话框

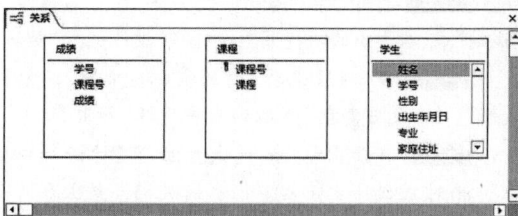

图 2-45　"关系"窗口

步骤3 选中"课程"表中的"课程号"字段,然后按住鼠标左键并拖动鼠标指针到"成绩"表中的"课程号"字段,松开鼠标左键,此时会弹出"编辑关系"对话框,单击"创建"按钮,如图2-46所示。

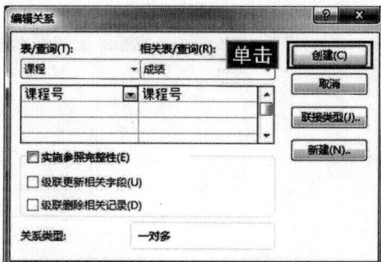

图 2-46　"编辑关系"对话框

步骤4 使用同样的方法将"学生"表中的"学号"字段拖动到"成绩"表中的"学号"字段上,单击

"创建"按钮,结果如图2-47所示。

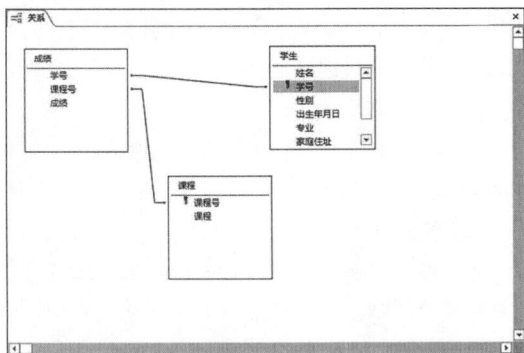

图2-47 建立关系

▶步骤5 单击快速访问工具栏中的"保存"按钮保存创建好的表间关系,关闭"关系"窗口。

🔍 **请注意**

1.打开"关系"窗口后,若未弹出"显示表"对话框,则可以在"设计"选项卡的"关系"功能组中单击"添加表"按钮。

2.当题目要求实施参照完整性规则时,在"编辑关系"对话框中勾选"实施参照完整性"复选框。

2.2.5 向表中输入数据

名师讲解

表结构建立后,数据表中还没有具体的数据资料,只有输入数据才能建立查询、窗体、报表等对象。

向表中输入数据记录的方法有两种:一种是利用数据表视图直接输入数据,另一种是利用外部已有的数据表。

1 利用数据表视图输入数据

【例2-17】 在"学生管理"数据库中,利用数据表视图向"学生"表中输入数据记录。

▶步骤1 打开"学生管理"数据库,然后双击"学生"表,打开图2-48所示的数据表视图。

图2-48 "学生"数据表视图

▶步骤2 从第1个空记录的第1个字段开始输入所需数据,每输完1个字段值就按＜Enter＞键或＜Tab＞键转至下一条记录的输入框,然后输入下一

条记录。所有数据输入完后,单击快速访问工具栏中的"保存"按钮,结果如图2-49所示。

图2-49 输入数据后的"学生"表

输入完所有数据后,表中会自动添加一条空记录。该条记录在选择器上显示为星号"＊",表示是一条新记录。

2 创建查阅列表字段

一般表中的大部分字段值都来自直接输入的数据,或来自从其他数据源导入的数据。如果某字段值是一组固定数据,例如"教师"表中的"职称"字段值为"助教""讲师""副教授""教授"等,那么手动直接输入比较麻烦。这时可将这组固定值设置为一个列表,用户可以直接从列表中选择需要的字段值,这样既可以提高输入效率,也能够降低输入强度。

【例2-18】 在"学生管理"数据库中,为"学生"表中的"性别"字段创建查阅列表,列表中有"男"和"女"这2个字段值选项。

▶步骤1 打开"学生管理"数据库,右键单击"学生"表,在弹出的快捷菜单中选择"设计视图"命令,然后选中"性别"字段。

▶步骤2 在"数据类型"右侧下拉列表中选择"查阅向导...",在弹出的"查阅向导"对话框1中选择"自行键入所需的值"单选按钮,然后单击"下一步"按钮,如图2-50所示。

▶步骤3 在弹出的"查阅向导"对话框2中,在"第1列"文本框中依次输入"男"和"女"两个值,每输入完一个值就按＜↓＞键或＜Tab＞键转至下一行,结果如图2-51所示。

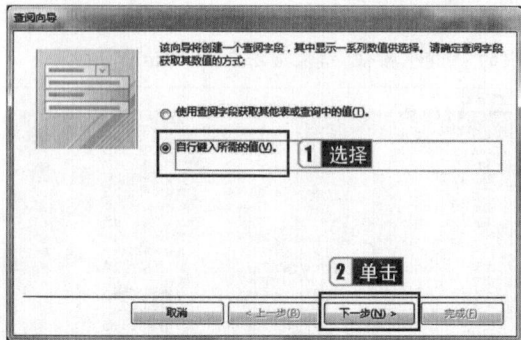

图2-50 "查阅向导"对话框1

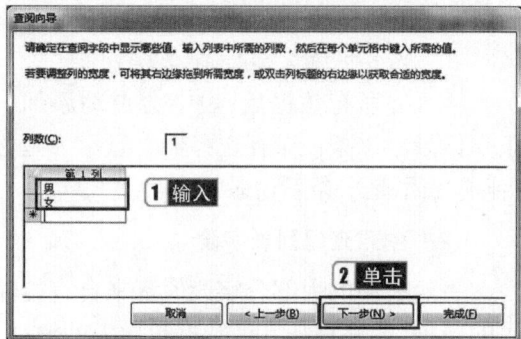

图2-51 设置"性别"列的输入值

步骤4 单击"下一步"按钮,在弹出的"查阅向导"对话框3中,在"请为查阅列表指定标签"文本框中输入名称,本例使用默认值"性别"。单击"完成"按钮。

步骤5 单击快速访问工具栏中的"保存"按钮,切换至数据表视图查看设置结果,如图2-52所示。

图2-52 "性别"字段查阅列表设置结果

3 获取外部数据

利用Access提供的导入和链接功能可以将一些外部数据直接添加到当前Access数据库中,常见的操作有导入Excel文件生成数据库表、将Excel文件链接到数据库等。

在Access中,可以导入的数据包括其他

Access数据库中的表、Excel文件、文本文件和其他类型的文件。导入数据之后,即使外部数据源中的数据发生变化,也不会影响已经导入的数据。

【例2-19】 将已经建立的Excel文件"成绩表.xlsx"导入到"学生管理"数据库中。

步骤1 打开"学生管理"数据库,然后切换到"外部数据"选项卡,在"导入并链接"功能组中单击"新数据源"按钮,在其下拉列表中选择"从文件"→"Excel"命令。如图2-53所示。

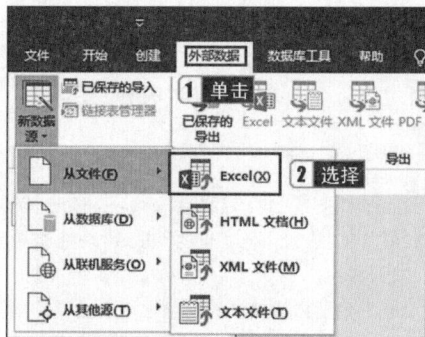

图2-53 "导入并链接"功能组

步骤2 在弹出的"获取外部数据－Excel电子表格"对话框1中单击"浏览"按钮,在弹出的"打开"对话框中选中需导入的数据文件"成绩表.xlsx",然后单击"确定"按钮,如图2-54所示。

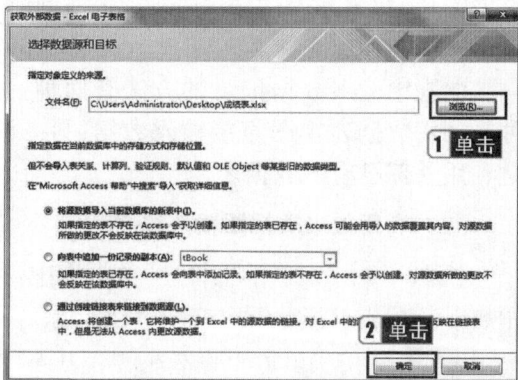

图2-54 "获取外部数据－Excel电子表格"对话框1

步骤3 在弹出的"导入数据表向导"对话框1中,勾选"第一行包含列标题"复选框,然后单击"下一步"按钮,如图2-55所示。

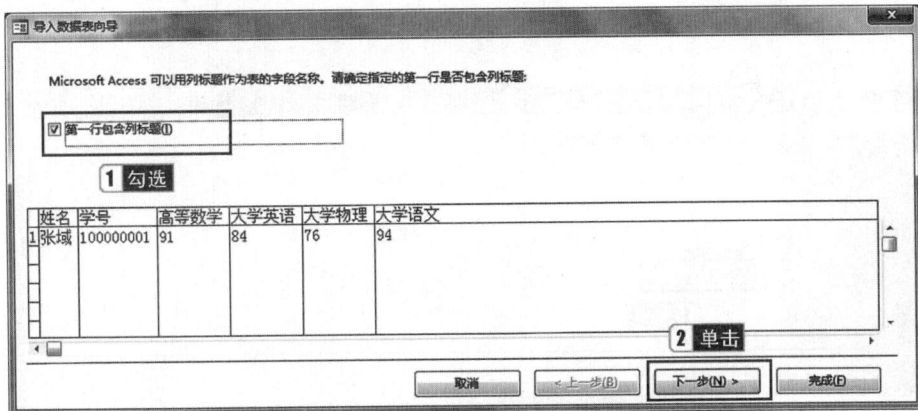

图 2-55　"导入数据表向导"对话框 1

步骤4　在弹出的"导入数据表向导"对话框 2 中指定"姓名"的"数据类型"为"短文本",设置"索引"项为"无"。依次选择其他字段,设置"学号"的"数据类型"为"短文本",设置"索引"项为"有(无重复)",其他字段均采用默认值。单击"下一步"按钮,如图 2-56 所示。

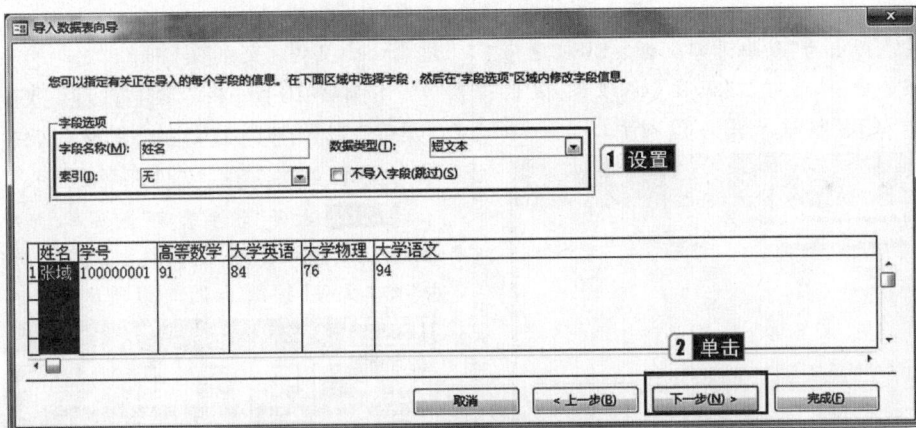

图 2-56　"导入数据表向导"对话框 2

步骤5　在弹出的"导入数据表向导"对话框 3 中选择"我自己选择主键"单选按钮,然后在其右侧的下拉列表中选择"学号"字段,接着单击"下一步"按钮,如图 2-57 所示。

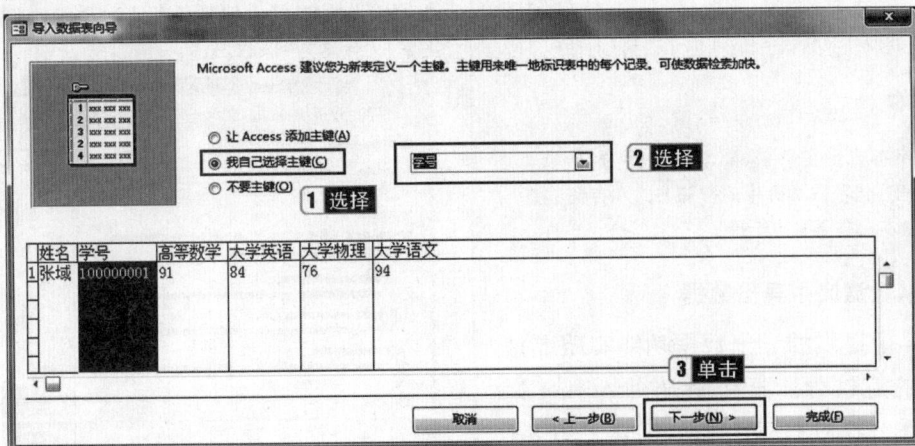

图 2-57　"导入数据表向导"对话框 3

步骤6 在弹出的"导入数据表向导"对话框4的"导入到表"文本框中输入"成绩单",单击"完成"按钮,如图2-58所示。

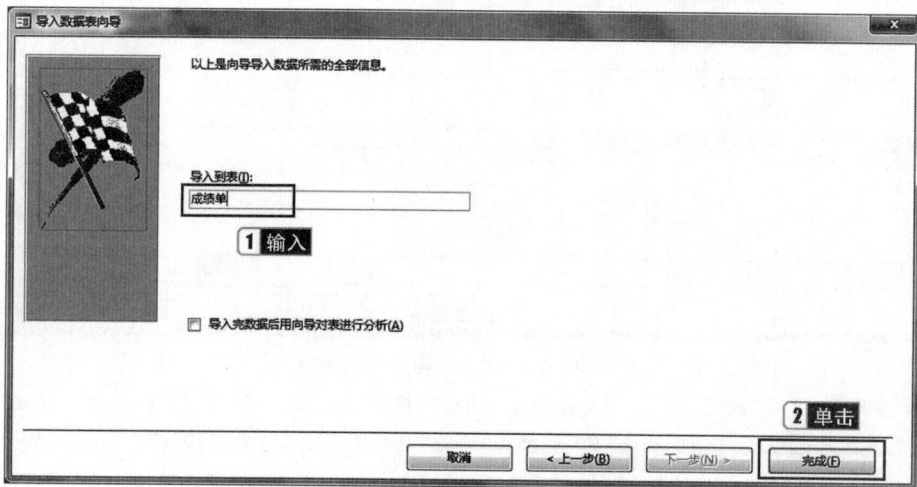

图2-58　"导入数据表向导"对话框4

步骤7 在弹出的"获取外部数据 – Excel 电子表格"对话框2中,取消勾选"保存导入步骤"复选框,直接单击"关闭"按钮,如图2-59所示。

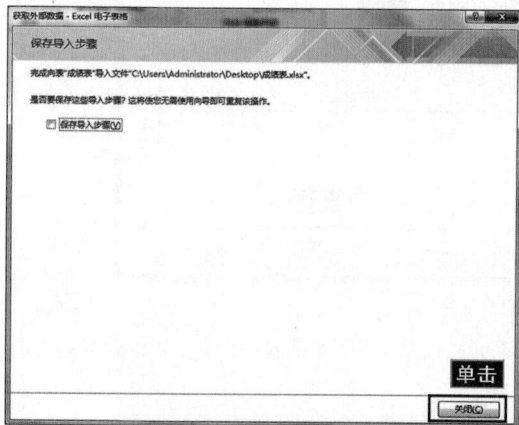

图2-59　"获取外部数据 – Excel 电子表格"对话框2

🔍 **请注意**

在"获取外部数据 – Excel 电子表格"对话框1中,指定数据在当前数据库中的存储方式和存储位置时,需要根据实际需要做出选择。

④ 从数据库中导出数据

Access 中提供的导出数据功能实质上是导入数据的逆过程。其功能是将 Access 数据库中的某个表对象导出到数据库之外,并单独保存为一个文件,导出的文件类型可以

是 Excel 文件、文本文件等。

【例2-20】 将"学生管理"数据库中的"课程"表导出到 D 盘的"素材"文件夹下,并作为文本文件保存,文件名称不变。

步骤1 打开"学生管理"数据库,然后选中"课程"表,在"外部数据"选项卡的"导出"功能组中单击"文本文件"按钮,如图2-60所示。

图2-60　"导出"功能组

步骤2 在弹出的"导出 – 文本文件"对话框中单击"浏览"按钮,将存储路径定位到 D 盘的"素材"文件夹下,文件名为"课程.txt",如图2-61所示。

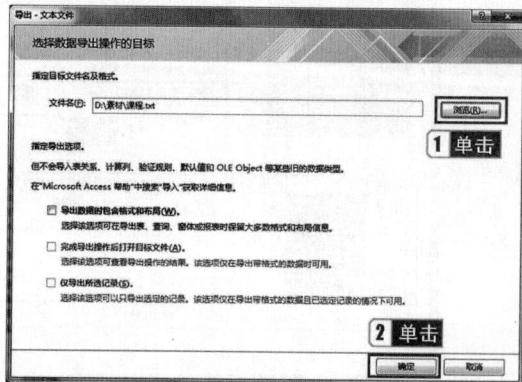

图2-61　"导出 – 文本文件"对话框

步骤3 单击"确定"按钮,此时会弹出"导出文本向导"对话框1,单击"下一步"按钮,如图2-62所示。

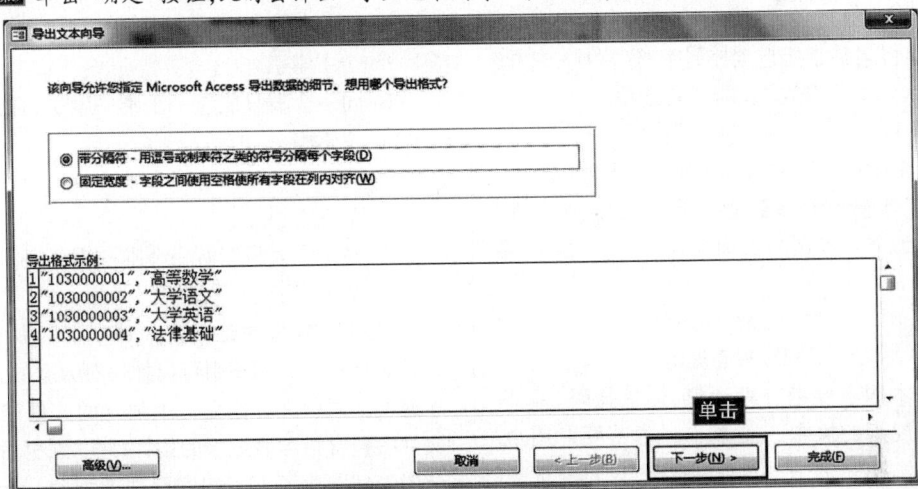

图2-62 "导出文本向导"对话框1

步骤4 弹出"导出文本向导"对话框2,在"请选择字段分隔符"选项组内选择相应的分隔符类型。这里选择默认的"逗号"分隔符。同时,勾选"第一行包含字段名称"复选框,将字段名称作为文本文件的第一行。单击"完成"按钮,完成数据的导出,如图2-63所示。

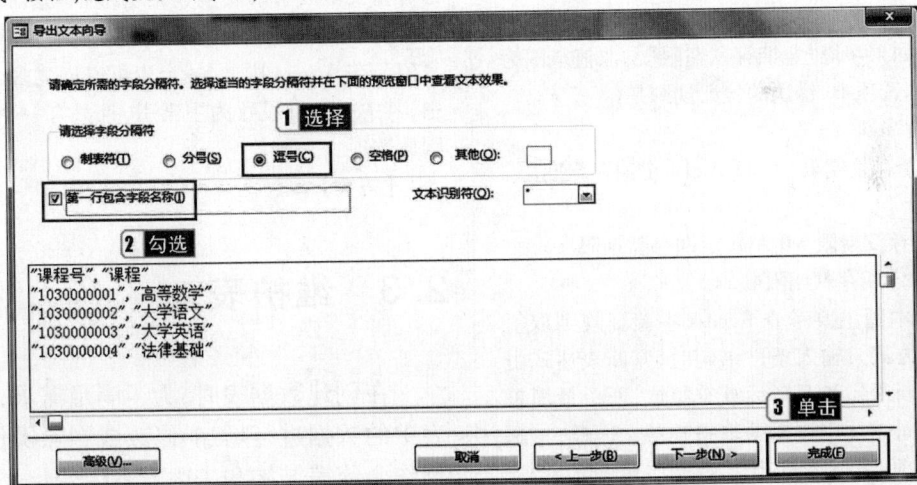

图2-63 "导出文本向导"对话框2

真题演练

【例1】在"成本表"中有字段:装修费、人工费、水电费和总成本。其中,总成本 = 装修费 + 人工费 + 水电费,那么在建表时应将字段"总成本"的数据类型定义为( )。

A)数字　　　　B)单精度

C)双精度　　　D)计算

【解析】本题主要考查有关数据类型的定义。A选项数字用于存储数学计算的数字数据;B、C选项是数字的具体数据类型,包含于A选项;而D选项计算是保存通过计算得到的数据类型。因此,选择D选项。

【答案】D

【例2】Access字段名称中不能包含的字符是( )。

A)@　　　　　B)!

C)%　　　　　D)&

【解析】本题主要考查Access数据库中字段名称的命名规则。在Access中,字段名称应遵循如下命名规则:字段名称的长度最多达64个字符;字段名称可以是包含字母、数字、空格和特殊字符（除点号、感叹号和方括号）的任意组合；字段名称不能以空格开头；字段名称不能包含控制字符（从 0～32 的 ASCII 码所表示的字符）。故选择 B 选项。

【答案】B

【例3】在输入学生所属学院时，要求学院名称必须以汉字"学院"为结尾（例如自动化学院，机械学院），要保证输入数据的正确性，应定义字段的属性是（　　）。

　　A）默认值　　　　B）输入掩码
　　C）验证文本　　　D）验证规则

【解析】本题主要考查默认值、输入掩码、验证文本和验证规则的概念。在 Access 中若要对用户的输入做某种限制，可在设计表字段时设置验证规则或输入掩码。输入掩码可以控制数据的输入样式，验证规则可以控制数据的输入范围。本题中要求输入的数据必须以汉字"学院"为结尾，应定义字段的属性是验证规则。因此选项 D 正确。

【答案】D

【例4】如果字段"定期存款期限"的取值范围为 1～5，则下列选项中，错误的验证规则是（　　）。

　　A）>=1 and <=5
　　B）[定期存款期限]>=1 And [定期存款期限] <=5
　　C）定期存款期限 >0 And 定期存款期限 <=5
　　D）0<[定期存款期限]<=5

【解析】本题主要考查 Access 中验证规则取值范围的书写方式。输入条件语句时，判断表达式由最简单的判断语句和逻辑运算符组成，两个最简单的判断句之间需要用逻辑运算符连接。因此，本题应选择 D 选项。

【答案】D

【易错提示】在逻辑表达式中没有连等式的形式，即 0<[定期存款期限]<=5 是错误的。

【例5】邮政编码是由 6 位数字组成的字符串，那么为邮政编码设置输入掩码的格式是（　　）。

　　A）000000　　　　B）CCCCCC
　　C）999999　　　　D）LLLLLL

【解析】本题主要考查 Access 中输入掩码的设置方式。邮政编码必须为 0～9 的数字，且不能有空格，所以用"0"表示，故选择 A 选项。

【答案】A

【例6】下列关于 Access 索引的叙述中，正确的

是（　　）。

　　A）同一个表可以有多个唯一索引，但只能有一个主索引
　　B）同一个表只能有一个唯一索引，且只有一个主索引
　　C）同一个表可以有多个唯一索引，且可以有多个主索引
　　D）同一个表只能有一个唯一索引，但可以有多个主索引

【解析】本题主要考查 Access 中索引的相关概念及其特性。利用索引可以加快对数据的查询和排序速度。索引文件作为一个独立的文件进行存储，文件中包含指向表记录的指针，建立索引后，表中记录的物理顺序不变。按索引功能划分，Access 表的索引分为唯一索引、普通索引和主索引 3 种。其中，唯一索引的索引字段值不能相同，即没有重复值。若该字段输入重复值，系统会提示操作错误。如果已有重复值的字段要创建索引，则不能创建唯一索引。普通索引的索引字段值可以相同，即可以有重复值。在 Access 中，同一个表可以创建多个唯一索引，其中一个可设置为主索引，且只有一个主索引。因此选项 A 正确。

【答案】A

2.3　维护表

在创建数据表时，为了满足需求，需要对表中的数据进行增加、修改或删除操作，这些操作会使表结构和表内容发生变化。为了使数据结构更加合理，内容使用更加高效，需要对表进行维护。本节将主要介绍如何修改和维护表的结构、内容、外观，以及表的基本操作方法。

2.3.1　表的复制、重命名与删除

在对表进行复制、重命名与删除操作之前，必须将需要操作的表关闭。

1　复制

为了防止表在修改过程中因操作失误而

使数据丢失,故在修改前需要对表进行复制操作。操作方法主要是复制和粘贴,在Access中复制和粘贴表主要有以下3种可选方式,如图2-64所示。

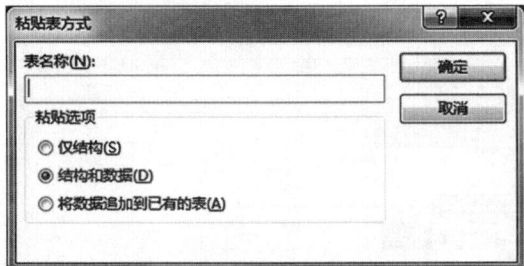

图2-64 "粘贴表方式"对话框

①仅结构:副本中仅有原表的结构,没有数据内容。

②结构和数据:副本中不仅有原表的结构,还有数据记录。

③将数据追加到已有的表。

【例2-21】 将"职工管理"数据库中的"薪资"表进行备份,备份文件名为"薪资备份",要求仅复制表结构。

步骤1 打开"职工管理"数据库。

步骤2 右键单击"薪资"表,在弹出的快捷菜单中选择"复制"命令。

步骤3 在左侧导航窗格中的空白区域单击鼠标右键,在弹出的快捷菜单中选择"粘贴"命令。

步骤4 弹出"粘贴表方式"对话框,在"表名称"文本框中输入"薪资备份",选择"仅结构"单选按钮,如图2-65所示。单击"确定"按钮,完成数据表的备份操作。

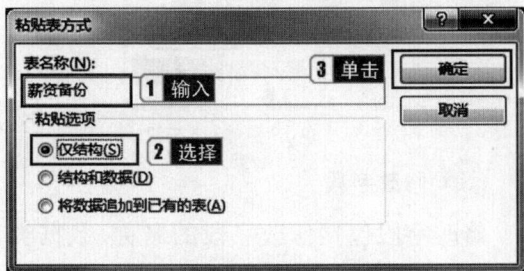

图2-65 复制"薪资"表

2 重命名

若在使用过程中需要对表的名称进行更改,可以进行重命名操作。

【例2-22】 将"职工管理"数据库中的"薪资备份"表重命名为"员工工资情况"。

步骤1 打开"职工管理"数据库。

步骤2 右键单击"薪资备份"表,在弹出的快捷菜单中选择"重命名"命令。

步骤3 此时"薪资备份"处于可编辑状态,重新输入"员工工资情况",按<Enter>键即可完成对表的重命名。

3 删除表

若数据库中有多余的或者不需要的表,可以将其从数据库中删除。

【例2-23】 将"职工管理"数据库中的"员工工资情况"表删除。

步骤1 打开"职工管理"数据库。

步骤2 右键单击"员工工资情况"表,在弹出的快捷菜单中选择"删除"命令。

步骤3 在弹出的"Microsoft Access"提示对话框中单击"是"按钮,即可将"员工工资情况"表从数据库中删除。

2.3.2 修改表的结构

数据库的表创建完成后,可以对表结构做进一步修改。修改表的结构包含添加字段、删除字段、修改字段和设置主键等,这些操作必须在设计视图中完成。

1 添加字段

在表中添加一个新字段不会影响其他字段和现有数据。但是利用该表进行查询、窗体或报表等操作时,新字段不会自动加入其中,需要手动添加。

【例2-24】 在"学生管理"数据库中的"成绩"表中增加一个新字段,字段名称为"课程名称",数据类型为"短文本"。要求该字段位于"课程号"之后。

步骤1 打开"学生管理"数据库。

步骤2 右键单击"成绩"表,在弹出的快捷菜单中选择"设计视图"命令。

步骤3 右键单击"成绩"字段,在弹出的快捷菜单中选择"插入行"命令,如图2-66所示。

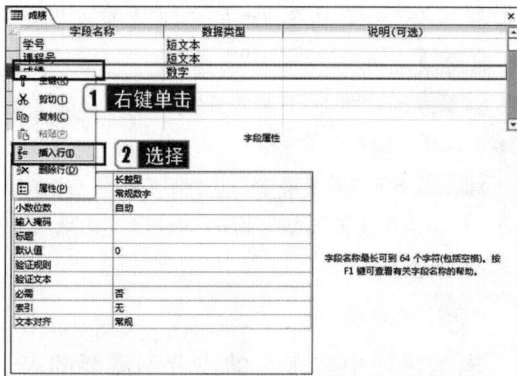

图2-66　选择"插入行"命令

步骤4 在"字段名称"列中输入"课程名称"，然后在"数据类型"右侧的下拉列表中选择"短文本"，如图2-67所示。

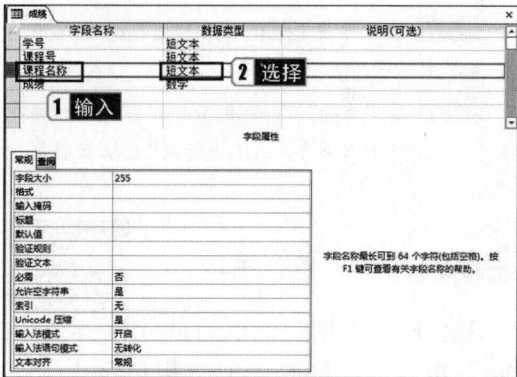

图2-67　添加"课程名称"字段

步骤5 单击快速访问工具栏中的"保存"按钮。

此外，在"设计"选项卡的"工具"功能组中单击"插入行"按钮也可以插入字段，如图2-68所示。

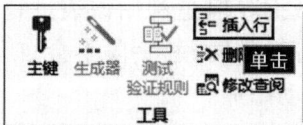

图2-68　单击"插入行"按钮

2　删除字段

删除字段实质上是删除表中的一列数据。删除字段操作是不可恢复的，所以进行该操作时应小心谨慎。为了防止操作失误而造成数据丢失，可先将表进行备份。

【例2-25】 删除"学生管理"数据库"学生"表中的"性别"字段。

步骤1 打开"学生管理"数据库。

步骤2 右键单击"学生"表，在弹出的快捷菜单中选择"设计视图"命令。

步骤3 右键单击"性别"字段，在弹出的快捷菜单中选择"删除行"命令，如图2-69所示。

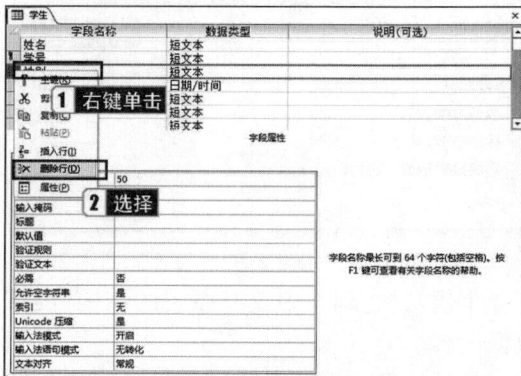

图2-69　选择"删除行"命令

步骤4 在弹出的"Microsoft Access"提示对话框中单击"是"按钮，如图2-70所示。删除所选字段。

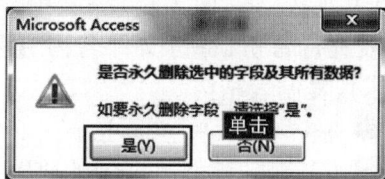

图2-70　"Microsoft Access"提示对话框

步骤5 单击快速访问工具栏中的"保存"按钮。

此外，在"设计"选项卡的"工具"功能组中单击"删除行"按钮也可以删除字段，如图2-71所示。

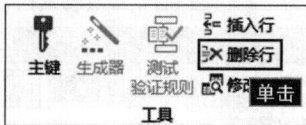

图2-71　单击"删除行"按钮

3　修改字段

修改字段包括修改字段的名称、数据类型、说明、属性等。

【例2-26】 将"学生管理"数据库中的"学生"表中的"团员"字段修改为"联系电话"。

步骤1 打开"学生管理"数据库。

步骤2 右键单击"学生"表，在弹出的快捷菜单中选择"设计视图"命令。

步骤3 将"字段名称"列中的"团员"修改为"联系电话",然后将"数据类型"列中的"是/否"修改为"短文本",结果如图2-72所示。

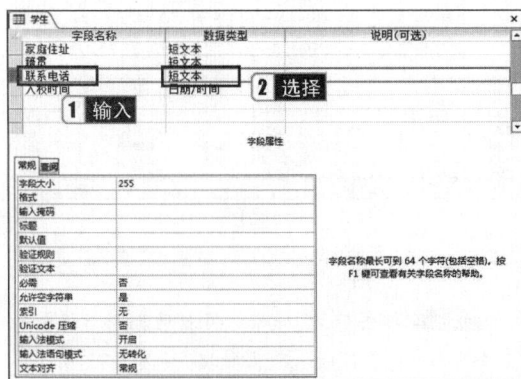

图 2-72 修改后的设计视图

步骤4 单击快速访问工具栏中的"保存"按钮。

4 重新设置主键

如果已定义的主键不合适,可以重新定义一个主键。重新定义主键时要先删除已定义的主键,再定义新的主键,具体的操作步骤如下。

步骤1 右键单击需重新定义主键的表,然后在弹出的快捷菜单中选择"设计视图"命令。

步骤2 单击主键所在的字段行,再在"设计"选项卡的"工具"功能组中单击"主键"按钮。完成操作后,系统将取消以前设置的主键。

步骤3 单击要设为主键的字段行,再在"设计"选项卡的"工具"功能组中单击"主键"按钮,这时主键字段选择器上会显示一个"主键"图标,表明该字段是主键字段。

2.3.3 编辑表的内容

编辑表的内容操作主要包括定位记录、添加记录、修改记录、删除记录和复制字段中的数据等。创建数据表后,就可以向表中添加记录了。输入数据操作通常在数据表视图中进行。

1 定位记录

定位和选择记录是数据库中的常用操作。常用的定位操作有记录号定位和快捷键定位两种。本小节将结合实例介绍这两种定位操作。

【例2-27】 将鼠标指针定位到"学生管理"数据库中"学生"表的第12条记录上。

步骤1 打开"学生管理"数据库,双击"学生"表打开数据表视图。

步骤2 在记录定位器的记录编号框中双击编号,再输入记录号"12",如图2-73所示。

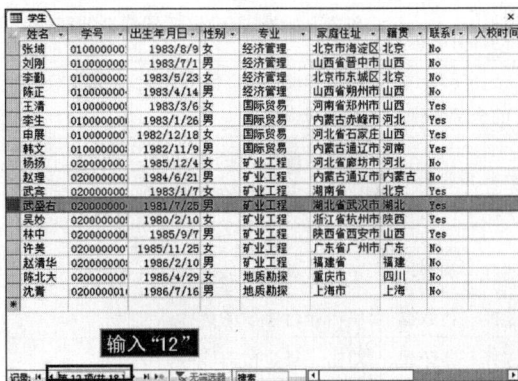

图 2-73 定位记录

表2-9所示为定位记录快捷键及其对应功能键。

表2-9 定位记录快捷键及其对应功能键

快捷键	定位功能
Tab	下一字段
Enter	下一字段
→	下一字段
Shift + Tab	上一字段
←	上一字段
Home	当前记录的首字段
End	当前记录的末字段
Ctrl + ↑	首记录的当前字段
Ctrl + ↓	末记录的当前字段
Ctrl + Home	首记录的首字段
Ctrl + End	末记录的末字段
↑	上一条记录的当前字段
↓	下一条记录的当前字段
PageDown	下移一屏
PageUp	上移一屏
Ctrl + PageDown	左移一屏
Ctrl + PageUp	右移一屏

2 选择记录

Access 提供了两种选择记录的方法:用鼠标指针选择和用键盘选择。具体方法如表2-10 和表2-11 所示。

表2-10 用鼠标指针选择数据和记录范围

选取范围	选取方法
选择字段中的部分数据	单击开始处,拖动鼠标指针至结尾处
选择字段中的全部数据	单击字段左侧,鼠标指针变成填充柄状后单击
选取相邻多个字段中的数据	单击选取字段的第一个字段左侧,鼠标指针变成填充柄状后,拖动鼠标指针至最后一个字段结尾处
选择一列数据	单击该列字段的选择器
选择一行数据	单击该行字段的选择器
选择一条记录	单击记录定位器
选择多条记录	单击首条记录的记录选择器,按住鼠标左键,拖动鼠标指针至选定范围结尾处
选择所有记录	在"开始"选项卡的"查找"功能组中,选择"选择"下拉列表中的"全选"命令

表2-11 用键盘选择数据范围

选取范围	选取方法
某一字段的部分数据	将鼠标指针移到字段开始处,按住<Shift>键,再按下方向键选择至结尾处
整个字段数据	将鼠标指针移到字段中,按下<F2>键
相邻多个字段	选择第一个字段,按住<Shift>键,再按下方向键选择至结尾处

3 添加记录

添加记录就是向数据表中添加一条新记录。通常是通过在数据表视图的最后一行(即空白行)中输入数据来完成的。

【例2-28】 向"学生管理"数据库"学生"表中新增一条记录。

步骤1 打开"学生管理"数据库,双击"学生"表打开数据表视图。

步骤2 单击窗口下方的"新(空白)记录"按钮,如图2-74 所示。

图 2-74 添加记录前

步骤3 单击后,鼠标指针将自动跳到新记录的第1 个字段处,此时输入所需数据,如图2-75 所示。

图 2-75 添加记录后

除上述方法外,新增记录的其他方法有以下两种。

①在"开始"选项卡的"记录"功能组中单击"新建"按钮。

②任意选中某一列后单击鼠标右键,在弹出的快捷菜单中选择"新记录"命令,如图2-76 所示。

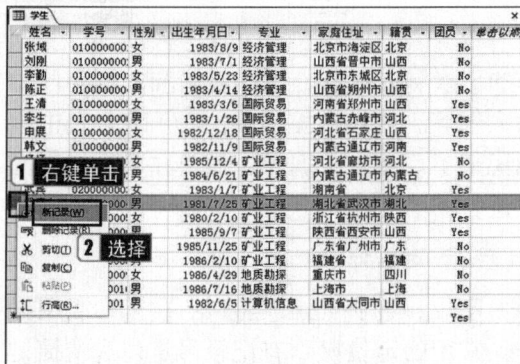

图 2-76 选择"新记录"命令

④ 删除记录

表中如果有不需要的记录，就可以将其删除，下面介绍删除记录的步骤。

【例2-29】 删除"学生管理"数据库的"学生"表中的一条记录。

步骤1 打开"学生管理"数据库，双击"学生"表打开数据表视图。

步骤2 选中要删除的记录，切换到"开始"选项卡，在"记录"功能组的"删除"下拉列表中选择"删除记录"命令，此时会弹出删除记录的提示对话框，如图2-77和图2-78所示。

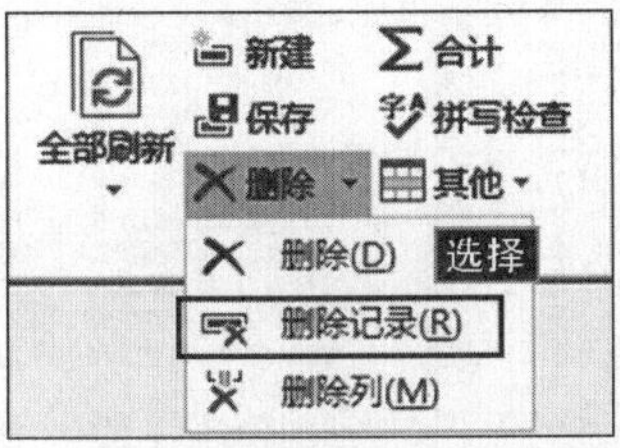

图2-77 "删除"下拉列表

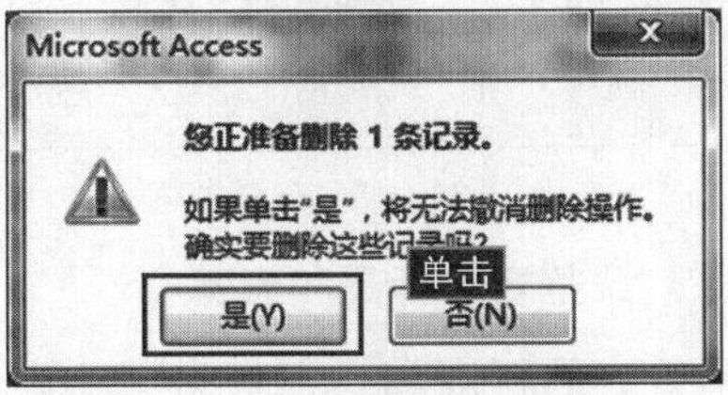

图2-78 删除记录提示对话框

步骤3 单击"是"按钮，选中的记录删除完成，删除后的记录不可恢复。

删除记录的其他方法：选中要删除的记录行，单击鼠标右键，在弹出的快捷菜单中选择"删除记录"命令，如图2-79所示。

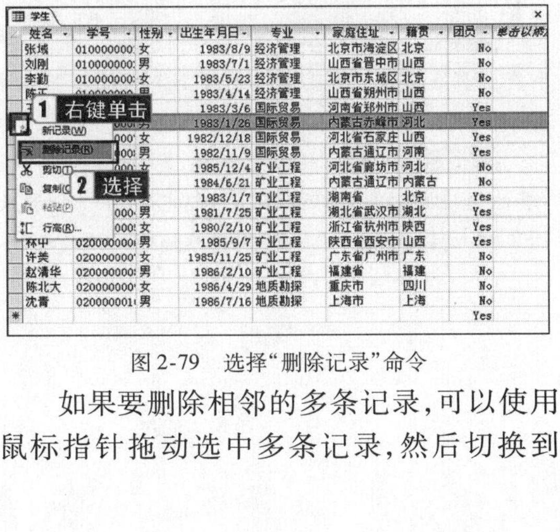

图2-79 选择"删除记录"命令

如果要删除相邻的多条记录，可以使用鼠标指针拖动选中多条记录，然后切换到

"开始"选项卡，在"记录"功能组的"删除"下拉列表中选择"删除记录"命令，则可以删除选中的全部记录。

⑤ 修改数据

表中出现错误数据时，可以对其进行修改。修改数据时只需在数据表视图中打开此表，将鼠标指针移到要修改的字段上即可直接修改。

⑥ 复制数据

在输入或编辑数据时，有些数据可能相同或相似，这时可以执行复制和粘贴操作将某字段中的部分或全部数据复制到另一个字段中。

【例2-30】 复制"学生管理"数据库的"学生"表中的一条记录，并将其中一条记录的部分字段内容复制到另外一条记录中。

步骤1 打开"学生管理"数据库，双击"学生"表打开数据表视图。

步骤2 选中要复制的记录行，然后在"开始"选项卡的"剪贴板"功能组中单击"复制"按钮，如图2-80所示。

图2-80 "剪贴板"功能组

步骤3 单击需要粘贴字段的所在行，然后在"开始"选项卡的"剪贴板"功能组中单击"粘贴"按钮，所选的记录行就会复制到指定位置。

步骤4 将鼠标指针移到选取起始位置的最左侧，鼠标指针变为"十"字形状时拖动鼠标指针，选中需要复制的字段内容，如图2-81所示。

图2-81 选中字段内容

步骤5 在"开始"选项卡的"剪贴板"功能组中单击"复制"按钮,然后确定需要粘贴数据的位置,再在"开始"选项卡的"剪贴板"功能组中单击"粘贴"按钮。

复制记录的其他方法:选中要复制的记录并单击鼠标右键,在弹出的快捷菜单中选择"复制"命令,如图2-82所示。

图2-82　选择"复制"命令

2.3.4　调整表的外观

调整表的外观操作包括改变字段次序、设置字体、设置显示格式、调整表的行高和列宽,以及列的冻结、显示和隐藏等。调整表的结构和外观的目的是使表更加美观。

1　改变字段次序

默认设置下,Access中的字段次序与它们在表或查询中出现的次序相同,但有时因为显示需要,必须调整字段次序。下面将结合实例讲解如何调整字段次序。

【例2-31】 将"学生管理"数据库的"学生"表中的"学号"字段调整为第一个字段。

步骤1 打开"学生管理"数据库,双击"学生"表打开数据表视图。

步骤2 选中"学号"字段列,如图2-83所示。

步骤3 按住鼠标左键,将"学号"字段列拖动至数据表最左侧,释放鼠标左键,如图2-84所示。

图2-83　选中"学号"字段列

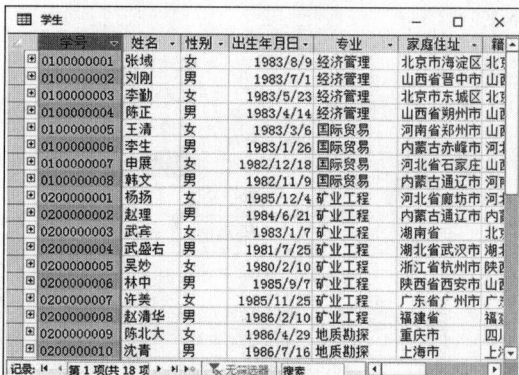

图2-84　调整字段次序

2　调整表的行高和列宽

调整表的行高和列宽是为了让表更美观和更完整地显示数据。该操作既可以使用菜单命令完成,也可以使用鼠标指针完成。

(1)使用菜单命令调整表的行高和列宽

【例2-32】 在"学生管理"数据库中,将"学生"表的行高设置为"13.5"、列宽设置为"10"。

步骤1 打开"学生管理"数据库,双击"学生"表打开数据表视图。单击数据表左上角的选择器选中整个表。

步骤2 在"开始"选项卡的"记录"功能组中单击"其他"按钮,在弹出的下拉列表中选择"行高"命令,如图2-85所示。弹出的"行高"对话框如图2-86所示。

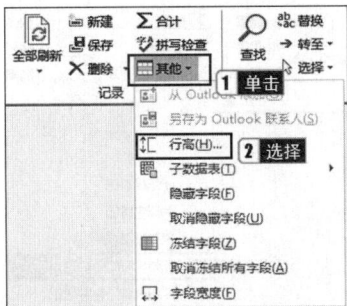

图 2-85　"其他"下拉列表

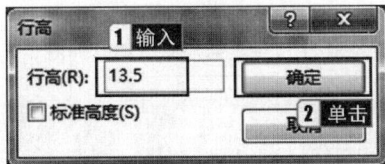

图 2-86　"行高"对话框

步骤3 在"行高"文本框中输入"13.5"，单击"确定"按钮，如图 2-86 所示，完成行高的设置。

步骤4 在"开始"选项卡的"记录"功能组中单击"其他"按钮，在弹出的下拉列表中选择"字段宽度"命令。弹出的"列宽"对话框如图 2-87 所示。

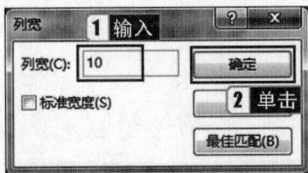

图 2-87　"列宽"对话框

步骤5 在"列宽"文本框中输入"10"，单击"确定"按钮，如图 2-87 所示，完成列宽的设置。

（2）使用鼠标指针调整表的行高和列宽

使用鼠标指针调整表的行高和列宽，操作步骤如下。

以数据表视图方式打开数据表后，将鼠标指针放在两条记录或字段选择器的中间，此时鼠标指针会变成上下双箭头或左右双箭头，按住鼠标左键不放，拖动鼠标指针上下或左右移动，当调整到合适大小时松开鼠标左键即可。

> **请注意**
>
> 设置某一字段的行高时，其他行的高度都会统一调整；而设置字段的列宽时，只影响选中字段的列宽，其他字段的列宽不受影响。

3 **隐藏列和显示列**

隐藏列就是隐藏暂时不需要的列，主要目的是使有用的数据突出显示。显示列就是取消隐藏列，主要目的是在数据库表视图中显示该字段列。

【例 2-33】 隐藏"学生管理"数据库的"学生"表中的"学号"字段列。

步骤1 打开"学生管理"数据库，双击"学生"表打开数据表视图。

步骤2 选中"学号"字段列。

步骤3 在"开始"选项卡的"记录"功能组中单击"其他"按钮，然后在弹出的下拉列表中选择"隐藏字段"命令，如图 2-88 所示。此时选中的"学号"字段列将被隐藏。

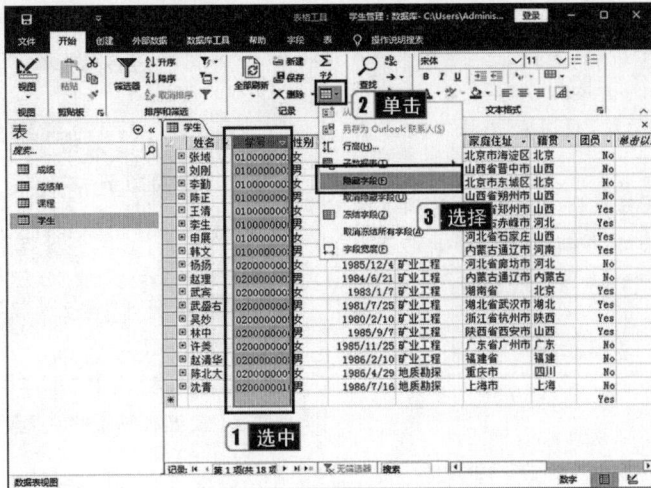

图 2-88　选择"隐藏字段"命令

【例2-34】 显示"学生管理"数据库的"学生"表中的"学号"字段列。

步骤1 打开"学生管理"数据库,双击"学生"表打开数据表视图。

步骤2 在"开始"选项卡的"记录"功能组中单击"其他"按钮,然后在弹出的下拉列表中选择"取消隐藏字段"命令,此时会弹出"取消隐藏列"对话框。

步骤3 勾选"学号"复选框,再单击"关闭"按钮,如图2-89所示。此时隐藏的"学号"字段列就会显示出来。

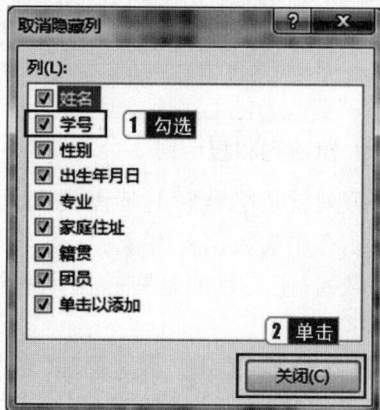

图2-89 "取消隐藏列"对话框

④ **冻结列**

在实际应用中,有时候会遇到因为表过宽而使得某些字段值无法全部显示的情况。此时,应用"冻结字段"功能即可解决这一问题。不论水平滚动条如何移动,冻结的列总是可见的。

【例2-35】 冻结"学生管理"数据库的"学生"表中的"姓名"字段列。

步骤1 打开"学生管理"数据库,双击"学生"表打开数据表视图。

步骤2 选中"姓名"字段列,在"开始"选项卡的"记录"功能组中单击"其他"按钮,然后在弹出的下拉列表中选择"冻结字段"命令,如图2-90所示。

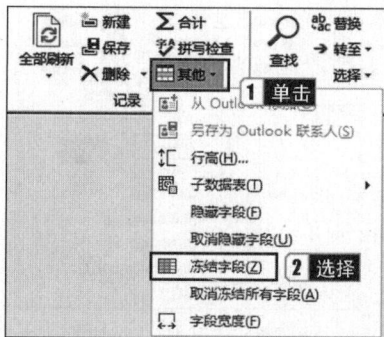

图2-90 选择"冻结字段"命令

步骤3 冻结字段列后的数据表如图2-91所示。

图2-91 冻结字段列后的数据表

🔍 **请注意**

在"开始"选项卡的"记录"功能组中单击"其他"按钮,然后在弹出的下拉列表中选择"取消冻结所有字段"命令即可取消冻结字段列。

⑤ **设置显示格式**

在数据表视图中,可以设置数据表单元格的显示效果、网格线的显示方式、背景颜色等。下面通过实例来介绍设置显示格式的步骤。

【例2-36】 设置"学生管理"数据库的"学生"表的单元格效果为"平面",背景颜色为"红色",网格线颜色为"黄色",其他各项选用默认样式。

步骤1 打开"学生管理"数据库,双击"学生"表打开数据表视图。

步骤2 在"开始"选项卡的"文本格式"功能组中单击"设置数据表格式"按钮,如图2-92所示。

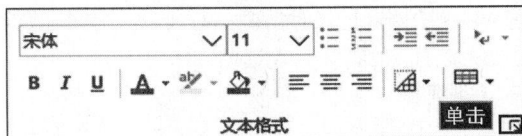

图 2-92 "文本格式"功能组

步骤3 弹出"设置数据表格式"对话框，在"单元格效果"选项组中选择"平面"单选按钮，在"背景色"下拉列表中选择"红色"，在"网格线颜色"下拉列表中选择"黄色"，如图 2-93 所示。

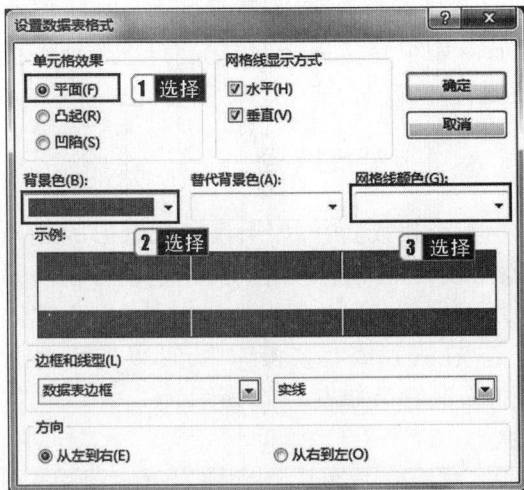

图 2-93 "设置数据表格式"对话框

步骤4 单击"确定"按钮，"学生"数据表格式效果如图 2-94 所示。

图 2-94 设置后的"学生"表

6 改变字体

在 Access 中，字体和字号等参数的设置将影响到整个数据表。

【例 2-37】 设置"学生管理"数据库的"成绩"表中的字体为"隶书"，字号为"12"，颜色为"蓝色"。

步骤1 打开"学生管理"数据库，双击"成绩"表

打开数据表视图。

步骤2 切换到"开始"选项卡，在"文本格式"功能组中的"字体"下拉列表中选择"隶书"，在"字号"下拉列表中选择"12"，在"颜色"下拉列表中选择"黄色"，如图 2-95 所示。

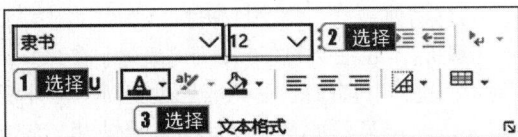

图 2-95 "文本格式"功能组

步骤3 设置完成后，"成绩"数据表格式效果如图 2-96 所示。

图 2-96 设置后的"成绩"表

真题演练

【例 1】要修改表中的记录，应选择的视图是( )。

A）数据表视图　　B）布局视图

C）设计视图　　D）数据透视图

【解析】本题主要考查表的数据表视图的功能。在数据表视图下，可以进行删除、修改、复制、查找、替换、排序、筛选相关记录的操作。因此选项 A 正确。

【答案】A

【例 2】在表的设计视图中，不能完成的操作是( )。

A）修改字段的名称

B）删除一个字段

C）修改字段的属性

D）删除一条记录

【解析】本题主要考查在表的设计视图中可以完成哪些操作。在表的设计视图中可以完成修改字段名称、修改字段相应属性、删除字段的操作，若要删除记录则需要在数据表视图中完成。因此选择 D

选项。

　　【答案】D

　　【例3】如果要求将某字段的显示位置固定在窗口左侧,则可以进行的操作是(　　)。

　　A)隐藏列　　　　　B)排序

　　C)冻结列　　　　　D)筛选

　　【解析】本题主要考查冻结列的概念。在Access实际应用过程中,有时会遇到因表过宽而使得某些字段无法全部显示的情况。此时可以使用"冻结列"功能将字段的显示位置固定在窗口左侧,无论水平滚动条如何移动,冻结的列总是可见的。故选择C选项。

　　【答案】C

　　【例4】在Access的数据表中删除一条记录,被删除的记录(　　)。

　　A)不能恢复

　　B)可以恢复到原来位置

　　C)被恢复为第一条记录

　　D)被恢复为最后一条记录

　　【解析】本题主要考查删除记录的相关内容。

在Access中删除记录时需要小心,因为一旦删除就无法恢复了。故答案为A选项。

　　【答案】A

2.4 操作表

　　在数据库和表的使用过程中,会涉及数据的查找、排序、筛选等操作,这些操作在Access中很容易完成。本节将详细介绍查找数据、替换数据、排序记录、筛选记录等操作。

2.4.1 查找数据

　　在查找数据时,如果仅知道数据的部分内容,或希望按特定要求来查找,则可以使用通配符来替换那些不确定的字符(作为占位符)。在查找或替换操作中,可以使用的通配符及其含义如表2-12所示。

表2-12　　　　　　　　　　　　　　　　　通配符及其含义

字符	含义	示例
*	通配任意个数的字符	wh * 可以通配 what 和 why,不匹配 wall
?	通配任意一个字符	b?ll 可以匹配 ball 和 bell,不匹配 beell
[ ]	通配方括号内任意单个字符	b[ae]ll 可以匹配 ball 和 bell,不匹配 bill
!	通配任意不在方括号内的字符	b[!ae]ll 可以匹配 bill 和 bull,不匹配 ball 和 bell
−	通配范围内的任意一个字符。必须以递增排列顺序来指定范围(如 A~Z,而不是 Z~A)	b[a−c]d 可以匹配 bad、bbd 和 bcd,不匹配 bdd
#	通配任意单个数字字符	1#3 可以匹配 103、113、123,不匹配 1a3

1 查找指定内容

　　在不知道记录号和位置的情况下,可以使用"指定查找"的方法进行数据查找。

　　【例2-38】 在"学生管理"数据库的"学生"表中搜索学号为"0200000004"的记录。

　　步骤1 打开"学生管理"数据库,双击"学生"表打开数据表视图。

　　步骤2 选中"学号"字段列,在"开始"选项卡的"查找"功能组中单击"查找"按钮,此时会弹出"查找和替换"对话框。

　　步骤3 在"查找内容"文本框中输入"0200000004",如图2-97所示。

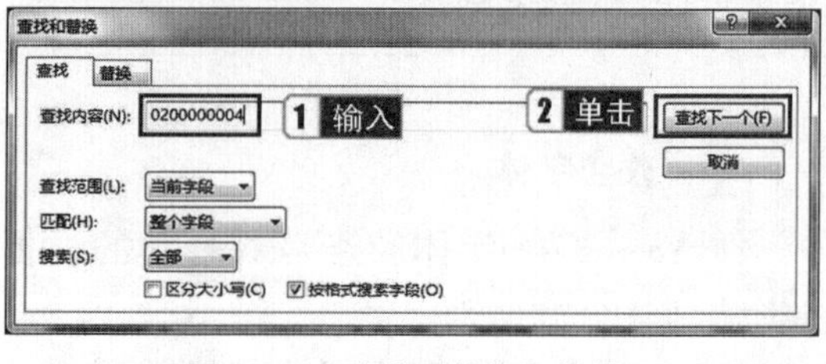

图2-97 "查找和替换"对话框

　　步骤4 单击"查找下一个"按钮,即可查找到指定的内容,如图2-98所示。单击"取消"按钮结束查找。

图 2-98　查找到的数据

② 查找空值或空字符串

在 Access 中，如果某条记录的某条字段尚未存储数据，则称该记录的这个字段的值为空值（Null）。空值与空字符串含义不同，空字符串是用双引号引起来的字符串，且双引号之间没有空格（即""），空字符串的长度为 0。查找空值和空字符串的方法相似。

【例 2-39】　在"学生管理"数据库的"学生"表中搜索"姓名"字段值为"Null"的数据。

步骤1 打开"学生管理"数据库，双击"学生"表打开数据表视图。

步骤2 选中"姓名"字段列，然后在"开始"选项卡的"查找"功能组中单击"查找"按钮，此时会弹出"查找和替换"对话框。

步骤3 在"查找内容"文本框中输入"Null"，如图 2-99 所示。

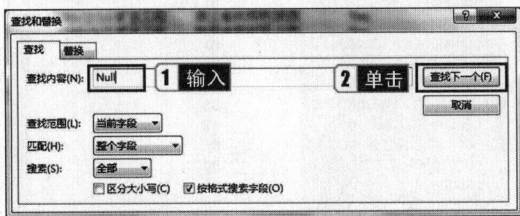

图 2-99　"查找和替换"对话框

步骤4 单击"查找下一个"按钮，即可查找到"姓名"字段值为空的记录。

2.4.2　替换数据

当需要批量修改表中多处相同的数据时，可以利用替换功能加快修改数据的速度。

【例 2-40】　将"学生管理"数据库的"学生"表中"姓名"字段里的所有"小"字改为"晓"字。

步骤1 打开"学生管理"数据库，双击"学生"表打开数据表视图。

步骤2 选中"姓名"字段列，然后在"开始"选项卡的"查找"功能组中单击"替换"按钮。

步骤3 弹出"查找和替换"对话框。在"查找内容"文本框中输入"小"，在"替换为"文本框中输入"晓"，在"查找范围"下拉列表中选择"当前字段"，在"匹配"下拉列表中选择"字段任何部分"，单击"全部替换"按钮，如图 2-100 所示。

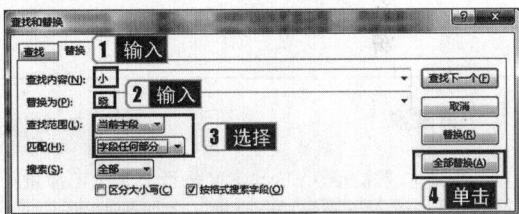

图 2-100　"查找与替换"对话框

步骤4 在弹出的"Microsoft Access"提示对话框中单击"是"按钮，如图 2-101 所示。

图 2-101　"Microsoft Access"提示对话框

步骤5 单击"是"按钮，完成指定内容的替换。

🔍 **请注意**

如果单击"替换"选项卡中的"替换"按钮，则只替换当前查找到的数据，但查找下一个数据，但不会完成"全部替换"操作。

2.4.3　排序记录

排序是指根据当前表中的一个或多个字段的值，对整个表中的所有数据进行重新排列，可以实现降序或升序排列。

① 排序规则

排序记录时，不同数据类型的排序规则有所不同。排序规则如表 2-13 所示。

表 2-13　　排序规则

类型	说明
英文	升序时按英文字母 a 到 z 排列；降序时按英文字母 z 到 a 排列
中文	升序时按拼音首字母 a 到 z 排列；降序时按拼音首字母 z 到 a 排列
数字	升序时由小到大排列；降序时由大到小排列
日期和时间	升序时从前到后排列；降序时从后到前排列
空值	按升序排列时，含空值的记录排在第 1 条；按降序排列时，含空值的记录排在最后 1 条

请注意

长文本、超链接、OLE 和附件类型的字段不能进行排序。对于短文本类型的字段，如果它的取值中有数字，那么 Access 会将数字视为字符串，排序时按照 ASCII 码的大小排列，而不按照数值本身的大小排列。

例如，某数据表中有 5 条记录，其中“编号”为短文本类型字段，其值分别为：129、97、75、131、118。若按照数字类型字段对记录进行降序排列，则排序后的顺序应为 131、129、118、97、75。

对于“短文本”类型字段，其值由数字组成，但被看作字符串。字符串以第一个字符为准，若相比较的两个字符串第一个字符相同，则依次比较下一个字符的大小。因此它们的先后顺序为 97、75、131、129、118。

2 按一个字段排序

按一个字段排序是指参加排序的字段只有一个，可以在数据表视图中进行。

【例 2-41】 将“学生管理”数据库中的“学生”表按“家庭住址”字段升序排序。

步骤1 打开“学生管理”数据库，双击“学生”表打开数据表视图。

步骤2 选中“家庭住址”字段列。

步骤3 在“开始”选项卡的“排序和筛选”功能组中单击“升序”按钮，排序结果如图 2-102 所示。

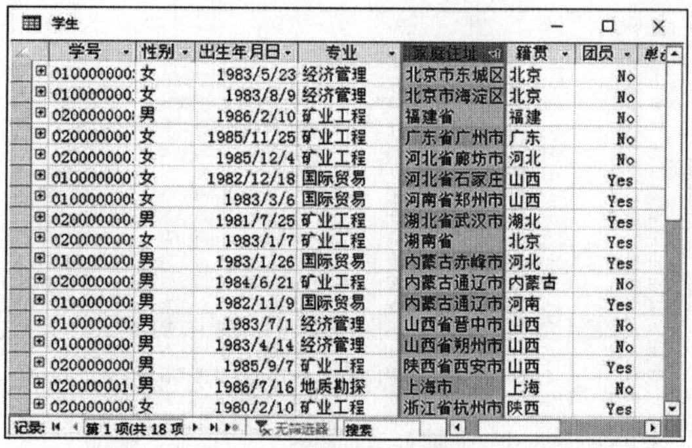

学生

学号	性别	出生年月日	专业	家庭住址	籍贯	团员
010000000	女	1983/5/23	经济管理	北京市东城区	北京	No
010000000	女	1983/8/9	经济管理	北京市海淀区	北京	No
020000000	男	1986/2/10	矿业工程	福建省	福建	No
020000000	女	1985/11/25	矿业工程	广东省广州市	广东	No
020000000	女	1985/12/4	矿业工程	河北省廊坊市	河北	No
010000000	女	1982/12/18	国际贸易	河北省石家庄	山西	Yes
010000000	女	1983/3/6	国际贸易	河南省郑州市	山西	Yes
020000000	男	1981/7/25	矿业工程	湖北省武汉市	湖北	Yes
020000000	女	1983/1/7	矿业工程	湖南省	北京	Yes
010000000	男	1983/1/26	国际贸易	内蒙古赤峰市	河北	Yes
020000000	男	1984/6/21	矿业工程	内蒙古通辽市	内蒙古	No
010000000	男	1982/11/9	国际贸易	内蒙古通辽市	河南	Yes
010000000	男	1983/7/1	经济管理	山西省晋中市	山西	No
010000000	男	1983/4/14	经济管理	山西省朔州市	山西	No
020000000	男	1985/9/7	矿业工程	陕西省西安市	山西	Yes
020000001	男	1986/7/16	地质勘探	上海市	上海	No
020000000	女	1980/2/10	矿业工程	浙江省杭州市	陕西	Yes

记录: 第 1 项(共 18 项　无筛选器　搜索

图 2-102　排序结果

3 按多个字段排序

在 Access 中按多个字段排序时，首先根据第一个字段指定的顺序排序，如果第一个字段具有值相同的数据，则按第二个字段排序，以此类推，直至排序完毕。按多个字段排序记录有两种方法，一种是使用“升序”或“降序”按钮，另一种是使用“高级筛选/排序”命令。

（1）使用“升序”或“降序”按钮

【例 2-42】 将“学生管理”数据库中的“成绩”表按“学号”和“课程号”字段升序排序。

步骤1 打开“学生管理”数据库，双击“成绩”表打开数据表视图。

步骤2 选中“学号”和“课程号”字段列，在“开始”选项卡的“排序和筛选”功能组中单击“升序”按钮，排序结果如图 2-103 所示。

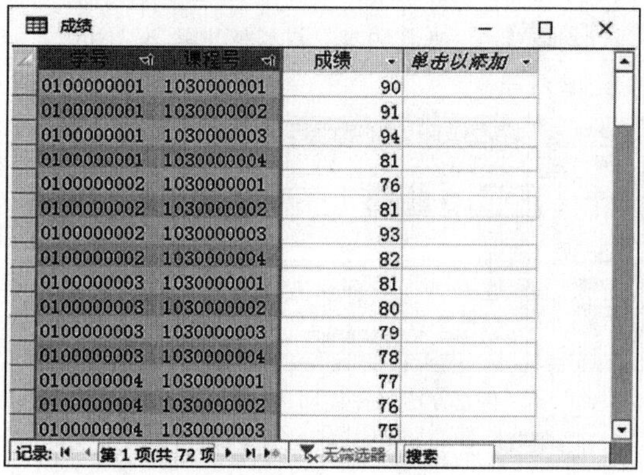

成绩

学号	课程号	成绩	单击以添加
0100000001	1030000001	90	
0100000001	1030000002	91	
0100000001	1030000003	94	
0100000001	1030000004	81	
0100000002	1030000001	76	
0100000002	1030000002	81	
0100000002	1030000003	93	
0100000002	1030000004	82	
0100000003	1030000001	81	
0100000003	1030000002	80	
0100000003	1030000003	79	
0100000003	1030000004	78	
0100000004	1030000001	77	
0100000004	1030000002	76	
0100000004	1030000003	75	

记录: 第 1 项(共 72 项　无筛选器　搜索

图 2-103　排序结果

请注意

此处的多字段排序只限于数据表中彼此相邻的两个或多个字段，若对不相邻的多个字段进行排序，就需要使用“筛选”窗口进行排序。

（2）使用"高级筛选/排序"命令

【例2-43】 对"学生管理"数据库的"学生"表中的"姓名"和"出生年月日"排序。

步骤1 打开"学生管理"数据库，双击"学生"表打开数据表视图。

步骤2 在"开始"选项卡的"排序和筛选"功能组中单击"高级"按钮，然后在弹出的下拉列表中选择"高级筛选/排序"命令，打开"学生筛选1"窗口，如图2-104所示。

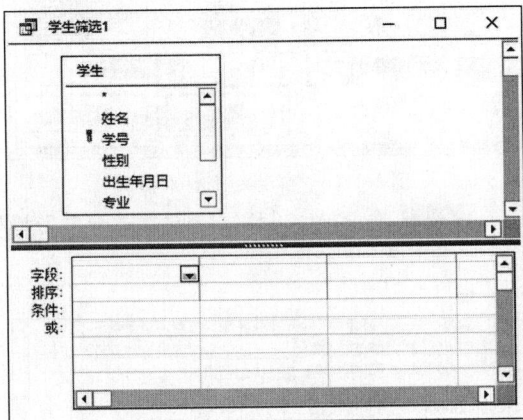

图2-104　"学生筛选1"窗口

步骤3 在此窗口中双击添加"姓名"和"出生年月日"字段，并在"排序"行右侧的下拉列表中分别选择"升序"排序方式，如图2-105所示。

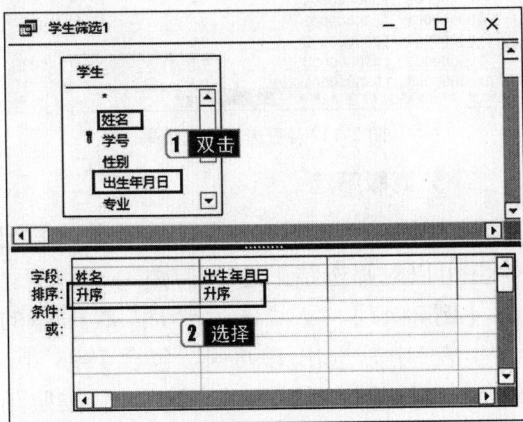

图2-105　添加字段并设置排序

步骤4 在"开始"选项卡的"排序和筛选"功能组中单击"高级"按钮，然后在弹出的下拉列表中选择"应用筛选/排序"命令，即可实现对所选字段的排序。

2.4.4　筛选记录

使用数据库时，常常需要从大量数据中筛选出一部分进行操作或处理。Access中提供了4种筛选方法：按选定内容筛选、按窗体筛选、使用筛选器筛选及高级筛选。当完成筛选保存数据表时，Access将同时保存筛选条件，下次再打开该数据表时，单击功能区中的"应用筛选"按钮即可再次进行筛选。

1　按选定内容筛选

按选定内容筛选是最简单的筛选方法，用这种方法可以很容易地找到包含某字段值的记录。

【例2-44】 筛选"学生管理"数据库的"学生"表中"籍贯"为"山西"的记录。

步骤1 打开"学生管理"数据库，双击"学生"表打开数据表视图。

步骤2 选中"籍贯"字段列中为"山西"的字段值。

步骤3 切换到"开始"选项卡，在"排序和筛选"功能组的"选择"下拉列表中选择"等于'山西'"，筛选结果如图2-106所示。

图2-106　筛选结果

2　按窗体筛选

按窗体筛选记录时，数据表会变成一个记录，每个字段下都是一个包含了该字段值的下拉列表，用户可选择下拉列表中的一个值作为筛选内容。

【例2-45】 在"学生管理"数据库的"学生"表中筛选性别为"男"的记录。

步骤1 打开"学生管理"数据库，双击"学生"表打开数据表视图。

步骤2 切换到"开始"选项卡，在"排序和筛选"功能组的"高级"下拉列表中选择"按窗体筛选"命令，此时会切换至"按窗体筛选"窗口，如图2-107所示。

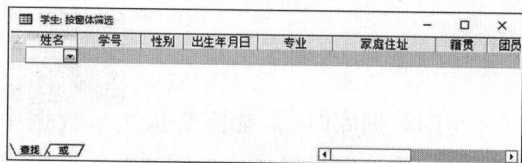

图2-107　"按窗体筛选"窗口

步骤3 在"性别"字段下拉列表中选择"男"，如图2-108所示。在"开始"选项卡的"排序和筛选"功能组中单击"切换筛选"按钮，筛选结果如图2-109所示。

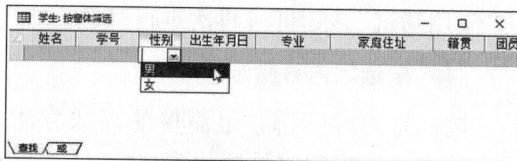

图2-108　选择字段值

图2-109　窗体筛选结果

3　使用筛选器筛选

使用筛选器筛选是比较灵活的一种方法，该方式会将选定列中的所有不重复的值以列表形式显示出来，用户可以输入筛选条件进行筛选。

【例2-46】 在"学生管理"数据库的"成绩"表中筛选"成绩"值大于74的记录。

步骤1 打开"学生管理"数据库，双击"成绩"表打开数据表视图。

步骤2 将鼠标指针置于"成绩"字段列的任意一行并单击鼠标右键，然后在弹出的快捷菜单中选择"数字筛选器"下拉列表中的"大于"命令，如图2-110所示。此时会弹出"自定义筛选"对话框，在文本框中输入"75"，设置筛选目标为大于或等于"75"，如图2-111所示。

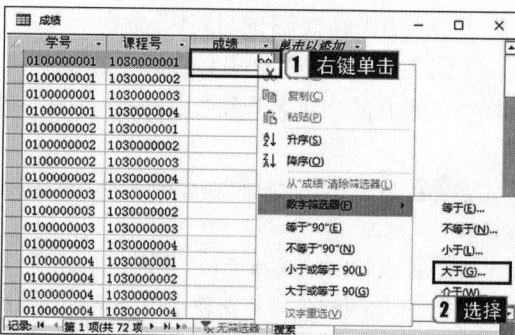

图2-110　使用"数字筛选器"

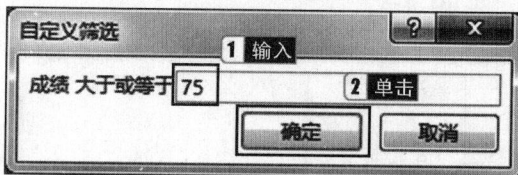

图2-111　"自定义筛选"对话框

步骤3 单击"确定"按钮，筛选结果如图2-112所示。

图2-112　筛选器筛选结果

4　高级筛选

高级筛选可以挑选出符合多重条件的记录，并可以对筛选结果进行排序。

【例2-47】 从"学生管理"数据库的"学生表"中筛选出1998年（包含1998年）以后入校的爱好摄影的学生记录，并按照年龄升序排列。

步骤1 打开"学生管理"数据库，双击"学生"表打开数据表视图。

步骤2 切换到"开始"选项卡，在"排序和筛选"功能组的"高级"下拉列表中选择"高级筛选/排序"命令，打开"学生筛选1"窗口，如图2-113所示。

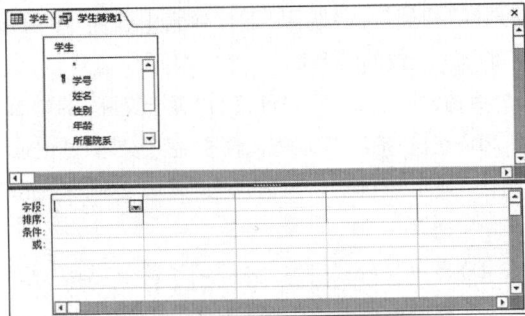

图 2-113 "学生筛选 1"窗口

步骤3 在此窗口依次双击"年龄""入校时间""简历"字段。在"年龄"字段的"排序"行下拉列表中选择"升序",在"入校时间"字段的"条件"行中输入表达式"Year([入校时间])>=1998",在"简历"字段的"条

件"行中输入"Like " * 摄影 * "",如图 2-114 所示。

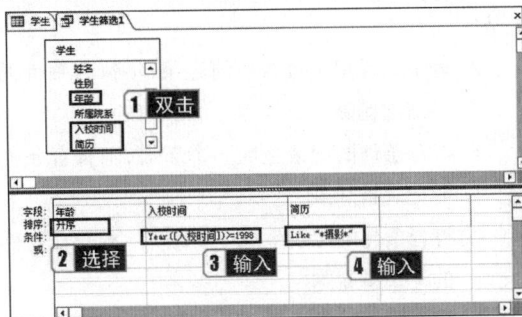

图 2-114 设置筛选条件

步骤4 在"开始"选项卡的"排序和筛选"功能组中单击"切换筛选"按钮,筛选结果如图 2-115所示。

图 2-115 高级筛选结果

请注意

Like( )函数用于指定查找文本字段的字符模式,通常与通配符使用。通配符*代表一个或多个字符。

⑤ 清除筛选

设置筛选后,如果不再需要,则可以将筛选设置清除。清除筛选是指将数据表恢复到筛选前的状态。清除筛选的基本方法是:在"开始"选项卡的"排序和筛选"功能组的"高级"下拉列表中选择"清除所有筛选器",即可清除所有筛选设置。

真题演练

【例1】在"查找和替换"对话框的"查找内容"文本框中,设置"ma[rt]ch"的含义是( )。

A)查找"martch"字符串

B)查找"ma[rt]ch"字符串

C)查找前两个字母为"ma",第三个字母为"r"或"t",后面字母为"ch"的字符串

D)查找前两个字母为"ma",第三个字母不为

"r"或"t",后面字母为"ch"的字符串

【解析】本题主要考查 Access 数据库中查找数据的方法和通配符的使用。"[ ]"表示方括号内所列字符中的一个,要求所匹配的对象为它们中的任一个。该题是查询以"ma"开头,以"ch"结尾,中间是 r 或 t 的字符串。因此选择 C 选项。

【答案】C

【例2】若将文本字符串"23""881""79999"按升序排序,则排序的结果是( )。

A)"23""881""79999"

B)"79999""881""23"

C)"23""79999""881"

D)"79999""23""881"

【解析】本题主要考查 Access 中有关字符串的排序。在对文本字符串进行排序时,首先要在比较第一个字符之后进行排序,若第一个字符相同则比较第二个字符,以此类推。因此对文本字符串"23""881""79999"进行升序排序的结果为"23""79999""881"。若该字段为数值类型,则升序排序结果为"23""881""79999"。因此选项 C 正确。

【答案】C

【例3】对数据表进行高级筛选操作,筛选的结果是(   )。

A)表中只保留符合条件的记录,不符合条件的记录被删除

B)符合条件的记录生成一个新表,不符合条件的记录被隐藏

C)符合条件的记录生成一个新表,不符合条件的记录被删除

D)表中只显示符合条件的记录,不符合条件的记录被隐藏

【解析】本题主要考查 Access 中 4 种筛选记录的方法,分别是按选定内容筛选、使用筛选器筛选、按窗体筛选和高级筛选。高级筛选后,表中只显示满足条件的记录,而那些不满足条件的记录将被隐藏。因此选项 D 正确。

【答案】D

【例4】在"查找和替换"对话框的"查找内容"文本框中输入"善于交际",在"查找范围"下拉列表中选择"特长",在"匹配"下拉列表中选择"字段任何部分",查找的结果是(   )。

A)查找"特长"字段值仅为"善于交际"的记录

B)查找"特长"字段值包含了"善于交际"的记录

C)显示"特长"字段值仅为"善于交际"的所有记录

D)显示"特长"字段值包含了"善于交际"的所有记录

【解析】本题考查 Access 查找和替换的功能。在"查找内容"文本框中输入"善于交际",其作用是查找数据库中某个表包含了"善于交际"的记录。在"查找范围"下拉列表中选择"特长",其作用是在"特长"字段列中查找满足条件的记录。在"匹配"下拉列表中选择"字段任何部分"。最终的查询结果为查找"特长"字段值包含了"善于交际"的记录。故选项 B 正确。

【答案】B

课后总复习

扫码看答案解析

一、选择题

1. 下列字段中,可以作为主键的是(   )。

   A)身份证号　　　　　　B)姓名

   C)班级　　　　　　　　D)专业

2. 若在数据库表的某个字段中存放演示文稿数据,则该字段的数据类型应是(   )。

   A)短文本　　　　　　　B)长文本

   C)超链接　　　　　　　D)OLE 对象

3. 在"成绩"表中有字段:平时成绩、期中考试、期末考试和总评成绩。其中,总评成绩＝平时成绩＋期中考试×20%＋期末考试×70%,在建表时应将字段"总评成绩"的数据类型定义为(   )。

   A)短文本　　　　　　　B)长整型

   C)单精度　　　　　　　D)计算

4. 下列关于 OLE 对象的叙述中,正确的是(   )。

   A)用于处理超链接类型的数据

   B)用于存储一般的文本类型数据

   C)用于存储 Windows 支持的对象

   D)用于存储图像、音频或视频文件

5. 若"学生基本情况"表中政治面貌为以下 4 种之一:群众、共青团员、党员和其他。则为提高数据输入效率,可以设置字段的属性是(   )。

   A)显示控件　　　　　　B)验证规则

   C)验证文本　　　　　　D)默认值

6. 要将电话号码的输入格式固定为×××－××××××,应定义字段的属性是(   )。

   A)格式　　　　　　　　B)输入掩码

   C)小数位数　　　　　　D)验证规则

7. 如果字段"考查成绩"的取值范围为大写字母 A～E,则下列选项中,错误的验证规则是(   )。

   A)$>='A'And<='E'$

   B)[考查成绩]$>='A'And$[考查成绩]$<='E'$

C)考查成绩 >= 'A'And 考查成绩 <= 'E'

D)'A' <= [考查成绩] <= 'E'

8. 如果要防止非法的数据输入数据表中,应设置的字段属性是(　　)。

A)格式　　　　　　　　　　B)索引

C)验证文本　　　　　　　　D)验证规则

9. 在数据表的"查找"操作中,通配符"[!]"的使用方法是(　　)。

A)通配任意一个数字字符

B)通配任意一个文本字符

C)通配不在方括号内的任意一个字符

D)通配位于方括号内的任意一个字符

10. 下列关于货币数据类型的叙述中,正确的是(　　)。

A)货币型字段在数据表中占2个字节的存储空间

B)货币型字段等价单精度的数字型字段

C)向货币型字段输入数据时,系统会自动将其设置为4位小数

D)向货币型字段输入数据时,不必输入人民币符号和千位分隔符

11. 在"tStud"表中有一个"电话号码"字段,若要确保输入的电话号码格式为:×××-×××××××,则应将该字段的"输入掩码"属性设置为(　　)。

A)000 – 00000000

B)999 – 99999999

C)### – ########

D)??? – ????????

12. 在 Access 数据库中已有"学生""课程""成绩"表,为了有效地反映3个表之间的联系,在创建数据库时,还应设置的内容是(　　)。

A)表的默认视图

B)表的排序依据

C)表之间的关系

D)表的验证规则

13. 在 Access 数据库中已经建立"tStudent"表,若使"姓名"字段在数据表视图中显示时不能移动位置,应使用的方法是(　　)。

A)排序　　　　　　　　　　B)筛选

C)隐藏　　　　　　　　　　D)冻结

14. 将"查找和替换"对话框的"查找内容"设置为"[！a‑c]def",其含义是(　　)。

A)查找"！a‑cdef"字符串

B)查找"[！a‑c]def"字符串

C)查找"！adef""！bdef"或"！cdef"的字符串

D)查找以"def"结束,且第一位不是"a""b""c"的4位字符串

15. 查询以字母 N 或 O 或 P 开头的字符串,正确的是(　　)。

A)Like"[N‑P] * "

B)Like["N * Or"O * "Or"P * "]

C)In("N * ","O * ","P * ")

D)Between N * and P *

16. 在文本型字段的"格式"属性中,若使用"@；男",则下列叙述正确的是(　　)。

A)@代表所有输入的数据

B)只可以输入字符"@"

C)必须在此字段输入数据

D)默认值是"男"一个字

17. 在对某字符型字段进行升序排序时,假设该字段有4个值:"100""22""18""3"。则排序结果是(　　)。

A)"100""22""18""3"

B)"3""18""22""100"

C)"100""18""22""3"

D)"18""100""22""33"

二、操作题

1. 在素材文件夹下有一个数据库文件"samp1.accdb",数据库文件中已经建立了一个"学生基本情况"表。请按以下操作要求完成各种操作。

(1)将"学生基本情况"表名称改为"tStud"。

(2)设置"身份 ID"字段为主键,并设置"身份 ID"字段的相应属性,使该字段在数据表视图中显示的标题为"身份证"。

(3)将"姓名"字段设置为有重复索引。

(4)将"电话"字段的输入掩码设置为"010 – *

＊＊＊＊＊＊＊"的形式。其中"010-"部分自动输出,后8位为0~9的数字显示。

2.在素材文件夹下有一个数据库文件"samp1.accdb",里面已建立两个表对象:"tGrade"和"tStudent"。同时还存在一个Excel文件"tCourse.xlsx"。请按以下操作要求完成表的编辑。

(1)将Excel文件"tCourse.xlsx"链接到"samp1.accdb"数据库中,链接表名称不变,要求:数据中的第一行作为字段名。

(2)将"tGrade"表中隐藏的列显示出来。

(3)将"tStudent"表中"政治面貌"字段的默认值属性设置为"团员",并将该字段在数据表视图中的显示标题改为"政治面目"。

(4)设置"tStudent"表的显示格式,使表的背景颜色为"蓝色",网格线为"白色",文字字号为"10"。

3.在素材文件夹下的"samp1.accdb"数据库文件中已建立两个表对象(名为"员工表"和"部门表")。请按以下要求,顺序完成表的各种操作。

(1)将"员工表"的行高设为"15"。

(2)设置表对象"员工表"的"年龄"字段验证规则为:大于17且小于65(不含17和65),同时设置相应的验证文本为"请输入有效年龄"。

(3)在表对象"员工表"的"年龄"和"职务"两字段之间新增一个字段,设置"字段名称"为"密码",数据类型为"短文本","字段大小"为"6",同时设置输入掩码使其以星号方式(密码)显示。

(4)冻结"员工表"中的"姓名"字段。

(5)建立表对象"员工表"和"部门表"的表间关系,实施参照完整性规则。

第3章

查　询

章前导读

通过本章，你可以学习到：

◎查询的功能和类型　　　　◎使用"查询向导"和"设计视图"创建查询的方法

◎在查询里进行计算的方法　◎创建交叉表查询、参数查询、操作查询的方法

◎基本的SQL查询方法　　　◎操作已创建的表的方法

本章评估		学习点拨
重要度	★★★★★	前面介绍了创建和维护数据及表的方法，本章我们将接触Access的另一个对象——查询，它主要用来将表中的信息按条件提取出来。查询是计算机等级考试的重点内容，考生应熟练掌握相关操作。
知识类型	理论+应用	
考核类型	选择题+操作题	
所占分值	选择题：约5.2分　操作题：约24分	
学习时间	8课时	

本章学习流程图

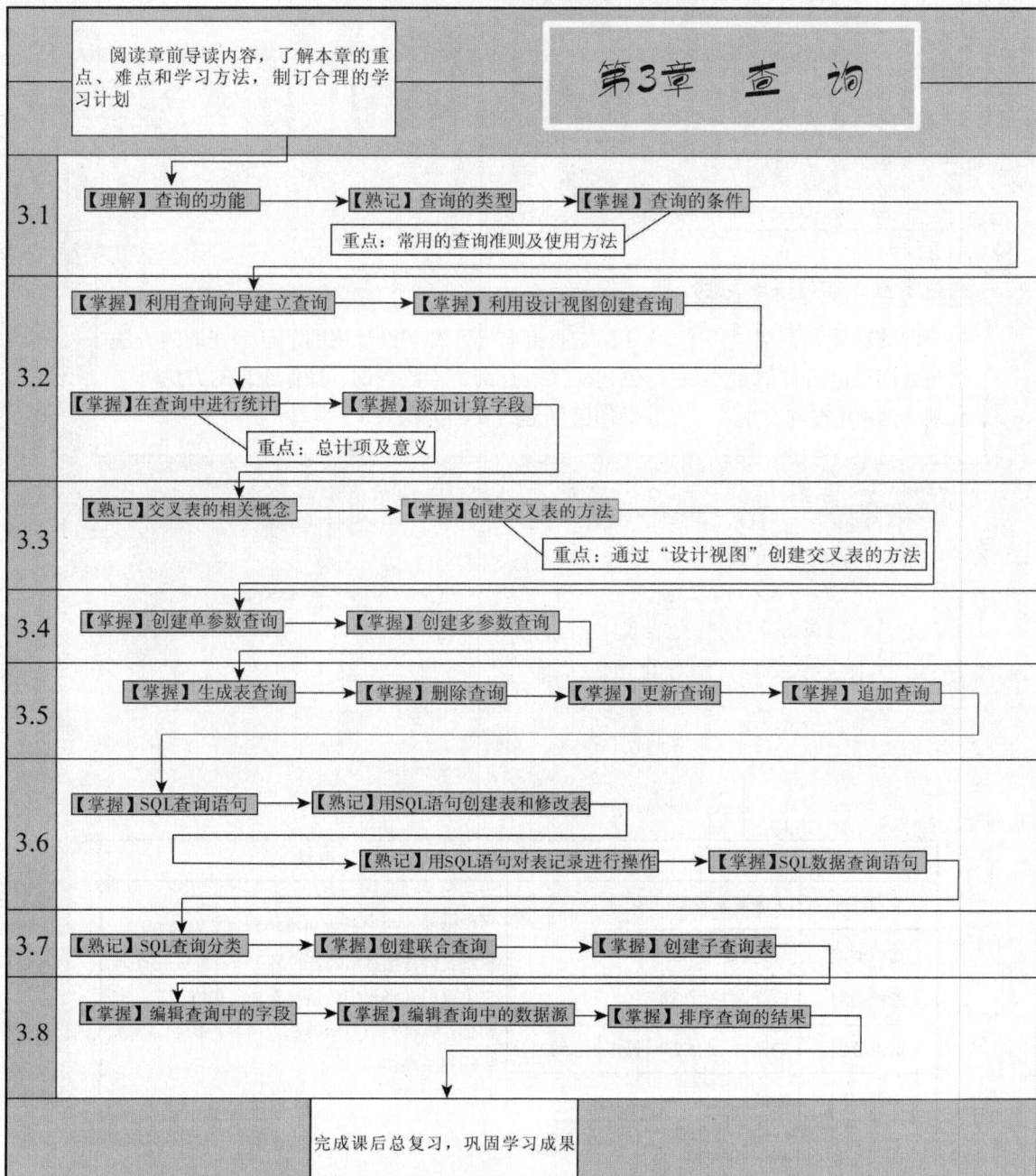

第3章　查　询

	阅读章前导读内容，了解本章的重点、难点和学习方法，制订合理的学习计划
3.1	【理解】查询的功能　　【熟记】查询的类型　　【掌握】查询的条件 重点：常用的查询准则及使用方法
3.2	【掌握】利用查询向导建立查询　　【掌握】利用设计视图创建查询 【掌握】在查询中进行统计　　【掌握】添加计算字段 重点：总计项及意义
3.3	【熟记】交叉表的相关概念　　【掌握】创建交叉表的方法 重点：通过"设计视图"创建交叉表的方法
3.4	【掌握】创建单参数查询　　【掌握】创建多参数查询
3.5	【掌握】生成表查询　　【掌握】删除查询　　【掌握】更新查询　　【掌握】追加查询
3.6	【掌握】SQL查询语句　　【熟记】用SQL语句创建表和修改表 【熟记】用SQL语句对表记录进行操作　　【掌握】SQL数据查询语句
3.7	【熟记】SQL查询分类　　【掌握】创建联合查询　　【掌握】创建子查询表
3.8	【掌握】编辑查询中的字段　　【掌握】编辑查询中的数据源　　【掌握】排序查询的结果
	完成课后总复习，巩固学习成果

3.1　查询概述

在生活中,你可能只对某一事物的部分信息感兴趣。例如,你只想了解班上英语成绩在89分以上的同学的信息,或者你只想知道哪些同学通过了英语四、六级考试。要了解这些信息,你需要在原有的数据中进行选择。

同样,在 Access 中,你可以选择自己需要的信息,这个选择可以通过查询来实现。正确地保存数据只是第一步,灵活、方便、快捷地对数据库中的数据进行统计分析,寻找更多有用的信息才是关键。本节主要介绍查询的基本知识、功能、创建方法等。

3.1.1　查询的功能

查询最主要的目的是根据指定的条件,对表或者其他查询进行检索,筛选出符合条件的记录构成一个新的数据集合,从而方便地对数据库中的表进行查看和分析。

(1)选择字段

在查询中,可以只选择表中的部分字段。例如,创建一个查询,只显示"教师"表中每名教师的姓名、性别、工作时间和系别。利用此功能,可以选择一个表中的不同字段来生成所需的多个表或多个数据集。

(2)选择记录

可以根据指定条件查找所需的记录,并显示找到的记录。例如,创建一个查询,只显示"教师"表中1992年参加工作的男教师。

(3)编辑记录

编辑记录包括添加记录、修改记录、删除记录等。在 Access 中,可利用查询来添加、修改和删除表中的记录。例如,将"计算机实用软件"课程成绩不及格的学生信息从"学生"表中删除。

(4)实现计算

查询不仅可找到满足条件的记录,还可以在建立查询的过程中进行各种统计计算。例如,计算每门课程的平均成绩。另外,还可以建立一个计算字段,利用计算字段保存计算结果。例如,根据"教师"表中的"工作时间"字段计算每名教师的工龄。

(5)建立新表

利用查询得到的结果可以创建一个新表。例如,将"计算机实用软件"课程成绩在90分以上的学生信息找出,并存放在一个新表中。

(6)为窗体、报表提供数据

为了从一个或多个表中选择合适的数据显示在窗体、报表中,用户可以先建立一个查询,然后将该查询结果作为报表或窗体的数据源。每次打印报表或打开窗体时,该查询都会从它的基表中检索出符合条件的最新记录。

查询的对象不是数据的集合,而是操作的集合。查询的运行结果是一个数据集,也称为动态集。它很像一个表,但并不存储在数据库中。创建查询后,系统只保存查询的操作,只有在运行查询时,系统才会从查询数据源中抽取数据,并创建它;只要关闭查询,查询的动态集就会自动消失。

3.1.2　查询的类型

Access 提供了以下几种查询:选择查询、交叉表查询、参数查询、操作查询和 SQL 查询。

(1)选择查询

选择查询是最常见的查询类型,它可以根据指定条件从一个或多个表中检索数据,并且可以在数据表中按照顺序显示数据,还可以对记录进行计数、求和、求平均值及其他类型的计算。

例如,查找"学生管理"数据库的"学生"表中"专业"为"经济管理"的记录,如图 3-1 所示,可以在设计视图中创建该查询。

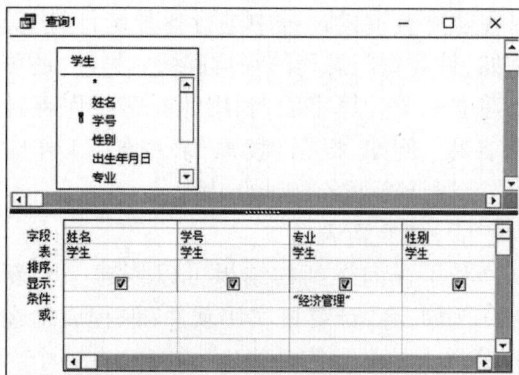

图 3-1　设计视图

运行该查询后，查询结果如图 3-2 所示。

图 3-2　选择查询结果

（2）交叉表查询

交叉表查询可以汇总数据字段的内容，汇总计算的结果显示在行与列交叉的单元格中。汇总计算是为了解决一对多关系中，多方的分组统计的问题。交叉表查询可以计算平均值、总计值、最大值和最小值等。

（3）参数查询

参数查询会在运行时显示对话框，要求用户输入查询信息，并根据输入信息来检索字段中的记录。例如，在上例中可以设置弹出要求输入查询专业的对话框，如果输入"经济管理"，同样可以查询到"经济管理"专业的学生信息。

（4）操作查询

操作查询是指在一个操作中可以对一条或多条记录进行更改或移动的查询。操作查询包括生成表查询、更新查询、追加查询和删除查询4种。

生成表查询会利用一个或多个表中的数据建立新表，主要用于创建表的备份等。

更新查询可以对一个或多个表中的一组记录做更改。

追加查询可以将一个或多个表中的记录追加到其他一个或多个表中。

删除查询可以将一个或多个表中的记录删除。

（5）SQL 查询

SQL 查询是指用户利用 SQL 语句进行查询。SQL 查询包括联合查询、传递查询、数据定义查询、子查询等。

3.1.3　查询的条件

查询的条件是指对查询的记录做出的限制条件，利用查询条件可以限制查询的范围。查询条件表达式是由操作符、文字、标识符、函数等组合成的。

1　运算符

①算数运算符包括加（＋）、减（－）、乘（＊）、除（／）、乘方（＾）等。

②关系运算符包括小于（＜）、小于等于（＜＝）、大于（＞）、大于等于（＞＝）、等于（＝）和不等于（＜＞），如表 3-1 所示。

表 3-1　　关系运算符及其说明

关系运算符	说明
＜	小于
＜＝	小于等于
＞	大于
＞＝	大于等于
＝	等于
＜＞	不等于

③逻辑运算符包括 AND（逻辑与）、OR（逻辑或）、NOT（逻辑非），如表 3-2 所示。

表 3-2　　逻辑运算符及其说明

逻辑运算符	说明
AND	当 AND 前后的两个表达式均为真时，整个表达式的值为真，反之为假
OR	当 OR 前后的表达式有一个为真时，整个表达式的值为真，反之为假
NOT	当 NOT 前后的两个表达式均为真时，整个表达式为假

④连接运算符包括"&"和"＋"。"&"用

于强制两个表达式作为字符串连接,"＋"运算符是只有当两个表达式均为字符串数据时,才将两个字符串连接成新字符串。

⑤标识运算符包括"！"(感叹号)和"．"(点号)。

⑥特殊运算符包括 In、Like、Is Null、Is Not Null 和 Between…And…,如表3-3所示。

表3-3　　　　特殊运算符及其说明

逻辑运算符	说明
In	用于指定一个字段值的列表,表中任意值均可与查询的字段相匹配
Like	用于指定查找文本字段的字符模式
Is Null	用于指定某一字段为空
Is Not Null	用于指定某一字段为非空
Between…And…	用于指定某一字段值的范围

② 函数

Access 提供了大量的内置函数,如算术函数、日期/时间函数、字符函数、统计函数等。Access 中常用的函数及其功能如表3-4～表3-7所示。

表3-4　　　　算术函数

函数	功能
Fix(数值表达式)	返回数值表达式的整数部分
Int(数值表达式)	取数值表达式运算结果的整数部分
Rnd(数值表达式)	返回[0,1]之间的随机小数
Round(数值表达式,小数位数)	返回数值表达式四舍五入后的结果
Sgn(数值表达式)	返回数值表达式的符号值

表3-5　　　　日期/时间函数

函数	功能
Date( )	返回当前的系统日期
Year(date)	返回当前日期的年值
Month(date)	返回当前日期的月值

续表

函数	功能
Hour(date)	返回当前日期的小时值
Weekday(date)	返回数值表达式的星期值
Time( )	返回当前的系统时间
Now( )	返回系统当前的日期与时间

表3-6　　　　字符函数

函数	功能
Left(字符表达式,数值表达式)	从左侧开始截取指定长度的字符串
Len(字符表达式)	求字符串的长度
Mid(字符表达式,数值表达式1,数值表达式2)	从指定位置截取指定长度的字符串
Right(字符表达式,数值表达式)	从右侧开始截取指定长度的字符串
Ltrim(字符表达式)	去掉前导空格的字符串
Rtrim(字符表达式)	去掉尾部空格的字符串
Trim(字符表达式)	去掉首尾空格的字符串
Instr(字符表达式,子字符串)	检索子字符串在字符表达式最早出现的位置值

表3-7　　　　统计函数

函数	功能
Sum(数值表达式)	计算数值表达式的总和
Avg(数值表达式)	计算数值表达式的平均值
Count(数值表达式)	统计数值表达式的记录个数
Max(数值表达式)	返回数值表达式的最大值
Min(数值表达式)	返回数值表达式的最小值

③ 使用数值作为查询条件

在创建查询时,经常会用数值作为查询条件。以数值作为查询条件的简单示例如表3-8所示。

表3-8　　　　　　　　　　　　使用数值作为查询条件的示例

字段名	条件	功能
成绩	<80	查询成绩小于80分的记录
成绩	Between 80 And 90	查询成绩在80~90的记录
	>=80 And <=90	

④ 使用文本值作为查询条件

使用文本值作为查询条件可以方便地限定查询文本范围。以文本值作为查询条件的示例如表3-9所示。

表3-9　　　　　　　　　　　　使用文本值作为查询条件的示例

字段名	条件	功能
职称	"教授"	查询职称为"教授"的记录
	"教授" Or "副教授"	查询职称为"教授"或"副教授"的记录
	Right([职称],2)="教授"	
	InStr([职称],"教授")=1 Or Instr([职称],"教授")=2	
姓名	In("李明","王鹏")	查询姓名为"李明"或"王鹏"的记录
	"李明" Or "王鹏"	
	Not "李明"	查询姓名不为"李明"的记录
	Left([姓名],1)="王"	查询姓"王"的记录
	Like "王 * "	
	InStr([姓名],"王")=1	
	Len([姓名])=2	查询姓名为两个字的记录
课程名称	Right([课程名称],2)="概论"	查询课程名称最后两个字为"概论"的记录
学生编号	Mid([学生编号],5,2)="03"	查询学生编号中第5和第6个字符为"03"的记录
	InStr([学生编号],"03")=5	

查找职称为"教授"的职工,查询条件可以表示为:="教授"。为了方便输入,Access允许省略"=",所以可以直接表示为:"教授"。输入时如果没有加双引号,Access会自动加上双引号。

⑤ 使用处理日期结果作为查询条件

使用日期结果作为查询条件可以方便地限定查询的日期时间范围。以日期处理结果作为查询条件的示例如表3-10所示。

表3-10　　　　　　　　　　　　使用处理日期结果作为查询条件的示例

字段名	条件	功能
工作时间	Between #1992-01-01# And #1992-12-31#	查询1992年参加工作的职工的记录
	Year([工作时间])=1992	
	<Date()-20	查询20天前参加工作的职工的记录
	Between Date()-20 And Date()	查询20天之内参加工作的职工的记录
	Year([工作时间])=1999 And Month([工作时间])=4	查询1999年4月参加工作的职工的记录
出生日期	Year([出生日期])=1980	查询1980年出生的职工的记录

书写日期条件时需注意,日期常量要用英文的"#"号括起来。

6 使用字段的部分值作为查询条件

使用字段部分值作为查询条件可以方便地限定查询的范围。使用字段的部分值作为查询条件的示例如表3-11所示。

表3-11　　　　　　　　　　使用字段的部分值作为查询条件的示例

字段名	条件	功能
课程名称	Like "计算机 * "	查询课程名称以"计算机"开头的记录
	Left([课程名称],3) = "计算机"	
	InStr([课程名称],"计算机") = 1	
	Like " * 计算机 * "	查询课程名称中包含"计算机"的记录
姓名	Left([姓名],1) <> "张"	查询不姓"张"的记录
	Not Like "张 * "	

7 使用空值或空字符串作为查询条件

空值是使用 Null 或空白来表示字段的值。空字符串是仅用双引号引起来的字符串,且双引号中间没有空格。使用空值或空字符串作为查询条件的示例如表3-12所示。

表3-12　　　　　　　　　　使用空值或空字符串作为查询条件的示例

字段名	条件	功能
姓名	Is Null	查询姓名为 Null(空值)的记录
	Is Not Null	查询姓名有值(不是空值)的记录
联系电话	""	查询联系电话为空字符串的记录

最后需要注意,在条件中字段名必须使用方括号括起来,而且数据类型应与对应字段定义的数据类型一致,否则会出现数据类型不匹配的错误。

8 函数应用示例

函数应用示例如表3-13所示。

表3-13　　　　　　　　　　函数应用示例

字段名	条件	功能
专业	"国际贸易"	查询表中专业为"国际贸易"的学生记录
学号	Like"010 * "	查询表中学号以"010"开头的学生记录
姓名	In("申展","张域")或者"申展"Or"张域"	查询表中姓名为"申展"或"张域"的记录
	Not "张域"	查询表中姓名不是"张域"的记录
	Not Like "申 * "	查询表中不姓"申"的记录
	Left([姓名],1) = "张"	查询表中姓"张"的记录
	Len([姓名]) <= 4	查询表中姓名不超过4个字的记录
	Is Null	查询表中姓名为 Null(空值)的记录
联系电话	""	查询表中没有联系电话的记录
简历	Right([简历],2) = "山西"	查询表中简历最后两个字为"山西"的记录

续表

字段名	条件	功能
学生编号	Mid([学生编号],3,2) = "03"	查询表中学生编号中第3个和第4个字符为"03"的记录
课程名称	Like"英语 * "	查询表中课程名以"英语"开头的记录
	Like" * 英语 * "	查询表中课程名称中包含"英语"的记录
工作时间	Between #06 − 01 − 01# And #06 − 12 − 31#	查询表中06年参加工作的职工的记录
	< Date( ) − 30	查询表中30天前参加工作的职工的记录
	Between Date( ) − 30 And Date( )	查询表中30天之内参加工作的职工的记录
	Year([工作时间]) = 2007 And Month([工作时间]) = 6	查询表中2007年6月参加工作的职工的记录
出生日期	Year([出生日期]) = 1982	查询表中1982年出生的职工的记录

真题演练

【例1】Access支持的查询类型有（　　）。

A）选择查询、交叉表查询、参数查询、SQL查询和操作查询

B）选择查询、基本查询、参数查询、SQL查询和操作查询

C）多表查询、单表查询、参数查询、SQL查询和操作查询

D）选择查询、汇总查询、参数查询、SQL查询和操作查询

【解析】本题主要考查Access支持的查询类型有哪些。Access的查询分为5种类型，分别是选择查询、交叉表查询、参数查询、操作查询和SQL查询。

【答案】A

【例2】在学生体检表中，查找身高在155cm以上的女生，或者体重低于40kg的女生。正确的条件设置是（　　）。

A）性别 = "女" and（身高 >= 155 and 体重 <= 40）

B）性别 = "女" or（身高 >= 155 or 体重 <= 40）

C）性别 = "女" and（身高 >= 155 or 体重 <= 40）

D）性别 = "女" or（身高 >= 155 and 体重 <= 40）

【解析】查找"身高在155cm以上的女生，或者体重低于40kg的女生"，可以表述成"性别为女并且身高在155cm以上或者体重低于40kg"，写成关系表达式为"性别 = "女" and（身高 >= 155 or 体重 <= 40）"，关系运算符"and"表示并且，"or"表示或者，

注意此处必须要加上一对（　　）。故选项C正确。

【答案】C

【例3】在已建立的数据表中有"专业"字段，若在该字段中查找包含"经济"两个字的记录，正确的条件表达式是（　　）。

A）= Left(专业,2) = "经济"

B）Mid(专业,2) = "经济"

C）= " * 经济 * "

D）like" * 经济 * "

【解析】本题主要考查Left( )函数的用法。在使用文本作为查询条件时，可以使用模糊查询。A选项是查询记录左侧是经济的记录；B选项是查询记录中间包含"经济"的所有记录；C选项是查询记录为" * 经济 * "的记录；只有D选项是查询所有包含"经济"二字的记录。因此，选择D选项。

【答案】D

【例4】在Access中已经建立了"学生"表，若要查找"学号"是"S00001"或"S00002"的记录，应在查询设计视图的"条件"行中输入（　　）。

A）"S00001" or "S00002"

B）"S00001" and "S00002"

C）in（"S00001" or "S00002"）

D）in（"S00001" and "S00002"）

【解析】在查询准则中比较运算符"in"用于集合设定，确定某个字符串是否在一组字符串值内。根据题意，若要查找"学号"是"S00001"或"S00002"的记录应使用表达式"in（"S00001"，"S00002"）"，也可以使用表达式""S00001" or "S00002""。故选项A正确。

【答案】A

3.2　创建选择查询

Access 提供了多种创建查询的方法,可以根据用户需求简单、快速地创建查询,创建的是能单独执行的查询,或是作为多个窗体或报表的基础查询。用户创建好查询后,还可以切换到设计视图做进一步修改。本节将用实例介绍利用查询向导建立查询和利用设计视图建立查询的方法。

3.2.1　使用查询向导创建查询

名师讲解

使用查询向导创建查询的特点是快捷、方便,用户只需按照提示逐步操作,即可创建查询。对于一般性的查询,使用向导来创建是比较方便的。

Access 2016 提供了 4 种指定形式的查询向导:简单查询向导、交叉表查询向导、查找重复项查询向导、查找不匹配项查询向导。

本节主要介绍简单查询向导、查找重复项查询向导和查找不匹配项查询向导,交叉表查询向导将在后面章节中进行讲解。

1　简单查询向导

【例 3-1】　使用简单查询向导创建查询并显示"学生管理"数据库的"成绩"表中的"学号""成绩"字段。

步骤1 打开"学生管理"数据库,然后在"创建"选项卡的"查询"功能组中单击"查询向导"按钮,如图3-3所示。

图 3-3　"创建"功能区

步骤2 在弹出的"新建查询"对话框中,选中"简单查询向导",然后单击"确定"按钮,如图 3-4 所示。

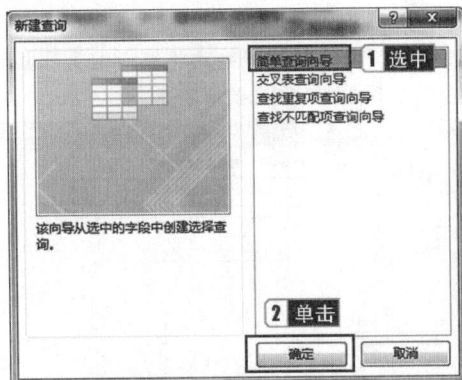

图 3-4　"新建查询"对话框

步骤3 弹出"简单查询向导"对话框,然后在"表/查询"下拉列表中选择"表:成绩"表,再双击"可用字段"列表框中的"学号""成绩"字段,将它们添加到"选定字段"列表框中,如图 3-5 所示。若要建立基于多个"表/查询"的查询,则重复上面的步骤,将所需的字段添加即可。单击"下一步"按钮,结果如图 3-6 所示。

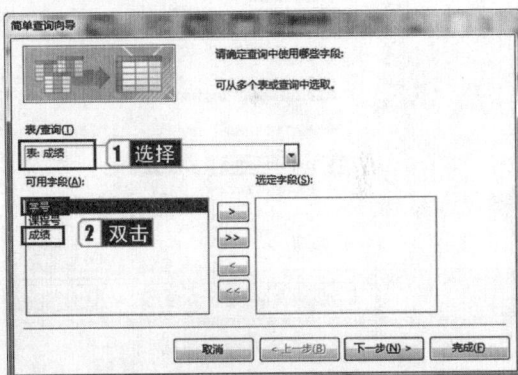

图 3-5　"简单查询向导"对话框

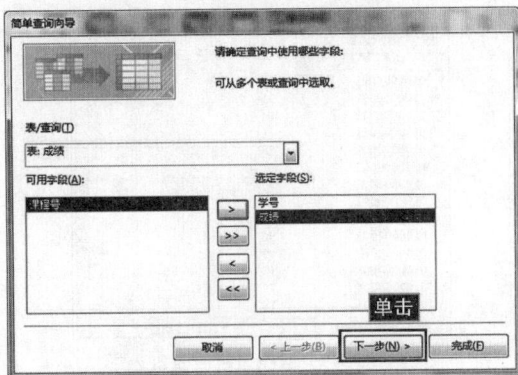

图 3-6　选择添加需要查询的字段

步骤4 在弹出的对话框中选择"明细(显示每个记录的每个字段)"单选按钮,然后单击"下一步"

按钮,如图3-7所示。其中"明细"查询将显示所选字段的基本内容,"汇总"查询将显示需要计算的汇总值,包含平均值、总和、最大值等。

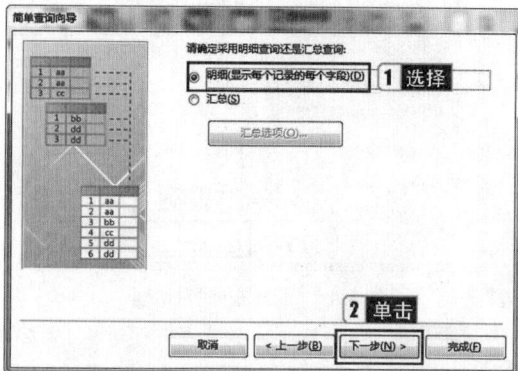

图3-7 确定采用明细查询还是汇总查询

步骤5 在"请为查询指定标题"文本框中输入"成绩查询信息",并选择"打开查询查看信息"单选按钮,单击"完成"按钮,如图3-8所示。

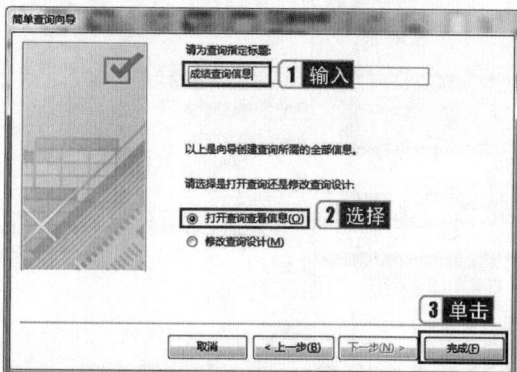

图3-8 输入查询标题

步骤6 打开查询的数据表视图窗口,如图3-9所示。

图3-9 数据表视图窗口

请注意

在"简单查询向导"对话框中,若选择"打开查询查看信息",则在完成向导后会直接打开数据表视图窗口;若选择"修改查询设计",则在完成向导后会直接打开查询设计视图窗口。

2 查找重复项查询向导

查找重复项是指找出表中存在的相同记录,或者字段中相同的值,然后显示这些具有相同值的记录。

【例3-2】 使用查找重复项查询向导,创建名为"查找重名学生信息"的查询,要求显示学生的"学号""姓名""性别"等字段。

步骤1 打开"学生管理"数据库,然后在"创建"选项卡的"查询"功能组中单击"查询向导"按钮。

步骤2 在弹出的"新建查询"对话框中,选中"查找重复项查询向导",然后单击"确定"按钮,如图3-10所示。

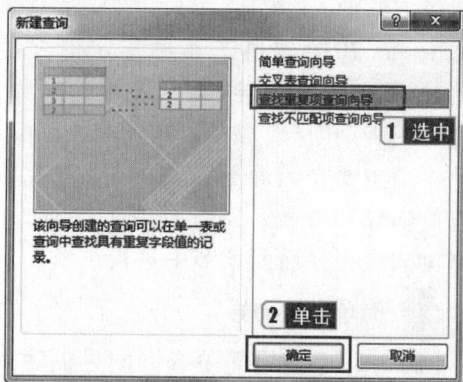

图3-10 "新建查询"对话框

步骤3 在弹出的"查找重复项查询向导"对话框中,选中"表:学生"表,再单击"下一步"按钮,如图3-11所示。

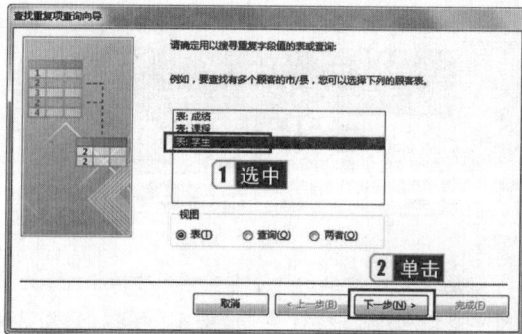

图3-11 "查找重复项查询向导"对话框

步骤4 在弹出的对话框中双击"可用字段"列表框中的"姓名"字段,将其添加到"重复值字段"列表框中,单击"下一步"按钮,如图3-12所示。

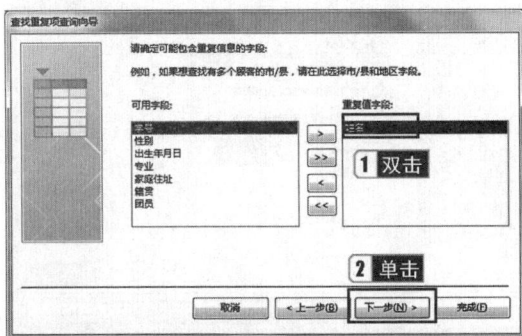

图3-12　添加"重复值字段"

步骤5 在弹出的对话框中双击"可用字段"列表框中的"学号""性别"字段,将它们添加到"另外的查询字段"列表框中,单击"下一步"按钮,如图3-13所示。

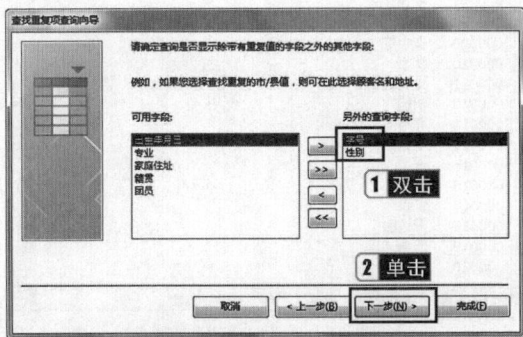

图3-13　添加"另外的查询字段"

步骤6 在"请指定查询的名称"文本框中输入"查找重名学生信息",并选择"查看结果"单选按钮,单击"完成"按钮,如图3-14所示。

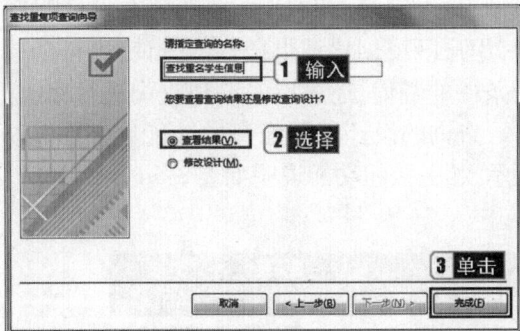

图3-14　输入查询的名称

步骤7 打开查询的数据表视图窗口,如图3-15所示。

图3-15　数据表视图窗口

3　查找不匹配项查询向导

使用"查找不匹配查询向导"可以查找一个表中的记录或行,且这些记录或行在另一个表中没有相关记录。例如想要查找哪些课程没有被学生选修,可以使用查找不匹配项查询向导来实现。

【例3-3】 使用"查找不匹配查询向导"查找没有选课的同学,并显示其"学号"和"姓名"字段。

步骤1 打开"学生管理"数据库,然后在"创建"选项卡的"查询"功能组中单击"查询向导"按钮。

步骤2 在弹出的"新建查询"对话框中,选中"查找不匹配项查询向导",然后单击"确定"按钮,如图3-16所示。

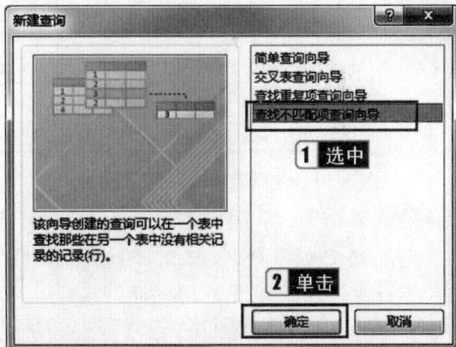

图3-16　"新建查询"对话框

步骤3 在弹出的"查找不匹配项查询向导"对话框中,选中"表:学生"表,再单击"下一步"按钮,如图3-17所示。

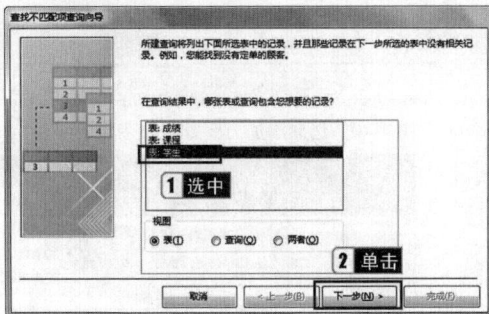

图3-17　添加"表:学生"表

步骤4 在弹出的对话框中,选中"表:成绩"表,再单击"下一步"按钮,如图3-18所示。

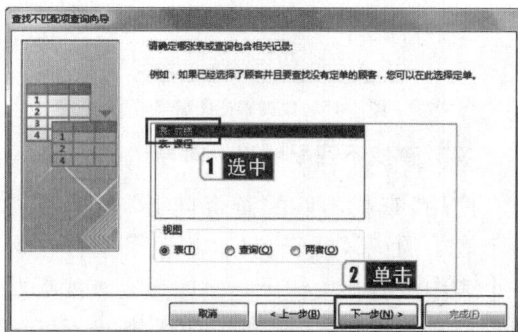

图3-18 添加"表:成绩"表

步骤5 在弹出的对话框中分别选中"学生"和"成绩"表中的"学号"字段,再单击"下一步"按钮,如图3-19所示。

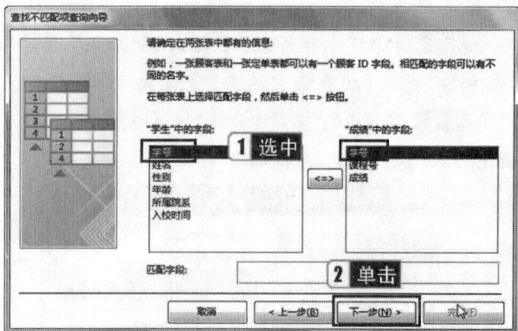

图3-19 选择表中的匹配字段

步骤6 双击"可用字段"列表框中的"学号"和"姓名"字段,将它们添加到"选定字段"列表框中,再单击"下一步"按钮,如图3-20所示。

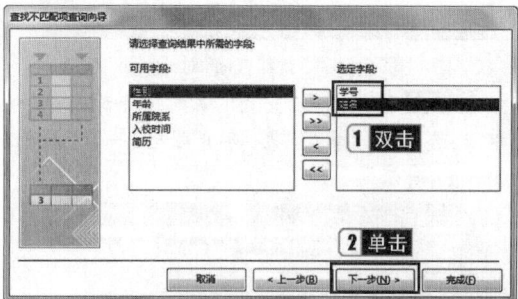

图3-20 选择添加需要查询的字段

步骤7 在"请指定查询名称"文本框中输入"查找没有选课的同学",并选择"查看结果"单选按钮,单击"完成"按钮,如图3-21所示。

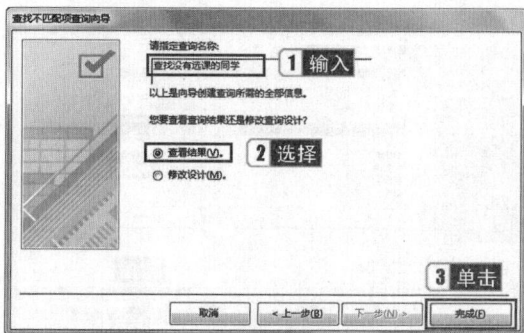

图3-21 指定查询的名称

步骤8 打开查询的数据表视图窗口,如图3-22所示。

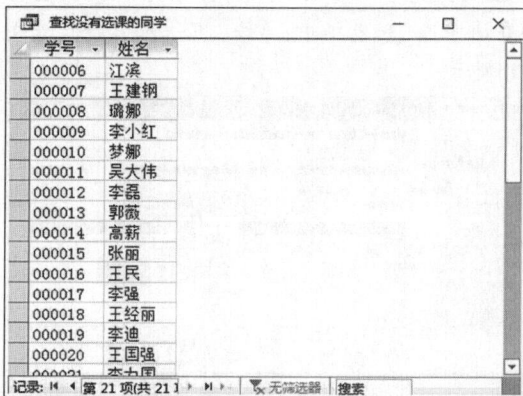

图3-22 数据表视图窗口

3.2.2 使用设计视图创建查询

Access 中有3种查询视图,分别为设计视图、数据表视图和SQL视图。在设计视图中,用户既可创建不带条件的查询,也可创建带条件的查询,还可以对已建查询进行修改。

查询的设计视图窗口的功能区如图3-23所示,相关按钮功能说明如表3-14所示。

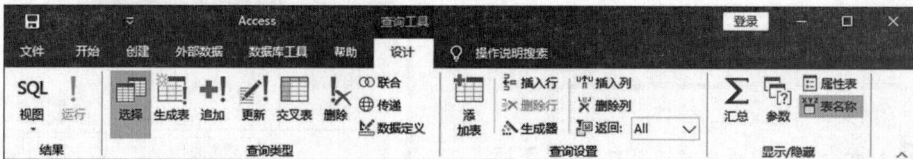

图3-23 "查询工具"选项卡

表 3-14　　　相关按钮的功能

按钮	说明
查询类型	选择查询类型,有选择查询、交叉表查询、生成表查询、更新查询、追加查询和删除查询
运行	执行查询中指定的操作,查看查询的结果
显示表	单击"显示表"按钮可弹出"显示表"对话框。该对话框中有"表""查询""两者都有"3 个选项卡
汇总	单击"汇总"按钮,可以在查询设计中增加"总计"行,用于统计计算
返回 (上限值)	此文本框中的值可以对查询结果显示的数据记录进行限制
属性表	显示鼠标指针处的对象属性。单击"属性表"按钮会弹出"属性表"对话框,可以对字段进行修改和设置
生成器	在查询设计中选择"条件"或"或"行后,单击该按钮,可以在弹出的"表达式生成器"对话框中设置查询条件的表达式

1　创建不带条件的选择查询

创建不带条件的查询的功能是从一个或多个表或查询中选出部分字段显示,不添加任何条件。

【例 3-4】　使用设计视图创建一个选择查询,查找并显示"姓名""政治面貌""课程名""成绩"字段的内容,将查询命名为"qT1"。

步骤1　打开"学生管理"数据库,然后在"创建"选项卡的"查询"功能组中单击"查询设计"按钮,打开查询设计视图,并打开"显示表"对话框,如图 3-24 所示。

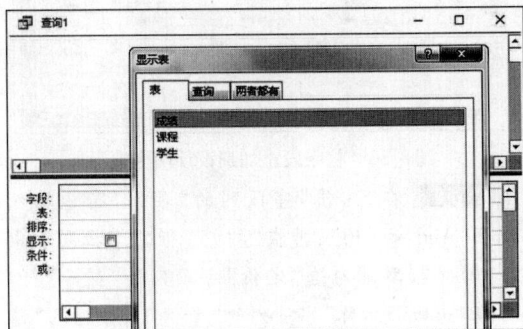

图 3-24　"显示表"对话框

"显示表"对话框中选项卡的说明如表 3-15 所示。

表 3-15　　"显示表"对话框中选项卡的说明

名称	说明
表	显示当前数据库中的所有数据表
查询	显示当前数据库中的所有查询
两者都有	显示当前数据库中的所有数据表和查询

步骤2　在"显示表"对话框中选中"课程""成绩""学生"表,然后双击添加到查询设计视图中,再关闭"显示表"对话框。结果如图 3-25 所示。

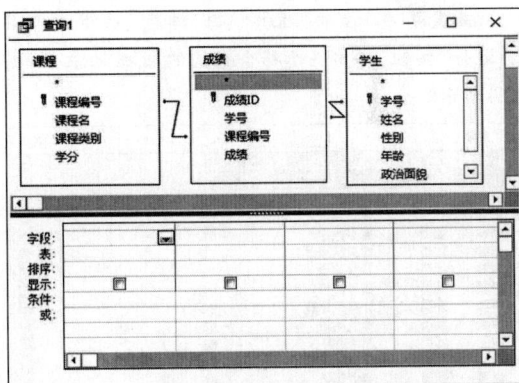

图 3-25　添加表后的视图

请注意

查询设计的每一列对应着查询结果中的一个字段,而网格的行标题代表了查询的属性字段,如图3-25 所示,相关说明如表 3-16 所示。

表 3-16　　查询设计视图中的字段说明

行的名称	说明
字段	设置字段或字段的表达式,限制查询的作用字段
表	该字段来自的那个表的名称
总计	用于确定字段在查询中的运算方法
排序	用于确定是否排序以及排序的方式
显示	用于确定该字段是否在数据表中显示
条件	指定在查询过程中限制的条件
或	指逻辑关系的多个限制条件

步骤3　将"学生"表中的"姓名"和"政治面貌"字段、"课程"表中的"课程名"字段、"成绩"表中的"成绩"字段双击添加到设计网格中,如图 3-26 所示。

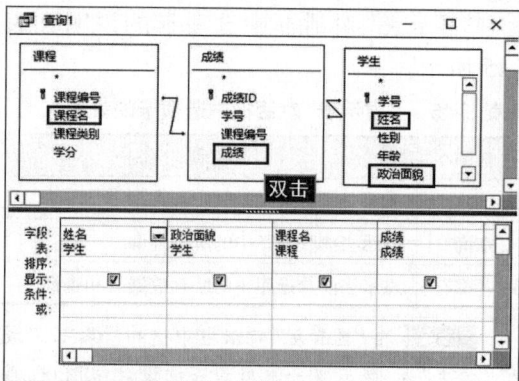

图3-26　将字段添加到设计网格中

步骤4 在"设计"选项卡的"结果"功能组中单击"运行"按钮,弹出显示符合查询的数据记录,如图3-27所示。

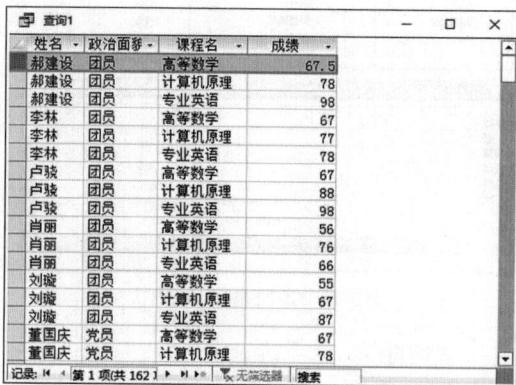

图3-27　数据表视图显示查询结果

步骤5 单击快速访问工具栏中的"保存"按钮,此时会弹出"另存为"对话框,然后在"查询名称"文本框中输入"qT1",再单击"确定"按钮,如图3-28所示。

图3-28　输入查询名称

2　创建带条件的选择查询

在查询设计过程中,经常需要查找满足指定条件的数据信息,这时就需要为查询设置相关的查询条件。带条件的查询需要通过查询设计视图来建立,在设计视图的"条件"行中输入查询条件,运行查询即可从指定的表中筛选出符合条件的记录。

【例3-5】 使用设计视图创建一个选择查询,要求查找清华大学出版社出版的图书中定价大于等于20且小于等于30的图书,并按定价从大到小的顺序显示"书籍名称""作者名""出版社名称",将查询命名为"qT2"。

步骤1 打开"图书订单管理"数据库,然后在"创建"选项卡的"查询"功能组中单击"查询设计"按钮,打开查询设计视图,并打开"显示表"对话框。

步骤2 在"显示表"对话框中选中"tBook"表,双击添加到查询设计视图中,再关闭"显示表"对话框,如图3-29所示。

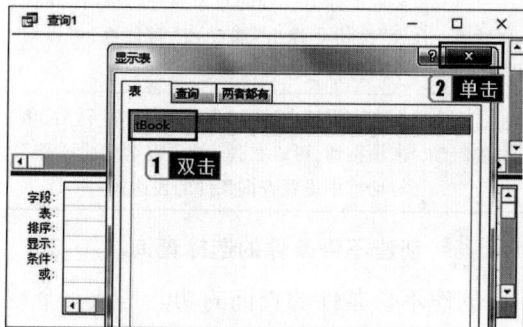

图3-29　为查询添加表

步骤3 将"tBook"表中的"书籍名称""作者名""定价""出版社名称"字段双击添加到设计网格中,如图3-30所示。

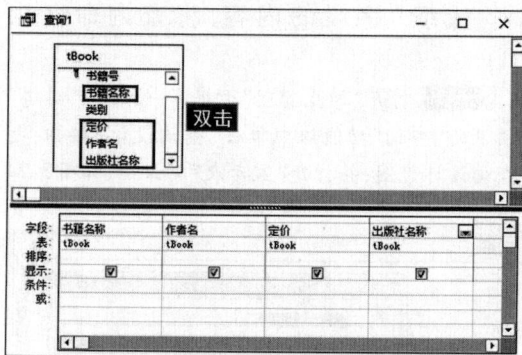

图3-30　将字段添加到设计网格中

步骤4 在"定价"字段列的"条件"行中输入">=20 And <=30",再在"排序"行的下拉列表中选择"降序",取消勾选"定价"字段列的"显示"行。然后在"出版社名称"字段列的"条件"行中输入"清华大学出版社",如图3-31所示。

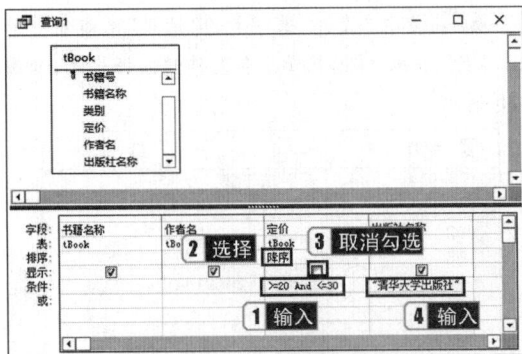

图 3-31 设置查询的条件

步骤5 在"设计"选项卡的"结果"功能组中单击"运行"按钮,弹出显示符合查询的数据记录,如图3-32所示。

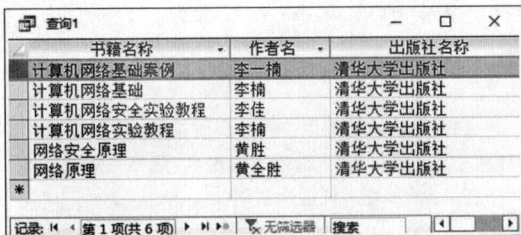

图 3-32 数据表视图显示查询结果

步骤6 单击快速访问工具栏中的"保存"按钮,此时会弹出"另存为"对话框,然后在"查询名称"文本框中输入"qT2",单击"确定"按钮。

请注意

在查询设计视图中,设置查询条件的表达式必须在全英文状态下输入,否则会提示该表达式含有无效字符。

3.2.3 在查询中进行计算

在前面的章节中,我们已经介绍了建立查询的方法,但之前建立的查询并不能对查询结果进行进一步的分析和利用。本小节将介绍如何在查询中进行计算。

1 查询计算功能

在 Access 的查询中,可以执行两种类型的计算,即预定义计算和自定义计算。

预定义计算即"总计"计算,是系统提供的对查询中的记录组或全部记录进行的计算,它包括求合计、平均值、计数、最大值、最小值等。

在"设计"选项卡的"显示/隐藏"功能组中单击"汇总"按钮,可以在设计网格中显示"总计"行。在"总计"行中选择总计项可以对查询中的全部记录、一条或多条记录组进行计算。"总计"行中有 12 个总计项,它们的名称及含义如表3-17所示。

表 3-17 总计项及含义

总计项	含义
分组(Group By)	用于执行计算中的记录分组
合计(Sum)	计算每个分组字段值的总和
平均值(Avg)	计算每个分组字段值的平均值
最大值(Max)	计算每个分组字段值的最大值
最小值(Min)	计算每个分组字段值的最小值
计数(Count)	计算每个分组字段值的数量
标准差(StDev)	计算每个分组字段值的标准差值
变量(Var)	计算每个分组字段值的变量值
第一条记录(First)	按照输入时间的顺序返回第一条记录的值
最后一条记录(Last)	按照输入时间的顺序返回最后一条记录的值
表达式(Expression)	创建表达式中包含的计算字段
条件(Where)	限制表中的部分记录参加汇总

自定义计算可以用一个或多个字段的值进行数值、日期和文本计算。例如,用某一个字段乘上某一个数值,将两个日期时间字段的值相减等。对于自定义计算,用户必须直接在设计网格中创建新的计算字段。创建方法是将表达式输入设计网格的空字段行中,表达式可以由多个计算组成。

2 在查询中进行计算

使用查询设计视图中的"总计"行,可以对查询中的全部记录进行总计计算,包括计算平均值、最大值、计数、标准差等,并能够显示计算的查询结果。

【例3-6】 使用查询设计视图中的"总计"行创建一个查询,按所属院系统计学生的平均年龄,字段显示标题为"院系"和"平均年龄",将所建查询命名为"qT3"。

步骤1 打开"学生管理"数据库,然后在"创建"选项卡的"查询"功能组中单击"查询设计"按钮,打开查询设计视图,并打开"显示表"对话框。

步骤2 在"显示表"对话框中选中"学生"表,双击添加到查询设计视图中,再关闭"显示表"对话框。

步骤3 将"学生"表中的"所属院系"和"年龄"字段双击添加到设计网格中。然后在"设计"选项卡的"显示/隐藏"功能组中单击"汇总"按钮,如图3-33所示。

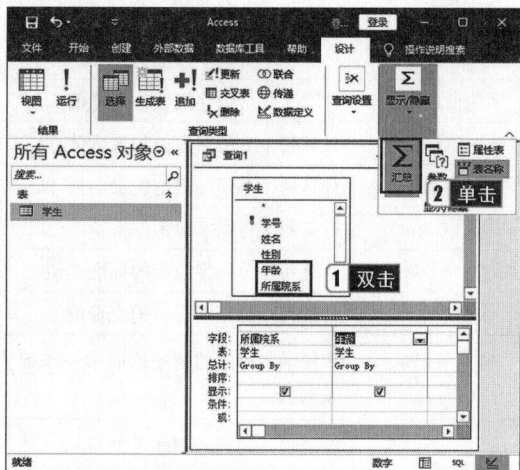

图3-33　添加"总计"行

步骤4 在"所属院系"字段前添加"院系:"字样,在"年龄"字段前添加"平均年龄:"字样,在"总计"行的下拉列表中选择"平均值",如图3-34所示。

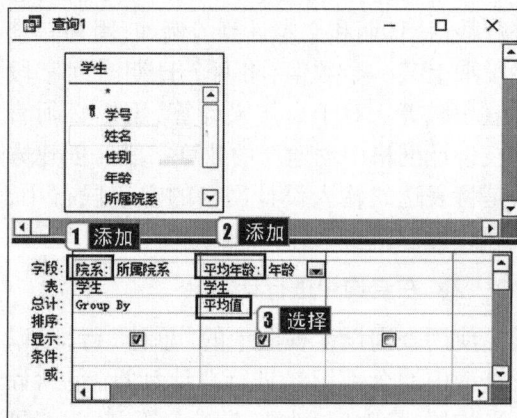

图3-34　在查询中进行计算

步骤5 在"设计"选项卡的"结果"功能组中单击"运行"按钮,弹出显示符合查询的数据记录,如图3-35所示。

图3-35　数据表视图显示计算结果

步骤6 单击快速访问工具栏中的"保存"按钮,此时会弹出"另存为"对话框,在"查询名称"文本框中输入"qT3",单击"确定"按钮。

请注意

在查询设计视图中,在"所属院系"字段的字段名前加上":",然后在":"前输入显示名"院系"就可以对"所属院系"字段进行重命名。

3　在查询中进行分组统计

在查询中,如果需要对记录进行分类统计,可以使用分组统计功能。分组统计时,只需在设计视图中将用于分组字段的"总计"行设置成"Group By"即可。

【例3-7】 使用查询设计视图中的"总计"行创建一个查询,要求按"类别"字段分组查找计算每类图书数量在5种以上(含5种)的图书的平均价格,显示"类别"和"平均单价"两个字段的信息,将所建查询命名为"qT4"。

步骤1 打开"图书订单管理"数据库,然后在"创建"选项卡的"查询"功能组中单击"查询设计"按钮,打开查询设计视图,并打开"显示表"对话框。

步骤2 在"显示表"对话框中选中"tBook"表,双击添加到查询设计视图中,再关闭"显示表"对话框。

步骤3 将"tBook"表中的"类别""单价""图书编号"字段双击添加到设计网格中,然后在"设计"选项卡的"显示/隐藏"功能组中单击"汇总"按钮,如图3-36所示。

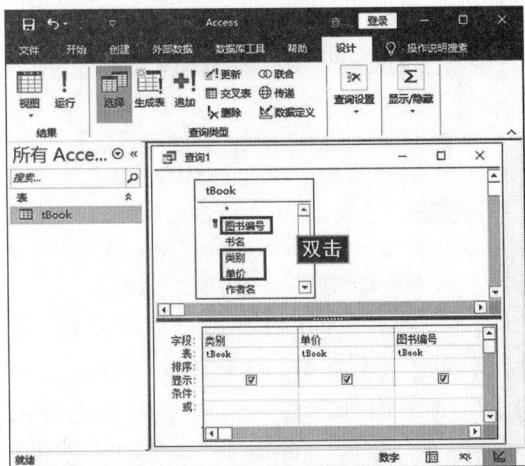

图 3-36　将字段添加到设计网格中

步骤4 在"单价"字段列的"总计"行下拉列表中选择"平均值"，在"单价"字段前添加"平均单价："字样，如图 3-37 所示。

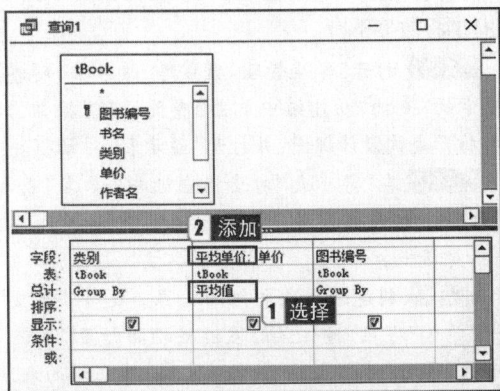

图 3-37　设置"单价"字段的"总计"行

步骤5 在"图书编号"字段列的"总计"行下拉列表中选择"计数"，在"条件"行中输入" >=5"，取消勾选"图书编号"字段列的"显示"行，如图 3-38 所示。

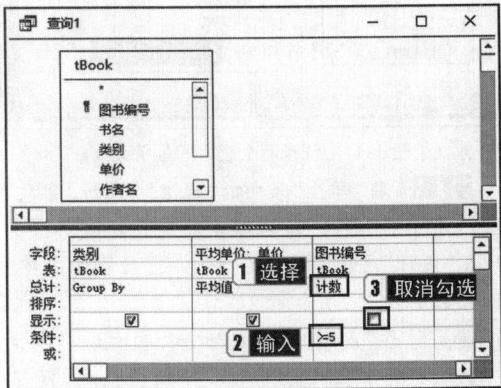

图 3-38　设置"图书编号"字段的"总计"行和查询条件

步骤6 在"设计"选项卡的"结果"功能组单击的"运行"按钮，此时会弹出显示符合查询的数据记录，如图 3-39 所示。

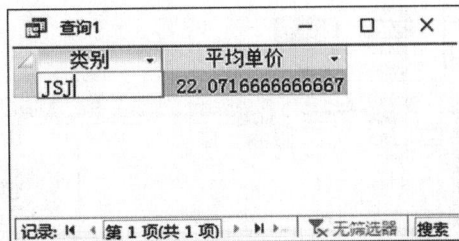

图 3-39　数据表视图显示分组统计结果

步骤7 单击快速访问工具栏中的"保存"按钮，此时会弹出"另存为"对话框，然后在"查询名称"文本框中输入"qT4"，单击"确定"按钮。

4 添加计算字段

计算字段是指根据一个或者多个表中的一个或者多个字段利用表达式建立的新字段。

当用户需要统计的字段不在数据表中时，或用于计算的数据值源于多个字段时，应该添加一个新字段来显示需要统计的数据。下面以实例来介绍如何添加计算字段。

【例 3-8】 使用查询设计视图中的"总计"行创建一个查询，用于查找收藏品中 CD 盘最高价格和最低价格，要求计算两种价格的差值并输出，标题显示为"v_Max""v_Min""价格差"，将所建查询命名为"qT5"。

步骤1 打开"CD 订单管理"数据库，然后在"创建"选项卡的"查询"功能组中单击"查询设计"按钮，此时会打开查询设计视图，并打开"显示表"对话框。

步骤2 在"显示表"对话框中选中"tCollect"表，双击添加到查询设计视图中，再关闭"显示表"对话框。

步骤3 将"tCollect"表中的"价格"字段双击添加到设计网格中（添加两次）。在第一个"价格"字段前添加"v_Max："字样，在第二个"价格"字段前添加"v_Min："字样，如图 3-40 所示。

步骤4 在查询设计的空白"字段"行中输入表达式"价格差：[v_Max]-[v_Min]"。然后在"设计"选项卡的"显示/隐藏"功能组中单击"汇总"按钮，如图 3-41 所示。

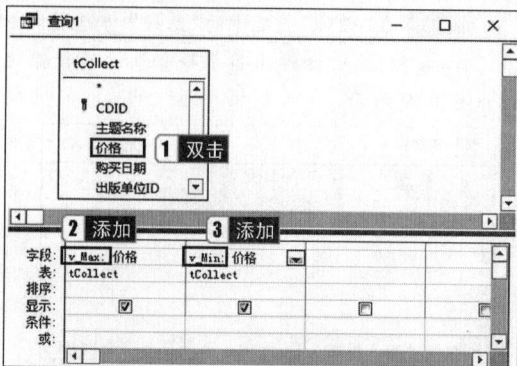

图 3-40 将字段添加到设计网格中

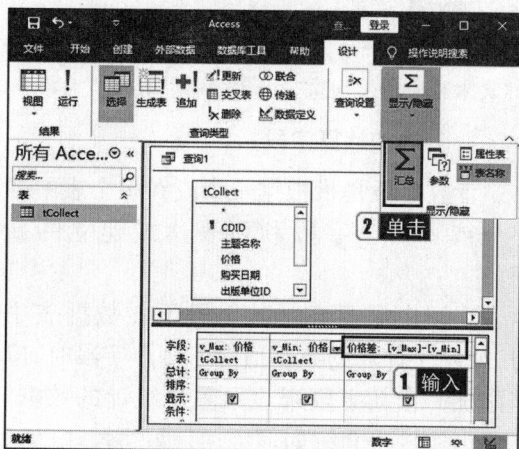

图 3-41 在查询中添加计算字段

步骤5 在"v_Max:价格"字段列的"总计"行下拉列表中选择"最大值",在"v_Min:价格"字段列的"总计"行下拉列表中选择"最小值",在"价格差:[v_Max]-[v_Min]"字段列的"总计"行下拉列表中选择"Expression",如图 3-42 所示。

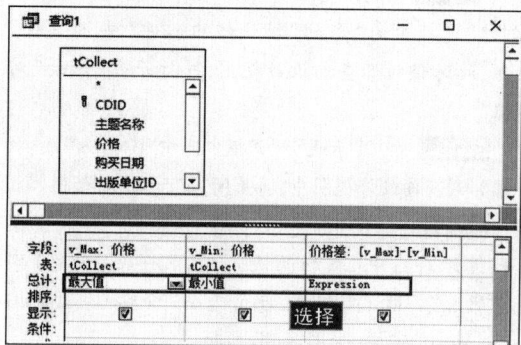

图 3-42 设置查询字段的"总计"行

步骤6 在"设计"选项卡的"结果"功能组中单击"运行"按钮,此时会弹出显示符合查询的数据记录,如图 3-43 所示。

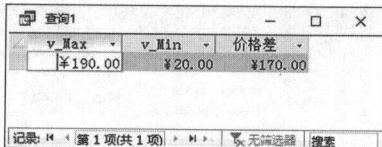

图 3-43 数据表视图显示计算字段结果

步骤7 单击快速访问工具栏中的"保存"按钮,此时会弹出"另存为"对话框,然后在"查询名称"文本框中输入"qT5",单击"确定"按钮。

【例 3-9】 使用查询设计视图中的"总计"行创建一个查询,用于计算组织能力强的学生的平均分及其与所有学生平均分的差,并显示"姓名""平均分""平均分差值"等内容,将所建查询命名为"qT6"。

注意:"平均分"和"平均分差值"由计算得到。

要求:"平均分差值"以整数形式显示(使用函数实现)。

步骤1 打开"学生管理"数据库,然后在"创建"选项卡的"查询"功能组中单击"查询设计"按钮,此时会打开查询设计视图,并打开"显示表"对话框。

步骤2 在"显示表"对话框中选中"学生"表和"成绩"表,双击添加到查询设计视图中,再关闭"显示表"对话框。

步骤3 创建两个表之间的关系。选中"学生"表中"学号"字段,按住鼠标左键拖动指针至"成绩"表中的"学号"字段上,释放鼠标左键,建立好的表间关系如图3-44所示。

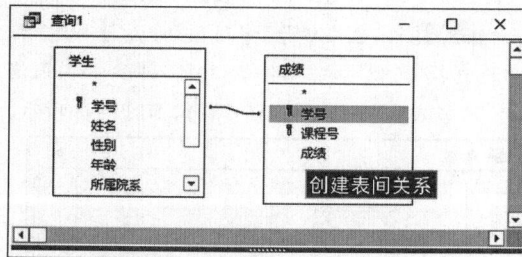

图 3-44 创建两个表之间的关系

步骤4 将"学生"表中的"姓名""简历"字段和"成绩"表中的"成绩"字段双击添加到设计网格中。然后在"设计"选项卡的"显示/隐藏"功能组中单击"汇总"按钮。

步骤5 在"成绩"字段前添加"平均分:"字样,在"总计"行的下拉列表中选择"平均值",在"简历"字段列的"总计"行的下拉列表中选择"Where",在

"条件"行中输入表达式"Like "＊组织能力强＊""，
如图3-45所示。

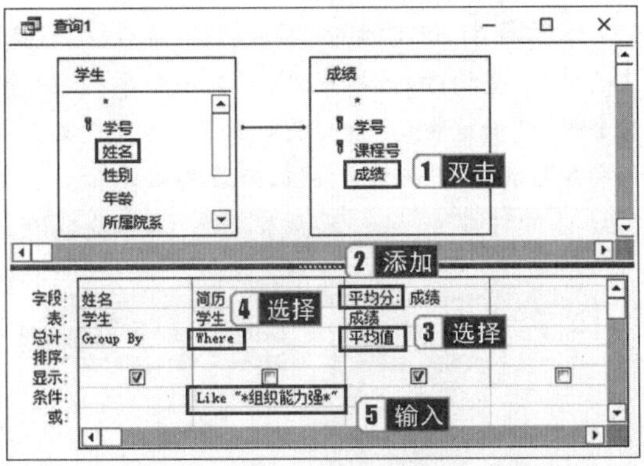

图3-45　设置查询条件和"总计"行

步骤6 在查询设计的空白"字段"行中输入表达式"平均分差值：Round（[平均分]－（select avg（[成绩]）from [成绩]）)"，在"总计"行的下拉列表中选择"Expression"，如图3-46所示。

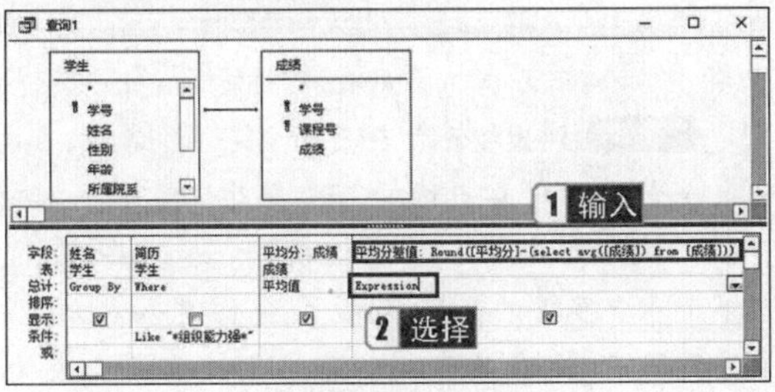

图3-46　添加计算字段并设置"总计"行

步骤7 在"设计"选项卡的"结果"功能组中单击"运行"按钮，此时会弹出显示符合查询的数据记录，如图3-47所示。

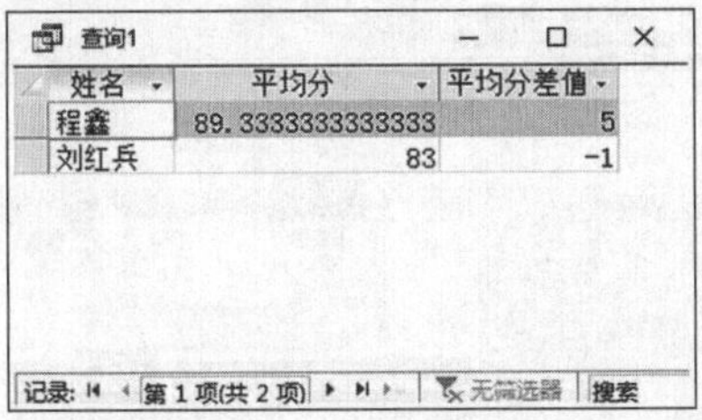

图3-47　数据表视图显示计算字段结果

步骤8 单击快速访问工具栏中的"保存"按钮，此时会弹出"另存为"对话框，然后在"查询名称"文本框中输入"qT6"，单击"确定"按钮。

真题演练

【例1】下列关于查询设计视图的设计网格各行作用的叙述中，错误的是(　　)。

A)"总计"行是用于对查询的字段进行求和

B)"表"行设置字段所在的表或查询的名称

C)"字段"行表示可以在此输入或添加字段的名称

D)"条件"行用于输入一个条件来限定记录的选择

【解析】在查询设计视图中，"总计"行是对查询中的记录组或全部记录进行的计算，包括求合计、平均值、计数、最大值、最小值等。"表"行设置字段所在的表或查询的名称。"字段"行表示可以在此输入或添加字段的名称。"条件"行用于输入一个条件来限定记录的选择。故选项A错误。

【答案】A

【例2】若要查询"学生"表(学号，姓名，性别，班级，系别)中男、女学生的人数，则要分组和计数的字段分别是(　　)。

A)学号、系别　　　B)性别、学号

C)学号、性别　　　D)学号、班级

【解析】若要查询学生表中男、女学生的人数，首先需要根据"性别"进行分组，将学生分为男、女两组。然后在"总计"行中选择"计数"来统计人数，因为"计数"选项的功能是统计全部记录的个数，且不包括该字段为空值的记录，所以用学生表的唯一标识"学号"来进行计数。故选项B正确。

【答案】B

【例3】在显示查询结果时，若将数据表中的"籍贯"字段名显示为"出生地"，应进行的相关设置是(　　)。

A)在查询设计视图的"字段"行中输入"出生地"

B)在查询设计视图的"显示"行中输入"出生地"

C)在查询设计视图的"字段"行中输入"出生地：籍贯"

D)在查询设计视图的"显示"行中输入"出生地：籍贯"

【解析】在查询的设计视图中，"字段"行可以输入或添加字段名，"显示"行利用复选框的勾选与否来确定字段是否在查询结果中显示。若要修改字段的显示名称应在其字段名之前增加"显示名称："字样。本题中要将"籍贯"字段名显示为"出生地"，应在"字段"行中输入"出生地：籍贯"字样。故选项C正确。

【答案】C

3.3　交叉表查询概述

交叉表查询生成的数据显示更清晰，结构更紧凑合理。它为用户提供了很清楚的汇总数据，便于用户分析和使用。本节将讲解创建交叉表查询的方法和步骤。

3.3.1　认识交叉表查询

交叉表查询就是将源于某个数据表的字段进行分组，一组列在数据表左侧，另一组列于上方，然后在数据表行列交叉处显示表中某个字段的各类计算值。

简单地说，交叉表查询就是一个用户建立起来的二维总计矩阵。交叉表查询除了需要指定查询对象和字段外，还需要知道如何统计数字，用户需定义表 3-18 所示的 3 个字段。

表 3-18　　　　交叉表字段说明

字段	说明
行标题	位于数据表左侧第一列。它是指把某一字段或记录相关的数据放入指定的一行中，以便进行概括的字段
列标题	位于表的顶端。它是指对某一列的字段或表进行统计，并把结果放入该列的字段
列中值字段	它是用户选择在交叉表中显示的字段，用户需要为该字段指定一个总计类型，例如 Sum()、Avg()、Min()、Max() 函数等

本小节将分别介绍如何使用向导及设计视图建立交叉表查询。

3.3.2　创建交叉表查询

创建交叉表查询的方法有两种：使用交叉表查询向导创建和使用查询设计视图创建。

1　使用交叉表查询向导

【例 3-10】　使用交叉表查询向导建立

"学生管理"数据库中"学生"表的交叉表查询，查询每个专业的男、女学生人数。

步骤1 打开"学生管理"数据库，然后在"创建"选项卡的"查询"功能组中单击"查询向导"按钮，此时会弹出"新建查询"对话框。然后选中"交叉表查询向导"，再单击"确定"按钮，如图 3-48 所示。

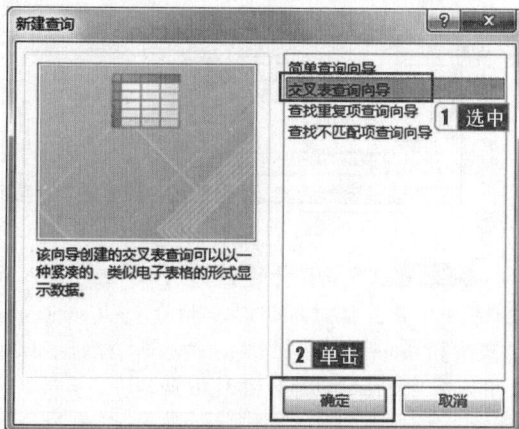

图 3-48　"新建查询"对话框

步骤2 弹出"交叉表查询向导"对话框，在指定表或查询的列表中选择"表：学生"选项，并选择"视图"选项组中的"表"单选按钮。如果要建立包含多个表中字段的交叉查询，应先创建一个含有所需字段的查询，在此查询的基础上建立交叉查询。单击"下一步"按钮，如图 3-49 所示。

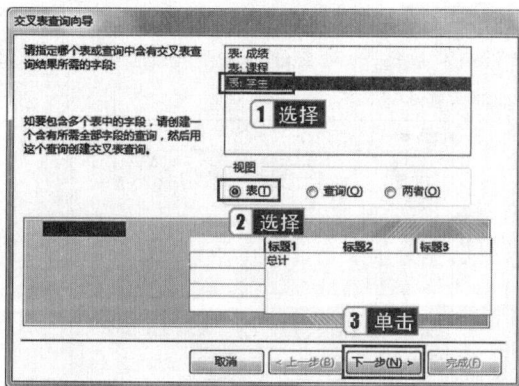

图 3-49　"交叉表查询向导"对话框

步骤3 选择行标题。双击"可用字段"列表框中的"专业"字段，将其添加到"选定字段"列表框中，然后单击"下一步"按钮，如图 3-50 所示。

步骤4 选择列标题。选择"性别"字段，在对话框的右下方可以看到交叉表的示例图，然后单击"下一步"按钮，如图 3-51 所示。

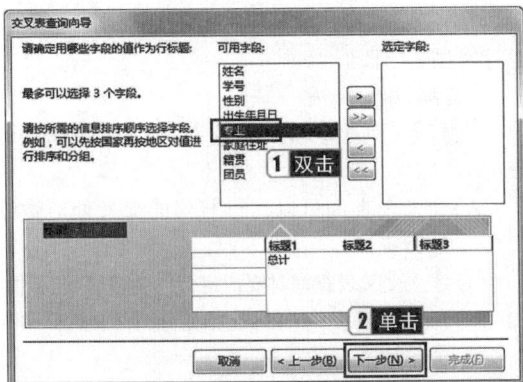

图 3-50　选择行标题

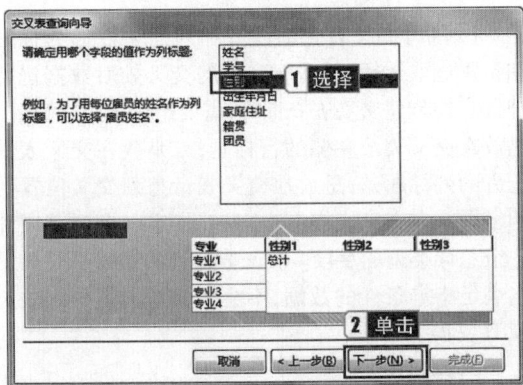

图 3-53　指定查询的名称

步骤7 保存并运行查询，结果如图 3-54 所示。

图 3-54　交叉表查询结果

② **使用设计视图**

除了上面介绍的使用交叉表查询向导创建交叉表查询的方法外，还有一种比较常用的创建交叉表的方法，即使用设计视图创建交叉表查询。

【例 3-11】 利用设计视图，在"学生管理"数据库中创建交叉表查询，显示学生各科成绩。

步骤1 打开"学生管理"数据库，然后在"创建"选项卡的"查询"功能组中单击"查询设计"按钮，打开查询设计视图和"显示表"对话框。

步骤2 在"显示表"对话框中选中"成绩""学生""课程"表，然后单击"添加"按钮，再关闭"显示表"对话框。

步骤3 将"学生"表中的"姓名"字段、"课程"表中的"课程"字段和"成绩"表中的"成绩"字段双击添加到查询设计视图中。然后在"设计"选项卡的"查询类型"功能组中单击"交叉表"按钮。

步骤4 在"交叉表"行中，设计"姓名"字段为"行标题"、"课程"字段为"列标题"、"成绩"字段为"值"。在"成绩"字段列的"总计"行下拉列表中选择"合计"，如图 3-55 所示。

图 3-51　选择列标题

步骤5 在图 3-52 所示的"字段"列表中选择作为行和列交叉处显示的项目字段。在"字段"列表中选择"学号"，在"函数"列表中选择"计数"。取消勾选"是，包括各行小计"复选框，如果需要小计，则勾选该复选框。然后单击"下一步"按钮。

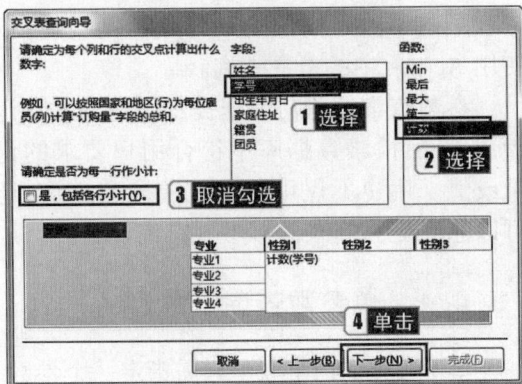

图 3-52　为交叉表选择计算值

步骤6 在图 3-53 所示的对话框中输入查询名称"学生_交叉表"，选择"查看查询"单选按钮，然后单击"完成"按钮。

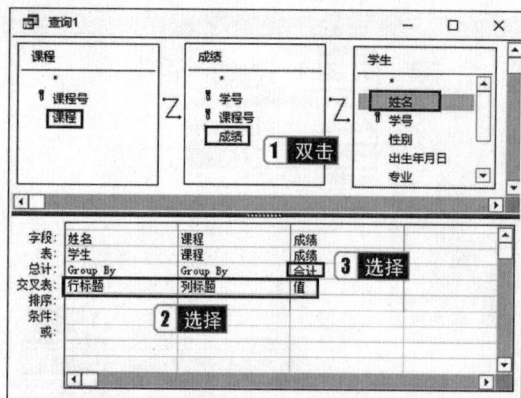

图3-55　设置交叉表

步骤5 在"设计"选项卡的"结果"功能组中单击"运行"按钮，运行得到的数据查询结果如图3-56所示。

图3-56　交叉表查询结果

步骤6 单击快速访问工具栏中的"保存"按钮，此时会弹出"另存为"对话框，在"查询名称"文本框中输入"交叉表查询"，最后单击"确定"按钮。

真题演练

【例1】创建一个交叉表查询，在"交叉表"行上有且只有一个的是(　　)。

A）行标题、列标题和值

B）列标题和值

C）行标题和值

D）行标题和列标题

【解析】在创建交叉表查询时，需要指定3种字段：一是放在交叉表最左侧的行标题，它将某一字段的相关数据放入指定的行中；二是放在交叉表最上方的列字段，它将某一字段的相关数据放入指定的列中；三是放在交叉表行与列交叉位置上的字段，需要为该字段指定一个总计项，如总计、平均值、计数

等。在交叉表查询中，只能指定一个列字段和一个总计类型的字段。

【答案】B

【例2】下列关于交叉表查询的叙述中，错误的是(　　)。

A）交叉表查询可以在行与列的交叉处对数据进行统计

B）建立交叉表查询时要指定行标题、列标题和值

C）在交叉表查询中只能指定一个列字段和一个总计类型的字段

D）交叉表查询的运行结果是根据统计条件生成一个新表

【解析】交叉表查询以行和列的字段作为标题和条件选取数据，并在行和列的交叉处对数据进行统计。在创建交叉表查询时，需要指定3种字段：一是放在交叉表最左侧的行标题；二是放在交叉表最上方的列标题；三是放在交叉表行与列交叉位置上的字段。在交叉表查询中，只能指定一个列字段和一个总计类型的字段。交叉表查询的结果只是显示出满足指定条件的数据，不会生成新的表格。故选项D错误。

【答案】D

3.4　创建参数查询

前面介绍的建立查询的方法都是在条件固定的情况下使用的。如果用户希望根据某个或某些字段不同的值来建立查询，就可以使用Access中的参数查询。

参数查询通过对话框提示用户输入查询参数，然后检索数据库中符合用户要求的记录或值。用户不仅可以建立单参数查询，还可以建立更为复杂的多参数查询。

3.4.1　单参数查询

单参数查询在字段中只需指定一个参数，在执行查询操作时，用户只需输入一个参数。

【例3-12】 建立一个参数查询，在查询运行过程中，要求输入出生年月日后，才能显示符合查询条件的记录。

步骤1 打开"学生管理"数据库，然后在"创建"选项卡的"查询"功能组中单击"查询设计"按钮，打开查询设计视图。在"显示表"对话框中选中"学生"表，双击添加到查询设计视图中，再关闭"显示表"对话框。

步骤2 将"学生"表的"姓名""出生年月日""家庭住址""团员"字段双击添加到设计网格中，并在"出生年月日"字段的"条件"行中输入参数查询条件"[请输入出生日期:]"，如图3-57所示。

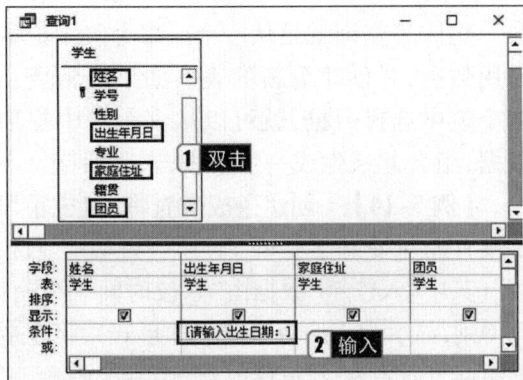

图3-57　设置参数查询条件

步骤3 在"设计"选项卡的"结果"功能组中单击"运行"按钮，弹出"输入参数值"对话框，输入"1983-5-23"，再单击"确定"按钮，如图3-58所示。

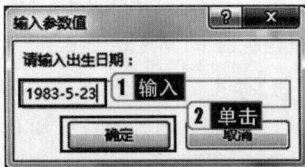

图3-58　"输入参数值"对话框

步骤4 参数查询结果如图3-59所示。单击快速访问工具栏中的"保存"按钮，此时会弹出"另存为"对话框，然后在"查询名称"文本框中输入"参数查询"，单击"确定"按钮。

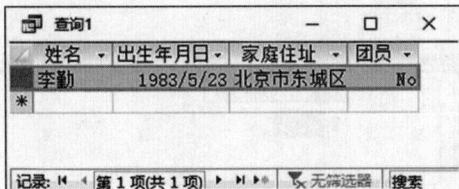

图3-59　参数查询结果

3.4.2　多参数查询

多参数查询就是在字段中指定多个参数，在执行查询操作时，用户需要输入多个参数。

【例3-13】 建立多参数查询，按照入校日期和具体的爱好查找学生的报到情况，并显示学生的"学号""姓名""年龄"字段的内容。参数提示信息为"请输入入校日期:"和"请输入爱好:"。

步骤1 打开"学生管理"数据库，然后在"创建"选项卡的"查询"功能组中单击"查询设计"按钮，打开查询设计视图，并打开"显示表"对话框。

步骤2 在"显示表"对话框中选中"学生"表，双击添加到查询设计视图中，再关闭"显示表"对话框。

步骤3 将"学生"表中的"学号""姓名""年龄""入校时间""简历"字段双击添加到设计网格中。

步骤4 在"入校时间"字段列的"条件"行中输入"[请输入入校日期:]"，取消勾选"入校时间"字段列的"显示"行。在"简历"字段列的"条件"行中输入"Like" * "&[请输入爱好]&" * ""，取消勾选"简历"字段列的"显示"行，如图3-60所示。

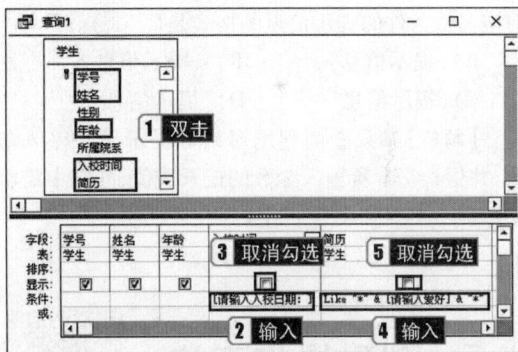

图3-60　设置参数查询条件

步骤5 在"设计"选项卡的"结果"功能组中单击"运行"按钮，此时会分别弹出两个"输入参数值"对话框，分别输入"2001-3-14"和"善于交际"，输入完成后单击"确定"按钮，如图3-61和图3-62所示。

图3-61　输入"入校日期"参数

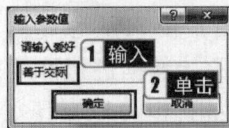

图3-62　输入"爱好"参数

步骤6 参数查询结果如图 3-63 所示。单击快速访问工具栏中的"保存"按钮,此时会弹出"另存为"对话框,在"查询名称"文本框中输入"多参数查询",再单击"确定"按钮。

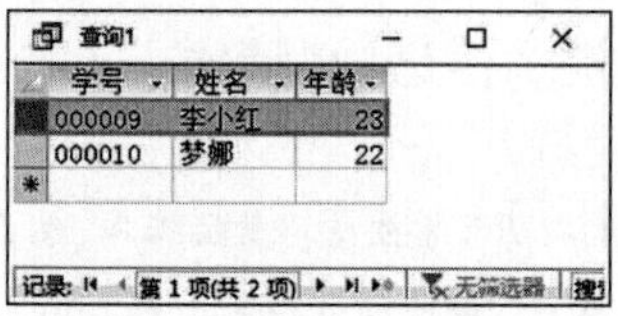

图 3-63　参数查询结果

请注意

在"简历"字段列所对应的"条件"行中使用 Like 运算符和"*"通配符来实现查找具有某种爱好的功能,并且使用字符串连接符"&"将各部分连接成一个整体。

真题演练

【例】若在参数查询运行时要给出提示信息,则对应参数条件的提示信息的格式是(　　)。

A)(提示信息)　　　　B)<提示信息>

C)¦提示信息¦　　　　D)[提示信息]

【解析】参数查询利用对话框提示用户输入参数,并检索符合所输入参数的记录或值,准则中需将参数提示文本放在"[ ]"中。

【答案】D

3.5　创建操作查询

操作查询是指通过查询的结果来快速地进行更改、新增、创建或删除表等操作。用户在前面介绍的查询过程中,对原始数据表不能做任何修改,而操作查询可以在查询的基础上对原始数据表进行操作。

操作查询与选择查询、交叉表查询及参数查询不同。选择查询、交叉表查询及参数查询只根据用户要求从原始数据中选择数据,并不会对原始数据进行修改;而操作查询既可以查询数据,也可以对原始数据进行修改,所以在使用操作查询时,应该十分小心。

操作查询可以在一个操作中更改许多记录。例如,在一个操作中删除一组记录、更新一组记录等。

操作查询包括生成表查询、删除查询、更新查询和追加查询 4 种,下面将详细介绍各种操作查询。

3.5.1　生成表查询

生成表查询就是从一个或多个表中提取有用数据,并创建为新的表。如果经常要从多个表中选择数据,就可以从多个表中提取数据,组合起来生成一个新表,永久保存。

【例 3-14】　创建生成表查询,组成字段是没有任何爱好学生的"学号""姓名""入校年"(其中"入校年"数据由"入校时间"字段计算得到,显示为 4 位数字的年的形式),将生成的数据表命名为"没有任何爱好学生"。

步骤1 打开"学生管理"数据库,然后在"创建"选项卡的"查询"功能组中单击"查询设计"按钮,打开查询设计视图,并打开"显示表"对话框。

步骤2 在"显示表"对话框中选中"学生"表,双击添加到查询设计视图中,再关闭"显示表"对话框。

步骤3 将"学生"表中的"学号""姓名""入校时间""简历"字段双击添加到设计网格中。将"入校时间"字段名修改为"入校年:Year([入校时间])",如图 3-64 所示。

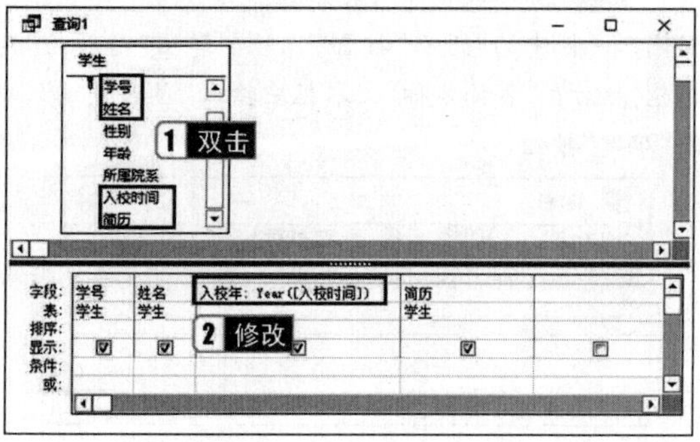

图 3-64　将字段添加到设计网格中

步骤4 在"简历"字段列的"条件"行中输入"Not Like " * 爱好 * "",取消勾选"简历"字段列的"显示"行,如图 3-65 所示。

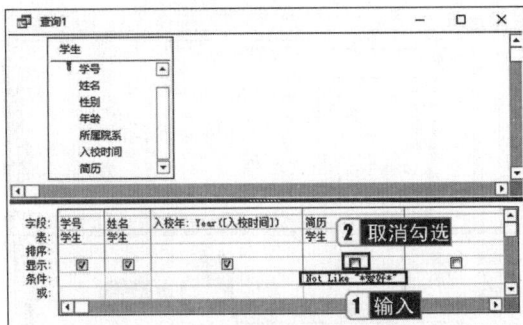

图 3-65　设置查询条件

步骤5 在"设计"选项卡的"查询类型"功能组中单击"生成表"按钮,在弹出的"生成表"对话框的"表名称"文本框中输入"没有任何爱好学生",再单击"确定"按钮,如图 3-66 所示。

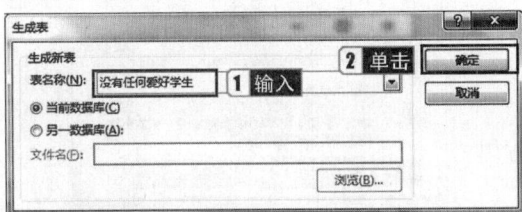

图 3-66　"生成表"对话框

步骤6 在"设计"选项卡的"结果"功能组中单击"运行"按钮,然后在弹出的"Microsoft Access"提示对话框中单击"是"按钮,如图 3-67 所示。

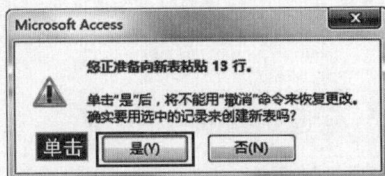

图 3-67　"Microsoft Access"提示对话框

🔍 **请注意**

在"简历"字段列所对应的"条件"行中使用 Not Like 运算符和"*"通配符来实现查找没有爱好的功能。使用 Year()函数来返回入校时间的年份。

3.5.2　删除查询

删除查询用于从一个或多个表中删除一组记录或一类记录,可以从单个表中删除,也可以从多个相互关联的表中删除。

【例 3-15】　创建删除查询,删除"学生"表中姓名中含有"红"字且年龄为奇数的记录。

步骤1 打开"学生管理"数据库,然后在"创建"选项卡的"查询"功能组中单击"查询设计"按钮,打开查询设计视图,并打开"显示表"对话框。

步骤2 在"显示表"对话框中选中"学生"表,双击添加到查询设计视图中,再关闭"显示表"对话框。

步骤3 将"学生"表中的"姓名"和"年龄"字段添加到设计网格中。然后在"设计"选项卡的"查询类型"功能组中单击"删除"按钮,如图 3-68 所示。

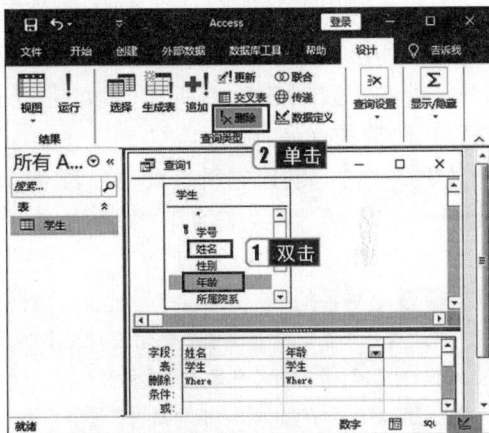

图 3-68　添加字段和选择"查询类型"

步骤4 在"姓名"字段列的"条件"行中输入"Like " * 红 * "",在"年龄"字段列的"条件"行中输入"[年龄] Mod 2 = 1",如图 3-69 所示。

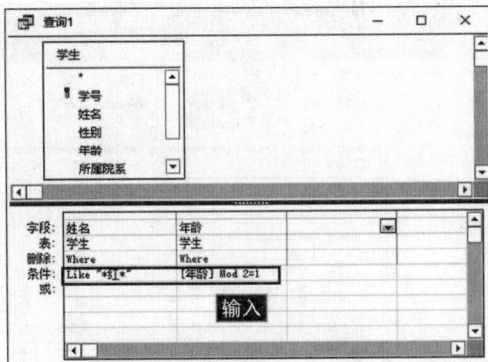

图 3-69　设置删除查询条件

步骤5 在"设计"选项卡的"结果"功能组中单击"运行"按钮,然后在弹出的"Microsoft Access"提示对话框中单击"是"按钮,如图 3-70 所示。

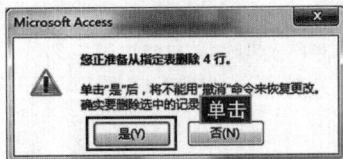

图 3-70　"Microsoft Access"提示对话框

在"姓名"字段列所对应的"条件"行中使用 Like 运算符和"*"通配符来实现查找姓名中含有"红"字的记录,使用 Mod()函数来计算年龄值为奇数的记录。

3.5.3 更新查询

更新查询用于对一个或多个表中的记录进行更新和修改,主要用于对大量的并且符合一定条件的数据进行更新和修改,它是比较简单、快捷的查询方法。

【例3-16】 创建更新查询,将"学生"表中低于平均年龄(不含平均年龄)学生的"简历"字段值清空。

步骤1 打开"学生管理"数据库,然后在"创建"选项卡的"查询"功能组中单击"查询设计"按钮,打开查询设计视图,并打开"显示表"对话框。

步骤2 在"显示表"对话框中选中"学生"表,双击添加到查询设计视图中,再关闭"显示表"对话框。

步骤3 将"学生"表中的"年龄"和"简历"字段双击添加到设计网格中。然后在"设计"选项卡的"查询类型"功能组中单击"更新"按钮,如图3-71所示。

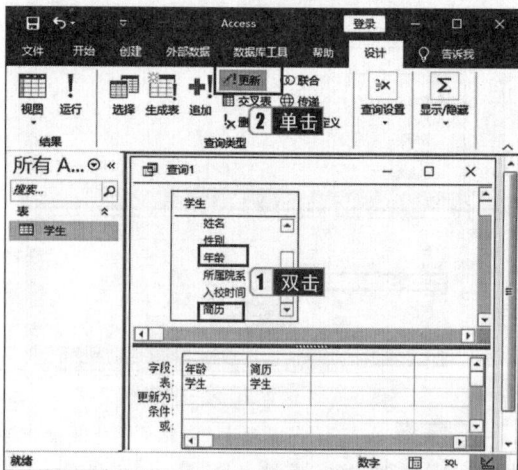

图 3-71　添加字段和选择"查询类型"

步骤4 在"年龄"字段列的"条件"行中输入"<(select avg([年龄]) from [学生])",在"简历"字段列的"更新为"行中输入"""",如图3-72所示。

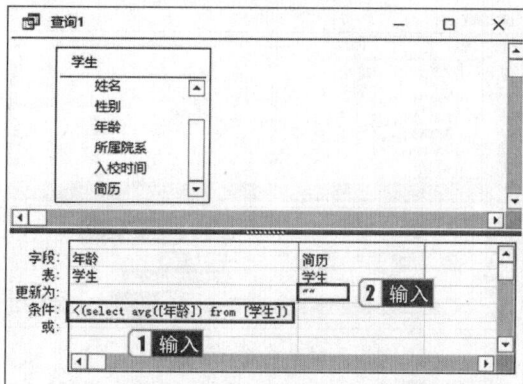

图 3-72　设置查询和更新条件

步骤5 在"设计"选项卡的"结果"功能组中单击"运行"按钮,在弹出的"Microsoft Access"提示对话框中单击"是"按钮,如图3-73所示。

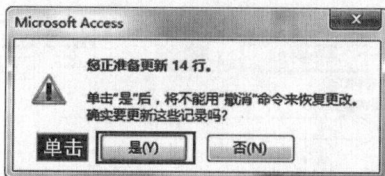

图 3-73　"Microsoft Access"提示对话框

子查询是一个 SELECT 选择查询,它返回的查询结果将作为另一个选择查询或操作查询的查询条件,任何允许使用表达式的地方都可以使用子查询。

3.5.4 追加查询

追加查询是从一个或多个表中添加一组记录到一个或多个表的尾部,主要用于在数据库维护时,将某一个表中符合条件的记录添加到另一个表中。

【例3-17】 创建追加查询,将"学生"表中年龄最大的5位男同学的记录信息追加到"tTemp"表的对应字段中。

步骤1 打开"学生管理"数据库,然后在"创建"选项卡的"查询"功能组中单击"查询设计"按钮,打开查询设计视图,并打开"显示表"对话框。

步骤2 在"显示表"对话框中选中"学生"表,双击添加到查询设计视图中,再关闭"显示表"对话框。

步骤3 将"学生"表中的"学号""姓名""性别""年龄"字段双击添加到设计网格中。在"年龄"字段列的"排序"行下拉列表中选择"降序",在"性别"字段列的"条件"行中输入"男",如图3-74所示。

步骤4 在"设计"选项卡的"查询类型"功能组中单击"追加"按钮,然后在弹出的"追加"对话框的"表名称"下拉列表中选择"tTemp",再单击"确定"按钮,如图3-75所示。

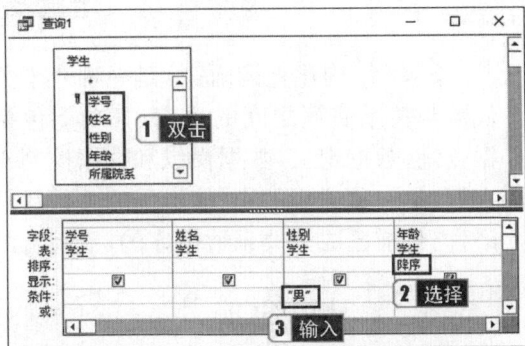

图3-74 添加字段和设置查询条件

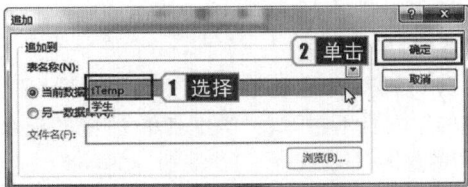

图3-75 "追加"对话框

步骤5 切换到"设计"选项卡,在"显示/隐藏"功能组的"返回"文本框中输入"5",如图3-76所示。

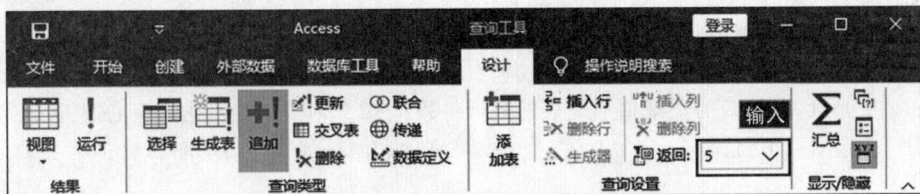

图3-76 设置"返回"记录值

步骤6 在"设计"选项卡的"结果"功能组中单击"运行"按钮,然后在弹出的"Microsoft Access"提示对话框中单击"是"按钮,如图3-77所示。

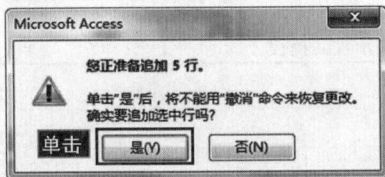

图3-77 "Microsoft Access"提示对话框

请注意

默认条件下追加查询追加的是全部满足条件的记录,但是设置"返回"记录值可以限制追加的记录数。

真题演练

【例1】如果在数据库中已有同名的表,要通过查询覆盖原来的表,应该使用的查询类型是( )查询。

A)删除   B)追加

C)生成表   D)更新

【解析】如果在数据库中已有同名的表,要通过查询覆盖原来的表,应该使用的查询类型是生成表

查询。答案为C选项。

【答案】C

【例2】如果有"产品"表(产品编码,产品名称,单价),另有"新价格"表(产品编码,单价)。要使用"新价格"表中的单价修改"产品"表中相应产品的单价,应使用的查询是( )。

A)更新查询   B)追加查询

C)生成表查询   D)删除查询

【解析】操作查询包括生成表查询、删除查询、更新查询和追加查询。追加查询从一个或多个表中将一组记录添加到一个或多个表的尾部;生成表查询是从一个或多个表中提取有用数据,并创建新表的查询,若数据库中已有同名的表,该操作将覆盖原有的表;删除查询可以从一个或多个表中删除一组记录;更新查询是对一个或多个表中的一组记录做全部更新,可以十分简单、快捷地对大量的并且符合一定条件的数据进行更新和修改。本题中要使用"新价格"表中的单价修改"产品"表中相应产品的单价,应使用更新查询。因此选项A正确。

【答案】A

【例3】要在"学生"表(学号,姓名,专业,班级)中删除字段"专业"和"班级"的全部内容,应使用的

查询是(　　)。

　　A)更新查询　　　　B)追加查询

　　C)生成表查询　　　D)删除查询

【解析】更新查询是对一个或多个表中的一组记录做全部更新,可以十分简单、快捷地对大量的并且符合一定条件的数据进行更新和修改。题目中要求删除字段"专业"和"班级"的全部内容,应使用更新查询将"专业"和"班级"字段值清空。故选项 A 正确。

【答案】A

【例4】将表"学生名单2"的记录复制到表"学生名单1"中,且不删除表"学生名单1"中的记录,可使用的查询方式是(　　)。

　　A)删除查询　　　　B)生成表查询

　　C)追加查询　　　　D)交叉表查询

【解析】追加查询从一个或多个表中将一组记录添加到一个或多个表的尾部。题目中要求将表"学生名单2"的记录复制到表"学生名单1"中,应使用追加查询将"学生名单2"的记录追加到表"学生名单1"中。故选项 C 正确。

【答案】C

3.6　SQL 语句简介

SQL(结构化查询语言)是一种介于关系代数与关系演算之间的语言,其功能包括数据查询、数据定义、数据操纵和数据控制4个方面,是一种通用的、功能极强的关系数据库语言,目前已成为关系数据库的标准语言。

3.6.1　认识 SQL

SQL 是一种功能齐全的数据库语言,于1974年由 Boyce 和 Chamberlin 提出。它简单易学,功能丰富,因而备受欢迎。

用 SQL 语句完成数据定义、数据查询、数据操纵和数据控制的核心功能只需要用到9个动词,如表3-19所示。

表 3-19　　　　　　　　　　　　　SQL 的动词

SQL 功能	动词	用法
数据查询	SELECT	用于数据的查询
数据定义	CREATE、DROP、ALTER	CREATE 表示建立、DROP 表示删除、ALTER 表示修改,主要针对表和视图的定义
数据操纵	INSERT、UPDATE、DELETE	INSERT 表示插入记录、UPDATE 表示修改记录、DELETE 表示删除记录
数据控制	GRANT、REVOKE	GRANT 表示授权、REVOKE 表示收回授权

根据在 Access 中的实际使用需要,本小节简单地介绍了数据查询、数据定义和数据操纵的 SQL 语句的基本语言与使用方法。

3.6.2　数据查询

数据查询是数据库的核心功能,能够将用户感兴趣的数据抽取出来,从而指导人们做出决策。SQL 提供了简单而又丰富的 SELECT 数据查询语句,可以检索和显示一个或多个表中的数据,能够实现数据的选择、投影和连接运算,并能完成字段重命名、分类汇总和排序等操作。

SELECT 语句的一般格式如下。

格式

　　SELECT[ALL |DISTINCT |TOP n] <表达式 >[AS <名称 >]

　　FROM <表名 1 >[, <表名 2 >…]

　　[WHERE <条件表达式 >]

　　[GROUP BY <分组字段名 >[HAVING <条件表达式 >]]

　　[ORDER BY <排序字段名 >[ASC |DESC]];

各参数说明如下。

● ALL:表示查询结果是数据源全部数据的记录集。

● DISTINCT:表示查询结果不包括重复行的记录集。

- TOP n:表示查询结果是前 n 条记录,其中 n 为整数。
- WHERE <条件表达式>:指定查询条件。
- GROUP BY <分组字段名>:用于对查询结果进行分组,可以利用它进行分类汇总。
- HAVING <条件表达式>:必须和GROUP BY 一起使用,用来限定分组必须满足的条件。
- ORDER BY <排序字段名>:用来对查询结果进行排序,默认为升序排列。
- ASC:表示查询结果按照<排序字段名>升序排列。
- DESC:表示查询结果按照<排序字段名>降序排列。

【例 3-18】 以"学生"表为记录源,查询年龄小于 20 岁的女学生的记录,并按照年龄降序排列。

步骤1 打开"学生管理"数据库,然后在"创建"选项卡的"查询"功能组中单击"查询设计"按钮,打开查询设计视图,再关闭"显示表"对话框。

步骤2 在"设计"选项卡的"结果"功能组中"SQL视图"下拉列表中选择"SQL 视图",如图 3-78 所示。

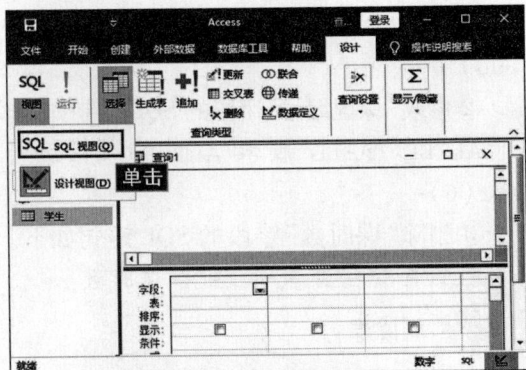

图 3-78　切换到 SQL 视图

步骤3 在"查询 1"空白区域中输入以下 SQL查询语句,如图 3-79 所示。

图 3-79　输入 SQL 查询语句

步骤4 在"设计"选项卡的"结果"功能组中单击

"运行"按钮,此时会弹出显示符合查询的数据记录。

【例 3-19】 统计不同班级学生考试成绩的平均分大于 75 分的成绩信息,显示"班级"和"平均成绩"两个字段的内容,并按平均成绩降序排列,结果保留两位小数。

SQL 查询语句如下。

```
SELECT LEFT([学号],4) AS 班级,
ROUND(Avg([成绩]),2) AS 平均成绩
    FROM 成绩
GROUP BY LEFT([学号],4)
    HAVING (((ROUND(AVG([成绩]),
2))>=75))
    ORDER BY ROUND(AVG([成绩]),2)
DESC;
```

在 SQL 语句中,字段列表可以是计算表达式,也可以是字段名。AS <名称>的作用是为表达式指定新的字段名,新字段名应符合 Access 规定的命名规则。

3.6.3　数据定义

数据定义是指对表一级的定义。SQL 语句的数据定义功能包括创建表、修改表和删除表等基本操作。

1　创建表

在 SQL 语句中,用户可以使用 CREATE TABLE 语句建立基本表。语句格式如下。

格式
CREATE TABLE <表名>(<字段名 1><数据类型 1>[字段级完整性约束条件1]
　[,<字段名 2> <数据类型 2>[字段级完整性约束条件2]][,...]
　[,<字段名 n> <数据类型 n> [字段级完整性约束条件 n]])
　[,<表级完整性约束条件>];

说明

- < >:表示需要定义的表的名称。
- [ ]:表示可以根据需要进行选择,也可以不选。
- |:表示多项选择中只能选择其中一个。
- { }:表示必选项。

各参数说明如下。

- <表名>:指需要定义的表的名称。
- <字段名>:指定义表中一个或多个字段的名称。
- <数据类型>:指对应字段的数据类型,要求每个字段必须定义字段名称和数据类型。
- [字段级完整性约束条件]:指定义相关字段的约束条件,包括主键约束(Primary Key)、数据唯一性约束(Unique)、空值约束(Not Null 或 Null)和完整性约束(Check)等。

【例 3-20】 创建"教学"表,包括"教学ID""教师编号""课程编号""上课时间""课时数"5 个字段。

步骤1 打开"学生管理"数据库,然后在"创建"选项卡的"查询"功能组中单击"查询设计"按钮,打开查询设计视图,再关闭"显示表"对话框。

步骤2 在"设计"选项卡的"结果"功能组中"SQL 视图"下拉列表中选择"SQL 视图"。

步骤3 在"查询 1"空白区域中输入以下创建表SQL 语句,如图 3-80 所示。

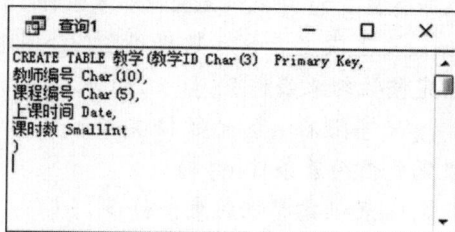

```
查询1                    —  □  ×
CREATE TABLE 教学(教学ID Char(3)  Primary Key,
教师编号 Char(10),
课程编号 Char(5),
上课时间 Date,
课时数 SmallInt
)
```

图 3-80　输入创建表 SQL 语句

步骤4 在"设计"选项卡的"结果"功能组中单击"运行"按钮,此时在左侧导航窗格中会生成"教学"表。

2 修改表

在 SQL 语句中,可以使用 ALTER TABLE 语句修改已建表的表结构。语句格式如下。

格式

ALTER TABLE <表名>
[ADD <新字段名> <数据类型>[字段级完整性约束条件]]
[DROP[<字段名>]...][ALTER <字段名> <数据类型>];

各参数说明如下。

- <表名>:指定需要修改的表的名字。
- ADD 子句:用于增加新字段和该字段的完整性约束条件。
- DROP 子句:用于删除指定的字段。
- ALTER 子句:用于修改原有字段属性。

【例 3-21】 在"教学"表中增加"上课地点"字段,字段类型为短文本型,字段大小为 100,修改"课程编号"字段的字段大小属性为 6,删除"课时数"字段。

①添加"上课地点"字段的 SQL 语句如下。

ALTER TABLE 教学 ADD 上课地点 Char(100)

②修改"课程编号"字段的 SQL 语句如下。

ALTER TABLE 教学 ALTER 课程编号 Char(6)

③删除"课时数"字段的 SQL 语句如下。

ALTER TABLE 教学 DROP 课时数

3 删除表

在 SQL 语句中,用户可以使用 DROP TABLE 语句删除不需要的表(包括表结构和表中的全部数据)。语句格式如下。

格式

DROP TABLE <表名>

【例 3-22】 删除已经建立的"教学"表。删除"教学"表的 SQL 语句如下。

DROP TABLE 教学

3.6.4 数据操纵

数据库中的数据操纵功能主要包括:插入记录、更新记录和删除记录。

1 插入记录

在SQL语句中,用户使用INSERT语句可以将一条新记录插入指定表中。语句格式如下。

格式
```
INSERT INTO <表名> [字段列表]
VALUES (对应字段列表的值列表)
```

各参数说明如下。

● <表名>:指需要插入记录的表的名称。

● 字段列表:指表中插入新记录时数据填充的字段名。

● 对应字段列表的值列表:指插入新记录时,对应字段列表的具体值。

【例3-23】 向"教学"表中插入一条新记录(002,95011,S101)。

向"教学"表中插入新记录的SQL语句如下。
```
INSERT INTO 教学 (教学 ID,教师编号,课程编号)
VALUES( "002","95011","S101")
```

若INTO子句中没有指明任何字段名,则新插入的记录必须在每个字段上均有值;若新插入的记录只包含部分字段值,则INTO子句后面必须跟上对应的字段名称。

2 更新记录

在SQL语句中,用户使用UPDATE语句可以对指定的表中的记录进行修改,并能一次性修改多条记录。语句格式如下。

格式
```
UPDATE <表名>
SET <字段名1>= <表达式1>
[,<字段名2>= <表达式2>...]
[WHERE <条件>]
```

各参数说明如下。

● <表名>:指需要更新数据表的名称。

● <字段名>=<表达式>:用表达式的值代替对应字段里的值,一次可修改多个字段。

● WHERE <条件>:指定被更新记录所满足的条件;如不使用WHERE子句,则更新表中的所有记录。

【例3-24】 将"教学"表中的"教学 ID"为"002"的记录的"课时数"更新为30。

更新"教学"表中记录的SQL语句如下。
```
UPDATE 教学 SET 课时数 = 30 WHERE
教学 ID = "002"
```

3 删除记录

在SQL语句中,用户使用DELETE语句可以删除指定表中满足条件的记录。语句格式如下。

格式
```
DELETE FROM <表名>
[WHERE <条件>]
```

各参数说明如下。

● <表名>:指需要删除数据表的名称。

● WHERE <条件>:指定被删除记录所满足的条件;如不使用WHERE子句,则删除表中的所有记录。

【例3-25】 删除"教学"表中"课时数"小于30的所有记录。

删除"教学"表中记录的SQL语句如下。
```
DELETE FROM 教学 WHERE 课时数 <30
```

🔍 请注意

DROP语句和DELETE语句的区别:DROP语句是将指定的表从数据库中移除,包括表结构和表中的全部数据;而DELETE语句仅是删除表中满足指定条件的记录,表结构不受影响。

真题演练

【例1】下列关于SQL语句的说法中,错误的是( )。

A）INSERT 语句可以向数据表中追加新的数据记录

B）UPDATE 语句用于修改数据表中已经存在的数据记录

C）DELETE 语句用于删除数据表中的记录

D）CREATE 语句用于建立表结构并追加新的记录

【解析】Access 支持的数据定义语句有创建表（CREATE TABLE）、修改数据（UPDATE TABLE）、删除数据（DELETE TABLE）、插入数据（INSERT TABLE）。CREATE TABLE 语句只有创建表的功能，不能追加新数据。故选项 D 正确。

【答案】D

【例 2】"学生"表中有学号、姓名、班级和成绩等字段。执行如下 SQL 命令。

SELECT 班级，AVG（成绩）AS 平均成绩 FROM 学生表 GROUP BY 班级 ORDER BY 2

其结果是（　　）。

A）提示错误信息

B）按班级排序，计算并显示所有学生的性别和平均成绩

C）按班级分组计算平均成绩，并按班级排序显示班级的平均成绩

D）按班级分组计算平均成绩，并按平均成绩排序显示班级的平均成绩

【解析】本题中"GROUP BY 班级"表示按照班级字段进行分组，SELECT 语句后的字段列表中使用 AVG（成绩）来表示计算成绩的平均值，使用"ORDER BY 2"表示按照 SELECT 语句字段列表中的第 2 个字段（平均成绩）进行排序。故选项 D 正确。

【答案】D

【例 3】在已建立的"学生"表中有姓名、性别、出生日期等字段，要求查询并显示女生年龄最小的学生，同时还要显示姓名、性别和年龄，正确的 SQL 语句是（　　）。

A）SELECT 姓名，性别，MIN（YEAR（DATE（））－ YEAR（[出生日期]））AS 年龄 FROM 学生 WHERE 性别 = "女"

B）SELECT 姓名，性别，MIN（YEAR（DATE（））－ YEAR（[出生日期]））AS 年龄 FROM 学生 WHERE 性别 = 女

C）SELECT 姓名，性别，年龄 FROM 学生 WHERE 年龄 = MIN（YEAR（DATE（））－ YEAR（[出生

日期]））AND 性别 = 女

D）SELECT 姓名，性别，年龄 FROM 学生 WHERE 年龄 = MIN（YEAR（DATE（））－ YEAR（[出生日期]））AND 性别 = "女"

【解析】本题考查对 SELECT 语句的使用，SELECT 后跟字段列表或计算表达式，给表达式起别名使用 AS 子句；若要加条件则使用 WHERE 子句。本题的条件是性别为女，使用表达式"MIN（YEAR（DATE（））－ YEAR（[出生日期]））"可以得到年龄的最小值。故选项 A 正确。

【答案】A

【例 4】在已建立的"图书"表中查找定价大于等于 20 并且小于 30 的记录，正确的 SQL 语句是（　　）。

A）SELECT ＊ FROM 图书 WHERE 定价 BETWEEN 20 AND 30

B）SELECT ＊ FROM 图书 WHERE 定价 BETWEEN 20 TO 30

C）SELECT ＊ FROM 图书 WHERE 定价 BETWEEN 20 AND 29

D）SELECT ＊ FROM 图书 WHERE 定价 BETWEEN 20 TO 29

【解析】在 SQL 语句中 BETWEEN…AND…表示两边都包括，即包括 BETWEEN 和 AND 两端的数据。根据题意要查找定价大于等于 20 并且小于 30 的记录，用 BETWEEN 20 AND 29 表示。没有 BETWEEN…TO…语句。故选项 C 正确。

【答案】C

3.7　创建 SQL 的特定查询

Access 中创建查询最常用也最方便的方法是使用查询设计视图，但是通过该方式并不能创建所有的查询，有些查询只能通过 SQL 语句来实现。在 Access 中，用户可以利用查询的"SQL 视图"直接编写 SQL 结构化查询语句来建立复杂而功能强大的查询。

3.7.1　SQL 查询分类

Access 提供了 4 种 SQL 查询的设计功能。

1 联合查询

联合查询可以将两个或多个含有相同信息的独立查询的结果合并为一个信息表。联合查询实现的功能相当于关系运算中的"并"运算。

2 子查询

子查询是指包含在其他查询中的完整的SELECT 查询结构，也就是使用子查询得到一个结果集，并将这个结果集作为外层查询的条件。

3 数据定义查询

数据定义查询的基本功能是创建表（CREATE TABLE）、修改表（ALTER TABLE）、删除表（DELETE TABLE）和创建索引（CREATE INDEX）等。

4 传递查询

传递查询能够将 SQL 语句直接发送给ODBC 数据库服务器，从而对其他数据库进行操纵。即 SQL 语句不在本数据库中执行，而是传递给另一个数据库来执行。

下面主要讲解联合查询和子查询的创建方法。

3.7.2 创建联合查询

联合查询可以将两个或多个含有相同信息的独立查询的结果合并为一个信息表，该查询使用 UNION 运算符来合并查询的结果。

【例3-26】 创建联合查询，对"职工管理"数据库的"工资"表和"职工"表中的"姓名""工号"字段进行联合查询。

▶步骤1 打开"职工管理"数据库，然后在"创建"选项卡的"查询"功能组中单击"查询设计"按钮，打开查询设计视图，再关闭"显示表"对话框。

▶步骤2 在"设计"选项卡的"查询类型"功能组单击"联合"按钮，并在"查询 1"空白区域中输入"SELECT 姓名,工号 FROM 职工 UNION SELECT 姓名,工号 FROM 工资"，如图3-81所示。

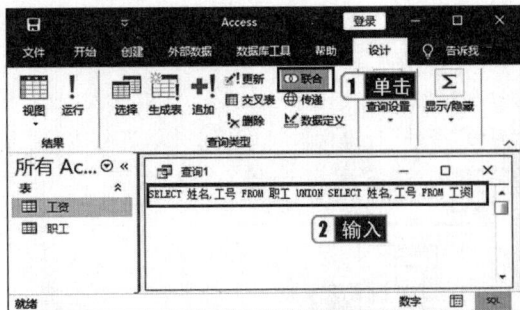

图 3-81 创建联合查询

▶步骤3 在"设计"选项卡的"结果"功能组中单击"运行"按钮，此时会弹出显示符合查询的数据记录，如图3-82所示。

图 3-82 联合查询结果

请注意

每个 SELECT 语句返回的字段名和顺序都必须相同。如果将联合查询转换为另一种查询，如参数查询，则输入的 SQL 语句将丢失。

3.7.3 创建子查询

子查询是一个 SELECT 选择查询，它返回的查询结果将作为另一个选择查询或操作查询的查询条件。任何允许使用表达式的地方都可以使用子查询。

【例3-27】 查找"类型 ID"为"02"的CD 中，价格低于所有 CD 平均价格的 CD 信息，并显示"CDID"和"主题名称"。

▶步骤1 打开"CD 订单管理"数据库，然后在"创建"选项卡的"查询"功能组中单击"查询设计"按钮，打开查询设计视图，并打开"显示表"对话框。

▶步骤2 在"显示表"对话框中选中"tCollect"表，双击添加到查询设计视图中，再关闭"显示表"对话框。

▶步骤3 将"tCollect"表中的"CDID""主题名称""价格""类型 ID"字段双击添加到设计网格中。

步骤4 在"价格"字段列的"条件"行中输入"<（SELECT AVG（[价格]）FROM [tCollect]）"，并取消勾选"价格"字段列的"显示"行。在"类型ID"字段列的"条件"行中输入""02""，并取消勾选"类型ID"字段列的"显示"行，如图3-83所示。

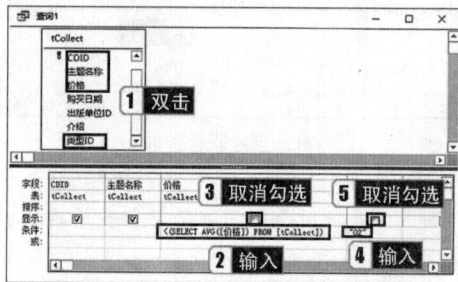

图3-83　设置子查询条件

步骤5 在"设计"选项卡的"结果"功能组中单击"运行"按钮，此时会弹出显示符合查询的数据记录，如图3-84所示。

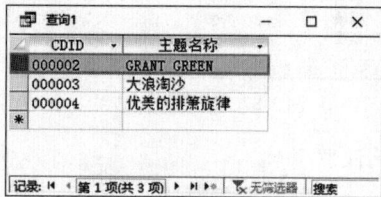

图3-84　子查询结果

3.7.4 查询与SQL视图

在Access中，任何一个查询都对应着一个SQL语句，可以说查询设计的实质是一个SQL语句。当使用设计视图创建一个查询时，意味着构造了一个等价的SQL语句。查询设计视图和相应的SQL视图如图3-85和图3-86所示。

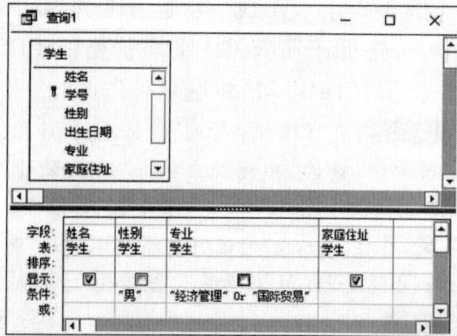

图3-85　查询设计视图

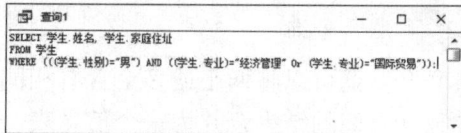

图3-86　查询SQL视图

图3-85所示是查询设计视图，查询的数据源是"学生"表；查询要显示的字段是"姓名""家庭住址"；查询的条件是性别为"男"和专业为"经济管理"或"国际贸易"。

图3-86所示是查询SQL视图，视图中显示了一个SELECT语句，该语句给出了查询需要显示的字段、数据源及查询条件。

两个视图中设置的内容是一样的，因此它们是等价的。

真题演练

【例1】数据库中有"商品"表如表3-20所示，执行如下SQL语句。

SELECT * FROM 商品 WHERE 单价 >（SELECT 单价 FROM 商品 WHERE 商品号 = "0112"）；

表3-20　　　　"商品"表

部门号	商品号	商品名称	单价	数量	产地
40	0101	A牌电风扇	200.00	10	广东
40	0104	A牌微波炉	350.00	10	广东
40	0105	B牌微波炉	600.00	10	广东
20	1032	C牌传真机	1000.00	20	北京
40	0107	D牌微波炉_A	420.00	10	上海
20	0110	A牌电话机	200.00	50	广东
20	0112	B牌手机	2000.00	10	广东
40	0202	A牌电冰箱	3000.00	2	广东
30	1041	B牌计算机	6000.00	10	广东
30	0204	C牌计算机	10000.00	10	上海

查询结果的记录数是（　　　）。

A）1　　　　　　　B）3

C）4　　　　　　　D）10

【解析】根据题意，使用子查询语句查询出商品号为"0112"的商品的单价（2000）。将单价2000的结果集作为外层查询的条件，单价大于2000的记录有3条。故选项B正确。

【答案】B

【例2】从"图书"表中查找出定价高于"图书编号"为"115"的图书的记录,正确的 SQL 语句是(　　)。

A)SELECT ＊ FROM 图书 WHERE 定价＞"115"

B)SELECT ＊ FROM 图书 WHERE EXISTS 定价＝"115"

C)SELECT ＊ FROM 图书 WHERE 定价＞(SELECT ＊ FROM 图书 WHERE 图书编号＝"115")

D)SELECT ＊ FROM 图书 WHERE 定价＞(SELECT 定价 FROM 图书 WHERE 图书编号＝"115")

【解析】先把"图书编号"为"115"的图书找出来,使用的 SQL 查询语句为"SELECT 定价 FROM 图书 WHERE 图书编号＝"115""。然后找出定价高于"图书编号"为"115"的图书,则 SQL 查询语句为"SELECT ＊ FROM 图书 WHERE 定价＞(SELECT 定价 FROM 图书 WHERE 图书编号＝"115")"。故选项 D 正确。

【答案】D

【例3】在下列查询语句中,与"SELECT TAB1. ＊ FROM TAB1 WHERE InStr([简历],"篮球" <>0)"功能等价的语句是(　　)。

A) SELECT TAB1. ＊ FROM TAB1 WHERE TAB1.简历 Like "篮球"

B) SELECT TAB1. ＊ FROM TAB1 WHERE TAB1.简历 Like " ＊篮球"

C) SELECT TAB1. ＊ FROM TAB1 WHERE TAB1.简历 Like " ＊篮球 ＊ "

D) SELECT TAB1. ＊ FROM TAB1 WHERE TAB1.简历 Like "篮球 ＊ "

【解析】Instr(String1,String2)函数返回一个整数,该整数指定第二个字符串 String2 在第一个字符串 String1 中的第一个匹配项的起始位置。题目中表示的是"篮球"在"简历"字段中出现的位置,即简历中包含篮球两个字的记录。故选项 C 正确。

【答案】C

【例4】"学生"表中有"学号""姓名""性别""入学成绩"等字段。执行如下 SQL 语句后的结果是(　　)。

SELECT AVG([入学成绩]) FROM 学生表 GROUP BY 性别

A)计算并显示所有学生的平均入学成绩

B)计算并显示所有学生的性别和平均入学成绩

C)按性别顺序计算并显示所有学生的平均入学成绩

D)按性别分组计算并显示不同性别学生的平均入学成绩

【解析】SQL 查询中分组统计使用 GROUP BY 子句来实现,函数 AVG()是用来求平均值的。根据题意,该 SQL 查询语句是按性别来分组计算并显示不同性别学生的平均入学成绩的。故选项 D 正确。

【答案】D

3.8　编辑和使用查询

在实际应用中,常常需要根据实际情况修改、编辑已经创建的查询,如调整列宽、编辑字段和数据源、对查询结果进行排序等,使查询满足用户需要。本节将详细介绍一些常用的操作。

3.8.1　编辑查询中的字段

在查询设计视图中,可以在原有的基础上对字段进行增加、删除和移动操作。

【例3-28】 在查询设计视图中,将"成绩"数据表中的"成绩"字段添加到"学生成绩查询"中。

步骤1 打开"学生管理"数据库,然后右键单击"学生成绩查询",在弹出的快捷菜单中选择"设计视图"命令,打开"学生成绩查询"设计视图窗口。

步骤2 双击"成绩"表中的"成绩"字段,进行字段的添加,如图3-87所示。

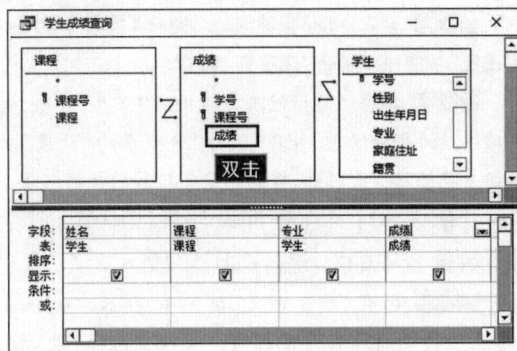

图 3-87　添加"成绩"字段

步骤3 单击快速访问工具栏中的"保存"按钮，并切换到"设计"选项卡，在"结果"功能组中单击"运行"按钮，此时会弹出添加查询字段的数据记录，结果如图3-88所示。

图3-88　添加查询字段的数据结果

【例3-29】　在查询设计视图中，删除"学生"数据表中的"成绩"和"籍贯"字段。

步骤1 打开"学生管理"数据库，然后右键单击"学生成绩查询"，在弹出的快捷菜单中选择"设计视图"命令，打开"学生成绩查询"设计视图窗口。

步骤2 在查询设计视图的设计网格中，拖动鼠标指针选中"成绩"和"籍贯"字段，如图3-89所示。

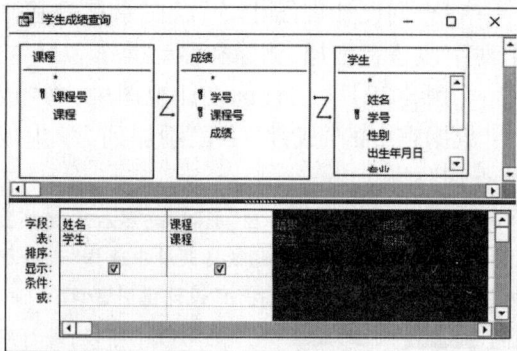

图3-89　选中删除字段

步骤3 按<Delete>键或在"设计"选项卡的"查询设置"功能组中单击"删除列"按钮。

步骤4 单击快速访问工具栏中的"保存"按钮，保存对字段的删除修改，并在"设计"选项卡的"结果"功能组中单击"运行"按钮，得到删除字段后的数据记录。

【例3-30】　在查询设计视图中移动"学生"数据表中的"家庭住址"字段。

步骤1 打开"学生管理"数据库，然后右键单击"学生成绩查询"，在弹出的快捷菜单中选择"设计视图"命令，打开"学生成绩查询"设计视图窗口。

步骤2 在查询设计视图的设计网格中选中"家庭住址"字段，然后进行移动操作，如图3-90所示。

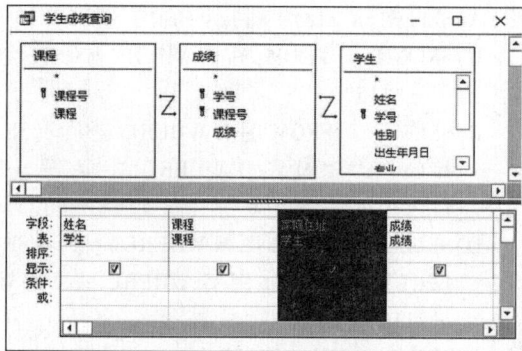

图3-90　选择移动字段

步骤3 单击快速访问工具栏中的"保存"按钮，保存对字段的移动修改，并在"设计"选项卡的"结果"功能组中单击"运行"按钮，得到修改后的数据记录。

3.8.2　编辑查询中的数据源

编辑查询中的数据源包括添加表，以及查询、删除表或查询。下面将介绍这两种数据源的编辑。

1　添加表或查询

在设计视图中添加表或查询的步骤如下。

步骤1 打开数据库，选中需要修改的查询。然后单击鼠标右键，在弹出的快捷菜单中选择"设计视图"命令，打开设计视图窗口。

步骤2 在"设计"选项卡的"查询设置"功能组中单击"显示表"按钮，打开图3-91所示的"显示表"对话框，选择需要添加的表或查询，再单击"添加"按钮。

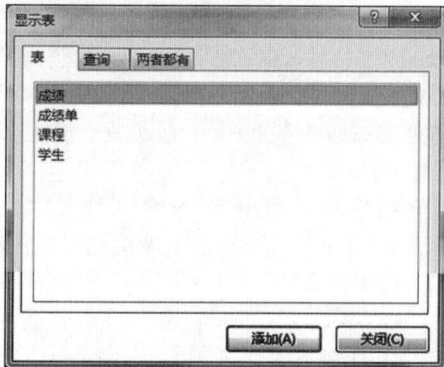

图3-91　"显示表"对话框

步骤3 单击"关闭"按钮,关闭"显示表"对话框。

步骤4 单击快速访问工具栏中的"保存"按钮,保存所做的修改。

2 删除表或查询

在设计视图中删除表或查询的步骤与添加的步骤相似。

步骤1 打开数据库,选中需要修改的查询。然后单击鼠标右键,在弹出的快捷菜中选择"设计视图"命令,打开设计视图窗口。

步骤2 选中需要删除的表,按<Delete>键删除。

步骤3 单击快速访问工具栏中的"保存"按钮,保存所做的修改。

3.8.3 排序查询结果

在实际应用过程中,有时候需要按一定的规则对查询结果进行排序,下面将以实例介绍基本步骤。

【例3-31】 对"学生管理"数据库中的"课程查询"按"成绩"字段值升序排序。

步骤1 打开"学生管理"数据库,然后右键单击"课程查询",在图3-92所示的快捷菜单中选择"设计视图"命令。打开设计视图窗口,如图3-93所示。

步骤2 在设计视图中的"成绩"字段列的"排序"行右侧的下拉列表中选择"升序"选项,如图3-94所示。

步骤3 在"设计"选项卡的"结果"功能组中单击"运行"按钮,得到升序排序的数据记录。

对查询结果进行排序,可以使查询结果一目了然,方便用户使用和查找。

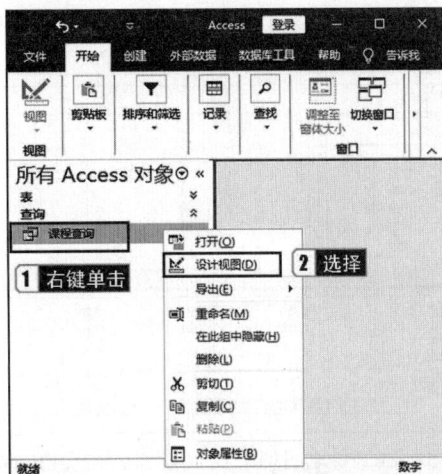

图3-92　选择"设计视图"命令

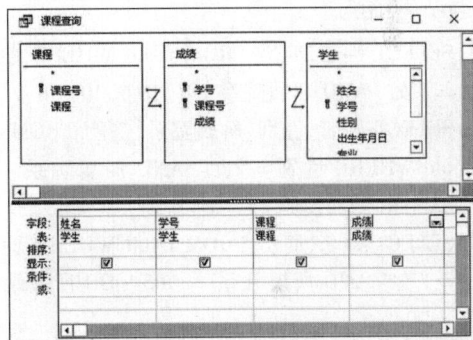

图3-93　查询设计视图

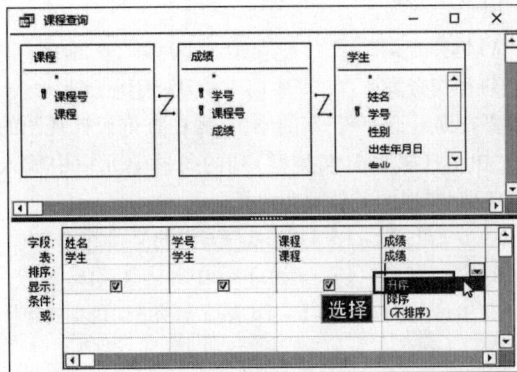

图3-94　选择排序方法

扫码看答案解析

~~~~~~ **课后总复习** ~~~~~~

一、选择题

1. 在Access数据库中使用向导创建查询,其数据可以来自(　　　)。

A)多个表　　　　　　　　B)一个表

C)一个表的一部分　　　D)表或查询

2. 下列 SQL 查询语句中，与下方查询设计视图所示的查询结果等价的是（　　）。

A）SELECT 姓名,性别,所属院系,简历 FROM tStud WHERE 性别 ="女" AND 所属院系 IN("03","04")

B）SELECT 姓名,简历 FROM tStud WHERE 性别 ="女" AND 所属院系 IN("03","04")

C）SELECT 姓名,性别,所属院系,简历 FROM tStud WHERE 性别 ="女" AND 所属院系 ="03" OR 所属院系 ="04"

D）SELECT 姓名,简历 FROM tStud WHERE 性别 ="女" AND 所属院系 ="03" OR 所属院系 ="04"

3. 利用对话框提示用户输入查询条件，这样的查询属于（　　）。

A）选择查询　　　　　　　　B）参数查询

C）操作查询　　　　　　　　D）SQL 查询

4. 要查询生于 1983 年的学生，需在查询设计视图的"出生日期"（日期类型）列的条件单元格中输入条件，错误的条件表达式是（　　）。

A）>= #1983 – 1 –1# And <= #1983 – 12 –31#

B）>= #1983 – 1 –1# And < #1984 – 1 – 1#

C）Between #1983 – 1 –1# And #1983 – 12 –31#

D）= 1983

5. 下列关于 Access 查询条件的叙述中，错误的是（　　）。

A）同行之间为逻辑"与"关系，不同行之间为逻辑"或"关系

B）日期/时间数据类型需在两端加上#

C）数字数据类型需在两端加上双引号

D）文本数据类型需在两端加上双引号

6. 下列关于 Null 值的叙述中，正确的是（　　）。

A）Null 值等同于数值 0

B）Access 不支持 Null 值

C）Null 值等同于空字符串

D）Null 值表示字段值未知

7. 要在设计视图中创建一个查询，查找平均分在 85 分以上的男生，并显示姓名、性别和平均分，正确设置查询条件的方法是（　　）。

A）在姓名的"条件"单元格中输入：平均分 >= 85 Or 性别 ="男"

B）在姓名的"条件"单元格中输入：平均分 >= 85 And 性别 ="男"

C）在平均分的"条件"单元格中输入：>= 85；在性别的"条件"单元格中输入："男"

D）在平均分的"条件"单元格中输入：平均分 >= 85；在性别的"条件"单元格中输入：性别 ="男"

8. 在设计视图中，若没有设置条件，但在某一字段的"总计"行中选择了"计数"选项，则含义是（　　）。

A）统计符合条件的记录个数，包括 Null（空）值

B）统计符合条件的记录个数，不包括 Null（空）值

C）统计全部记录的个数，包括 Null（空）值

D）统计全部记录的个数，不包括 Null（空）值

9. 若有 SQL 语句：

Select 月底薪 + 提成 – 扣除 As 月收入 From 工资表。其中，子句"AS 月收入"的作用是（　　）。

A）指定要统计的字段

B）指定统计字段的别名

C）指定输出项的显示标题

D）指定查询的数据源

10. 用 SQL 语句描述"在教师表中查找男教师的全部信息"，下列描述中正确的是（　　）。

A）SELECT FROM 教师表 IF(性别 ='男')

B）SELECT 性别 FROM 教师表 IF(性别 ='男')

C）SELECT ∗ FROM 教师表 WHERE(性别 ='男')

D）SELECT ∗ FROM 性别 WHERE(性别 ='男')

11. 在显示查询结果时，若要将数据表中的"date"字段显示为"日期"，则应进行的相关设置是（　　）。

A）在查询设计视图的"字段"行中输入"日期"

B）在查询设计视图的"显示"行中输入"日期"

C）在查询设计视图的"字段"行中输入"日期：date"

D）在查询设计视图的"显示"行中输入"日期：date"

12. 已知"产品"表(产品编码,产品名称,单价)和"新价格"表(产品编码,单价)。要使用"新价格"表中的单价修改"产品"表中相应产品的单价,应使用的方法是(　　)。

A)更新查询　　　　　　B)追加查询

C)生成表查询　　　　　D)删除查询

二、操作题

素材文件夹下有一个数据库文件"samp2. accdb",其中存有已经设计好的表对象"tStud""tCourse""tScore""tTemp"。请按以下要求完成设计。

(1)创建一个查询,当运行该查询时,显示参数提示信息"请输入爱好";用户输入爱好后,在简历字段中查找具有指定爱好的学生,显示"学号""姓名""性别""年龄""简历"5个字段的内容,并将查询命名为"qT1"。

(2)创建一个查询,查找学生的成绩信息,并显示为"学号""姓名""平均成绩"3个字段的内容,其中"平均成绩"字段内容由计算得到,然后将查询命名为"qT2"。

(3)创建一个查询,查找没有任何选课信息的学生,并显示其"学号"和"姓名"两个字段的内容,然后将查询命名为"qT3"。

(4)创建一个查询,将表"tStud"中男学生的信息追加到"tTemp"表对应的"学号""姓名""年龄""所属院系""性别"等字段中,然后将查询命名为"qT4"。

第4章
窗 体

章前导读

通过本章，你可以学习到：

◎ 窗体的概念

◎ 窗体的作用、类型和视图

◎ 窗体和控件的属性

◎ 创建、设计和修饰窗体的方法

本章评估		学习点拨
重 要 度	★ ★ ★	
知识类型	理论+应用	本章介绍Access窗体的基本知识及其创建、操作和设计方法，考生在掌握窗体及控件相关概念的同时，还应学会创建窗体及使用常用控件的方法。
考核类型	选择题+操作题	
所占分值	选择题：约3.4分　操作题：约9分	
学习时间	4课时	

本章学习流程图

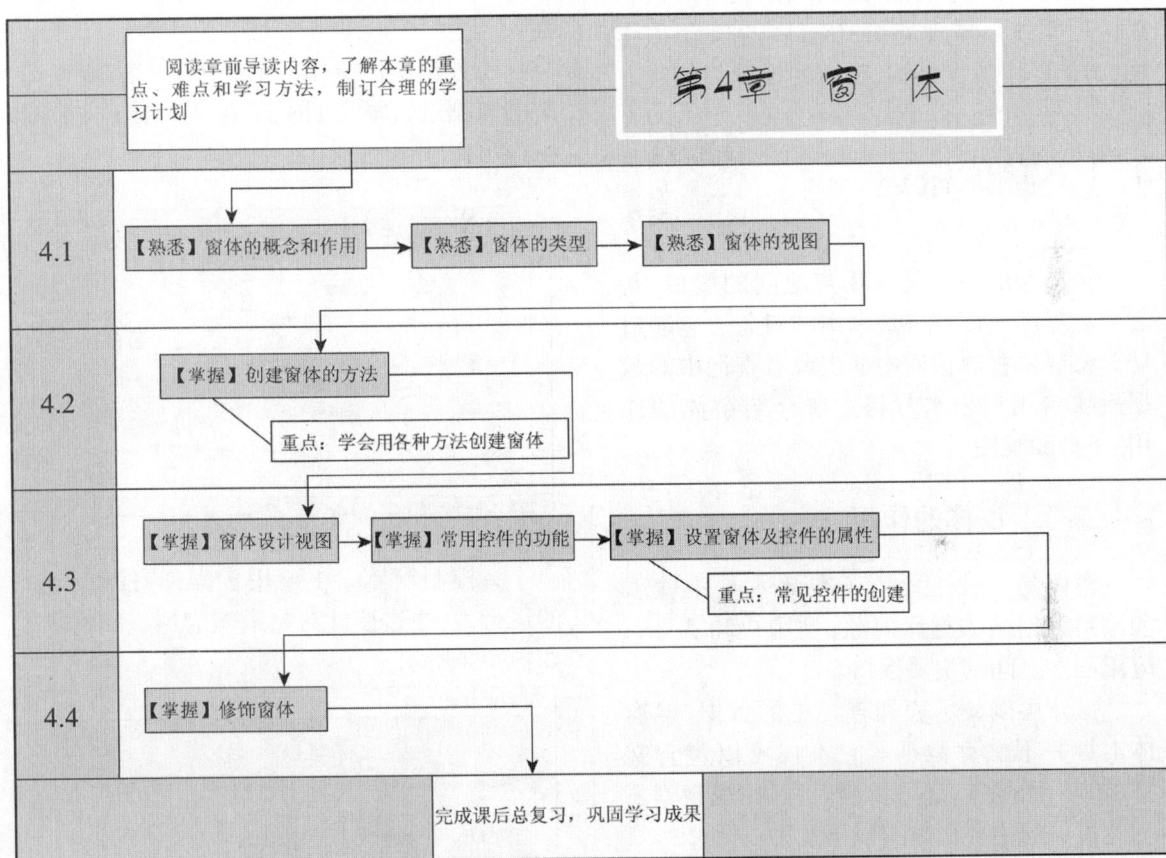

	阅读章前导读内容，了解本章的重点、难点和学习方法，制订合理的学习计划

第4章　窗　体

4.1	【熟悉】窗体的概念和作用 → 【熟悉】窗体的类型 → 【熟悉】窗体的视图
4.2	【掌握】创建窗体的方法 重点：学会用各种方法创建窗体
4.3	【掌握】窗体设计视图 → 【掌握】常用控件的功能 → 【掌握】设置窗体及控件的属性 重点：常见控件的创建
4.4	【掌握】修饰窗体
	完成课后总复习，巩固学习成果

窗体(Form)是用户进行数据输入、编辑及显示的 Access 数据库对象。实际上,窗体就是程序运行时的 Windows 窗口,但在程序开发阶段被称为窗体。在 Access 应用程序中,窗体是 Access 提供的主要人机交互界面。用户利用窗体可以将数据库中的对象组织起来,形成一个功能完整、风格统一的数据库应用系统。本章将介绍窗体的概念和作用、窗体的组成和结构、窗体的设计和创建。

4.1 窗体概述

窗体是应用程序和用户之间的接口,是创建数据库应用系统最基本的对象。它通过计算机屏幕将数据库中的表或者查询中的数据反映给用户。本节将主要介绍窗体的作用、类型和视图。

4.1.1 窗体的作用

窗体是一种主要用于在 Access 中输入和输出数据的数据库对象,是用户和 Access 应用程序之间的主要接口。

窗体可以显示表和查询中的数据,但窗体本身并不储存数据。它不仅可以包含文字、图形、图像等,还可以插入音频、视频等。

窗体的主要用途有以下几种。

①输入和编辑数据。可以为数据库中的数据表设计相应的窗体,作为输入或编辑数据的界面,实现数据的输入和编辑。

②显示和打印数据。窗体中可以显示和打印来自一个或多个数据表或查询中的数据,可以显示警告和解释信息。

③控制应用程序流程。窗体能够与函数、过程相结合,可用于编写宏或 VBA 代码,实现各种复杂的控制功能。

4.1.2 窗体的类型

Access 窗体有多种分类方式,通常可按功能和数据显示方式进行划分。

1 按功能划分

按功能可以将窗体划分为以下 4 种类型。

①数据操作窗体。主要用于对表或查询中的数据进行显示、浏览、输入和修改,如图4-1 所示。

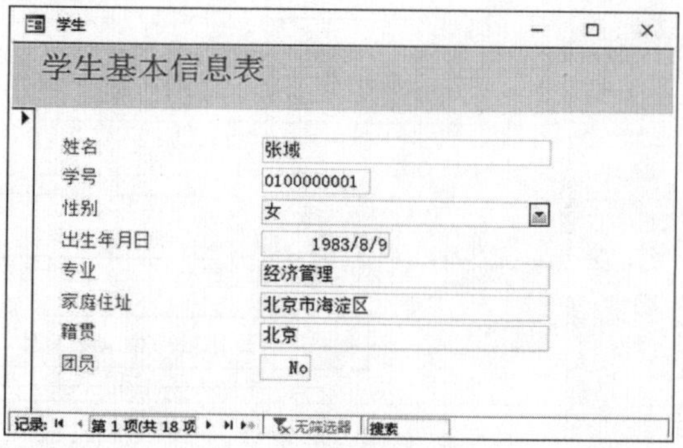

图 4-1 数据操作窗体

②控制窗体。主要用于操作、控制程序的运行,它通过控件对象来响应用户的请求,如图 4-2 所示。

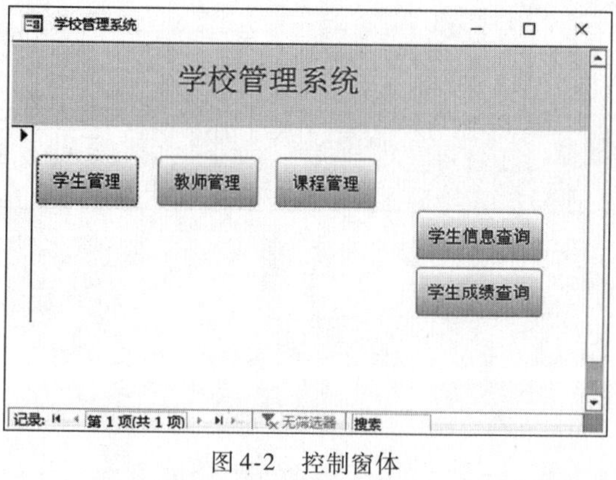

图 4-2 控制窗体

③信息显示窗体。主要用于以数值或图标的形式显示信息,如图 4-3 所示。

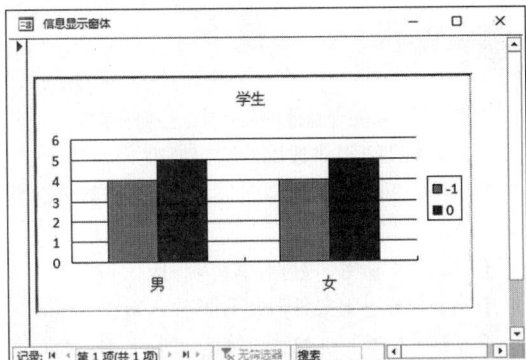

图 4-3　信息显示窗体

④交互信息窗体。分为用户定义和系统自动产生,由用户定义的信息交互式窗体可以接受用户输入、显示系统运行结果等,如图 4-4 所示。由系统自动产生的信息交互式窗体通常是各种提示信息和警告等,如图4-5所示。

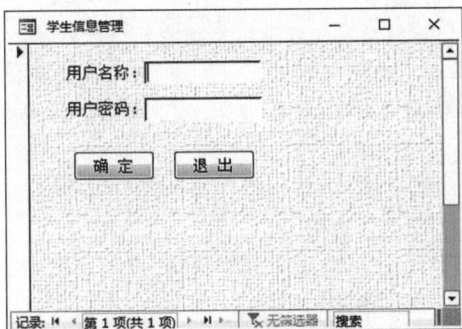

图 4-4　用户定义的窗体

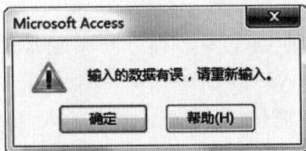

图 4-5　系统自动产生的窗体

2　按显示方式划分

（1）标准窗体

Access 提供的固定形式的窗体统一称为标准窗体,包括纵栏式窗体、表格式窗体、数据表窗体、多项目窗体、分割窗体、模式对话框窗体和导航窗体。标准窗体都可以通过 Access窗体提供的快捷工具或向导进行创建。

（2）自定义窗体

由用户通过窗体设计视图自行添加控件、设置属性和编写 VBA 代码而创建的窗体,称为自定义窗体。

4.1.3　窗体的视图

窗体视图是窗体在具有不同功能和应用范围时所呈现的不同外观表现形式。Access 中共有 4 种视图:设计视图、窗体视图、数据表视图、布局视图。

（1）设计视图

设计视图是 Access 数据库对象（包括表、查询、窗体和宏）都具有的一种视图,用于创建和修改窗体。用户在设计视图中可添加控件和修改控件的属性,设置数据来源等,如图 4-6 所示。

图 4-6　设计视图

（2）窗体视图

窗体视图主要用于查看窗体设计的最终效果,是用于输入、修改和查看数据的窗口,设计过程中可以用来查看窗体运行的效果。窗体视图一般每次只能查看一条记录,如图 4-7 所示。

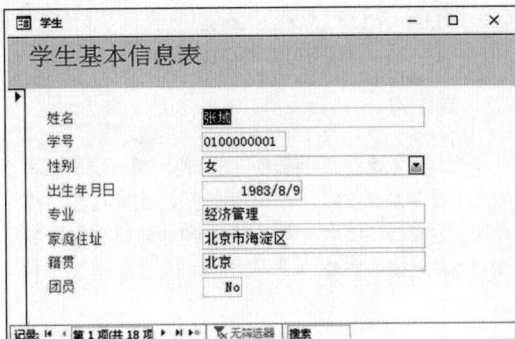

图 4-7　窗体视图

（3）数据表视图

数据表视图以表格的形式显示窗体中的数据,用户在该视图中可以编辑字段和数据。需要注意的是,只有当窗体的数据源来自表和查询时,才有数据表视图,如图4-8所示。

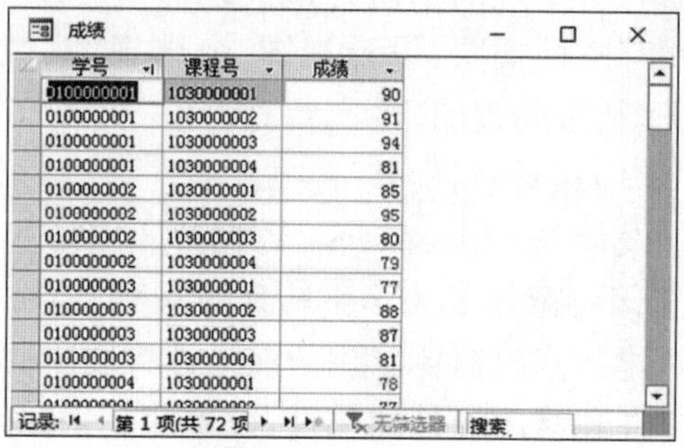

图4-8 数据表视图

（4）布局视图

布局视图主要用于调整和修改窗体设计,可以根据实际数据调整列宽,还可以在窗体上添加新的字段,并可以设置窗体及其控件的属性、调整控件的位置和宽度。切换到布局视图后,可以看到窗体的控件被虚线围住,表示这些控件可以调整位置和大小,如图4-9所示。

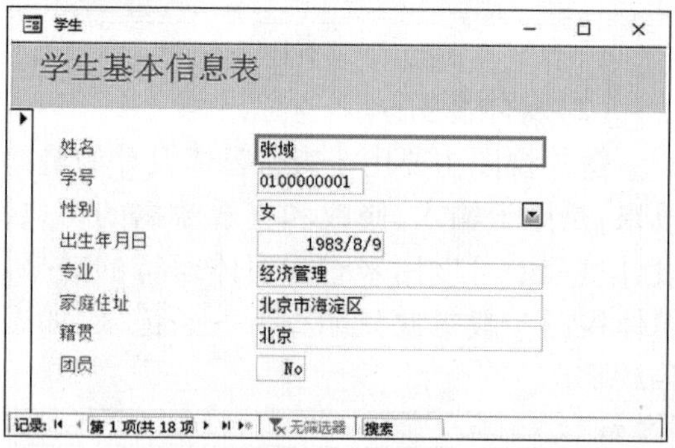

图4-9 布局视图

🔍 **请注意**

创建窗体是在设计视图中进行的。设计视图主要用于创建和修改窗体,例如添加、修改、删除或移动控件等。在设计视图中创建窗体后,用户可以在窗体视图或布局视图中查看。

真题演练

【例1】下列关于窗体的叙述中,正确的是( )。

A）窗体只能用作数据的输出界面

B）窗体可设计成切换面板形式,用于打开其他窗体

C）窗体只能用作数据的输入界面

D）窗体不能用来接收用户的输入数据

【解析】本题主要考查窗体的基本概念。窗体可以用于输入和编辑数据,为数据库中的数据表设计相应的窗体,可以作为输入和编辑数据的界面,实现数据的输入和编辑。窗体也可以用于输出和打印数据,可以显示和打印来自一个或多个数据表或查询中的数据,可以显示警告和解释信息。窗体可以设计成切换面板形式,用于打开其他窗体。故选择B选项。

【答案】B

【例2】Access的窗体按功能划分可分4类,分别是( )。

A）设计窗体、控制窗体、信息显示窗体和交互信息窗体

B）设计窗体、数据操作窗体、信息显示窗体和交互信息窗体

C）设计窗体、数据操作窗体、控制窗体和信息显示窗体

D）数据操作窗体、控制窗体、信息显示窗体和交互信息窗体

【解析】本题主要考查Access窗体的分类。按照功能划分,Access窗体有4种类型,分别是数据操作窗体、控制窗体、信息显示窗体和交互信息窗体。因此选项D正确。

【答案】D

【例3】在窗体的视图中,既能够预览显示结果,又能够对控件进行调整的视图是( )。

A）设计视图 B）布局视图

C）窗体视图 D）数据表视图

【解析】本题主要考查窗体的相关视图的概念。设计视图可用来创建、编辑和修改窗体;B选项的布局视图可以在窗体显示数据的同时对窗体进行设计方面的更改;窗体视图是操作数据库时的一种视图,是完成窗体设计后的结果;数据表视图是用户操作数据库时的另一种视图,也是完成窗体设计后的结果。因此选项B正确。

【答案】B

【例4】在 Access 中,窗体不能完成的功能是(　　)。

A)输入数据　　　　　　B)编辑数据

C)存储数据　　　　　　D)显示数据

【解析】本题主要考查窗体的概念。在 Access 中窗体是主要用于输入、输出数据的数据库对象,可用于显示表和查询中的数据,本身并不存储数据。因此选项 C 正确。

【答案】C

4.2　创建窗体

在 Access 2016 中创建窗体有使用向导和人工方式两种方法。使用向导可以简单、快捷地创建窗体。用户按向导的提示输入有关信息,可一步一步完成窗体的创建工作。

在 Access"创建"选项卡的"窗体"功能组中,提供了多种创建窗体的功能按钮,其中包括"窗体""窗体设计""空白窗体"3 个主要按钮,还有"窗体向导""导航""其他窗体"3 个辅助按钮,如图 4-10 所示。单击"导航"和"其他窗体"按钮可以展开下拉列表,下拉列表中提供了创建特定窗体的方式,如图 4-11 和图 4-12 所示。

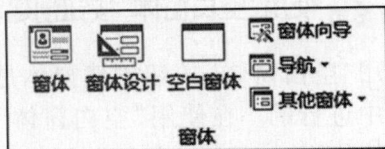

图 4-10　"窗体"功能组

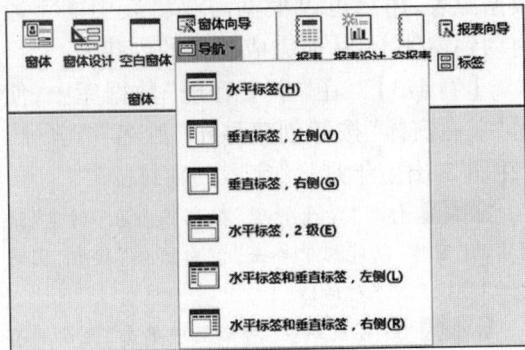

图 4-11　"导航"按钮下拉列表

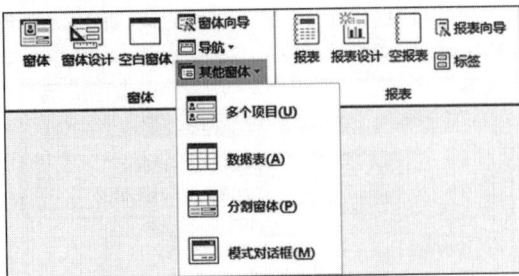

图 4-12　"其他窗体"按钮下拉列表

各个按钮的功能如下。

①窗体。快速创建窗体的工具,只需单击即可利用当前打开(或选定)的数据源(表或查询)自动创建窗体。

②窗体设计。单击可进入窗体的设计视图。

③空白窗体。一种快捷的窗体构建方式,可以创建一个空白窗体,在该空白窗体上可直接从字段列表中添加绑定型控件,以布局视图的方式设计和修改窗体。

④窗体向导。一种辅助用户创建窗体的工具。用户通过其提供的向导可以建立一个或多个基于数据源的不同布局的窗体。

⑤导航。用于创建具有导航按钮的窗体,也称为导航窗体。它又细分为 6 种不同的布局格式(见图 4-11),其创建方式都是相同的。导航按钮更适合于创建 Web 形式的数据库窗体。

⑥其他窗体。可创建特定窗体,包含内容如图 4-12 所示。

4.2.1　使用"窗体"按钮创建窗体

使用"窗体"按钮创建的窗体,其数据源来自当前选中的表或查询,窗体布局结构简单整齐。用这种方法创建的窗体是一种显示单个记录的窗体。

【例4-1】　在"学生管理"数据库中使用"窗体"按钮创建"学生"窗体。

步骤1 打开"学生管理"数据库,然后在"导航"窗格中选中"学生"表。

步骤2 在"创建"选项卡的"窗体"功能组中单

击"窗体"按钮。"学生"窗体创建完成，并且切换到布局视图，如图4-13所示。

图4-13　使用"窗体"按钮创建窗体

步骤3 单击快速访问工具栏中的"保存"按钮，在弹出的"另存为"对话框的"窗体名称"文本框中输入"学生"，单击"确定"按钮，如图4-14所示。

图4-14　"另存为"对话框

4.2.2　使用"窗体设计"按钮创建窗体

使用"窗体设计"按钮创建窗体是在设计视图中进行的，其优点是可以根据实际需要来控制窗体的布局和外观，操作灵活。

【例4-2】 在"学生管理"数据库中使用"窗体设计"按钮创建"成绩"窗体。

步骤1 打开"学生管理"数据库。然后在"创建"选项卡的"窗体"功能组中单击"窗体设计"按钮，打开窗体设计视图。

步骤2 在"设计"选项卡的"工具"功能组中单击"添加现有字段"按钮，打开"字段列表"对话框，再单击"显示所有表"按钮，如图4-15所示。

图4-15　"字段列表"对话框

步骤3 在"字段列表"对话框中单击"成绩"表左侧的"＋"按钮，展开"成绩"表所包含的字段，然后依次双击添加"学号""课程号""成绩"字段，如图4-16所示。

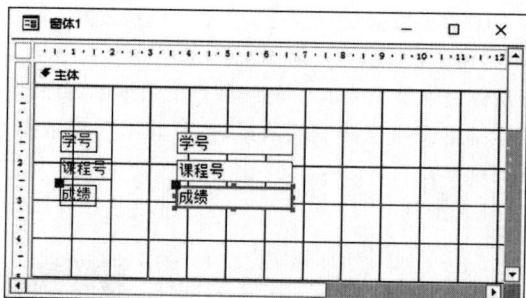

图4-16　添加字段后的窗体

步骤4 单击快速访问工具栏中的"保存"按钮，在弹出的"另存为"对话框的"窗体名称"文本框中输入"成绩"，单击"确定"按钮。切换至窗体视图查看设置结果，如图4-17所示。

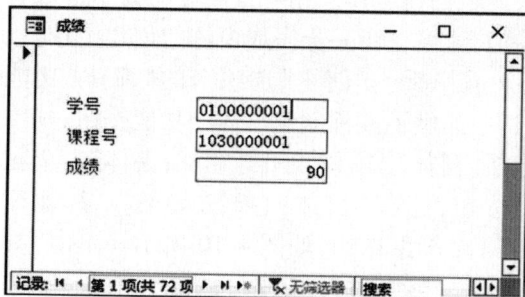

图4-17　"成绩"窗体

4.2.3　使用"空白窗体"按钮创建窗体

使用"空白窗体"按钮创建窗体是在布局视图中进行的。在使用"空白窗体"按钮创建窗体的同时，Access将打开用于窗体的数据源表，用户可以根据需要将表中的字段拖动到窗体上，从而完成窗体的创建。

【例4-3】 在"学生管理"数据库中，使用"空白窗体"按钮创建显示"姓名""学号""性别""出生年月日"字段的窗体。

步骤1 打开"学生管理"数据库。在"创建"选项卡的"窗体"功能组中单击"空白窗体"按钮，同时打开"字段列表"对话框。

步骤2 在"字段列表"对话框中单击"显示所有表"按钮，再单击"学生"表左侧的"＋"按钮，展开

"学生"表所包含的字段;依次双击"姓名""学号""性别""出生年月日"字段,将它们添加到空白窗体中,如图4-18所示。

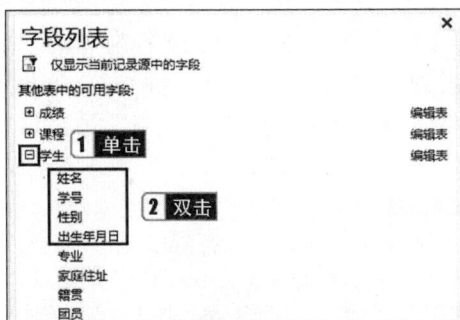

图4-18 "字段列表"对话框

步骤3 此时将立即显示"学生"表中的第一条记录,如图4-19所示。

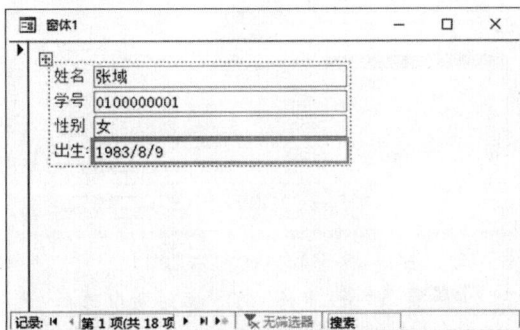

图4-19 添加字段后的空白窗体

步骤4 单击快速访问工具栏中的"保存"按钮,在弹出的"另存为"对话框的"窗体名称"文本框中输入"学生信息",然后单击"确定"按钮。切换至窗体视图查看设置结果,如图4-20所示。

图4-20 "学生信息"窗体

4.2.4 使用"窗体向导"按钮创建窗体

使用窗体向导能够基于一个或多个表创建窗体,也可以基于查询创建窗体。向导会要求用户输入所需的记录源、字段、版式和格式信息,然后根据用户的需求创建窗体,因此使用"窗体向导"按钮创建窗体是常用的创建窗体的方法之一。

1 创建基于单一数据源的窗体

【例4-4】 在"学生管理"数据库中利用窗体向导创建"学生"窗体。

步骤1 打开"学生管理"数据库。

步骤2 在"创建"选项卡的"窗体"功能组中单击"窗体向导"按钮,弹出"窗体向导"对话框,如图4-21所示。

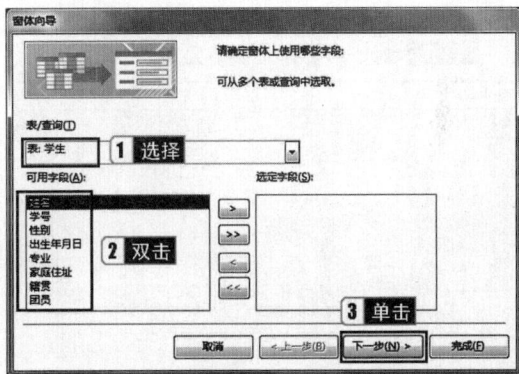

图4-21 "窗体向导"对话框

步骤3 在"表/查询"下拉列表中选择"表:学生",并在"可用字段"列表框中双击"学号""性别""出生年月日"等字段,将它们添加到"选定字段"列表框中。可以单击">"按钮逐个添加或单击">>"按钮全部添加。"<"与"<<"按钮为反向处理。

步骤4 单击"下一步"按钮,选择窗体布局及窗体样式,如图4-22所示。

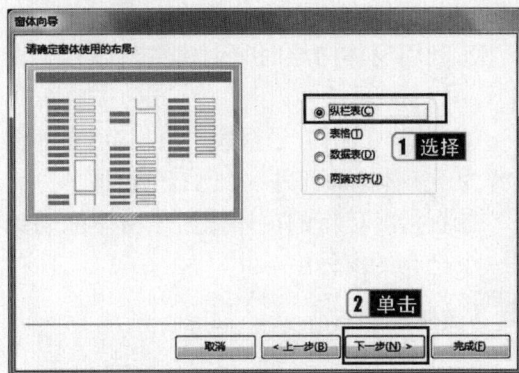

图4-22 选择窗体布局方式

步骤5 单击"下一步"按钮,在"请为窗体指定标题"文本框中输入"学生",并选择"打开窗体查看或输入信息"单选按钮,单击"完成"按钮,如图4-23所示。

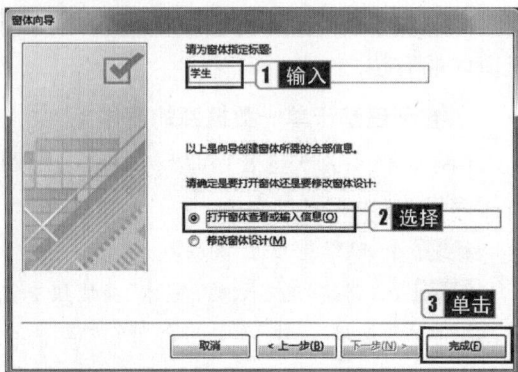

图4-23　指定窗体标题

步骤6　创建的窗体结果如图4-24所示。

图4-24　"学生"窗体

2　创建基于多个数据源的窗体

使用窗体向导可以创建基于多个数据源的窗体,又称为主子窗体。主子窗体是在一个窗体(主窗体)中包含另一个窗体(子窗体)的窗体,通常用于显示"一对多"关系的表或查询中的数据。

主子窗体有如下3种创建方式。

①利用窗体向导同时创建主窗体和子窗体。

②利用"子窗体/子报表"控件将已有的窗体作为子窗体添加到另一个已有的窗体中。

③直接将已有的窗体作为子窗体拖动到另一个已有的窗体中。

请注意

主窗体、子窗体中的数据源之间必须要事先建立联系。本小节主要介绍第一种和第三种创建主子窗体的方法。利用"子窗体/子报表"控件的创建方法与第三种方法的创建效果完全一致。

(1)利用窗体向导创建主子窗体

【例4-5】　在"学生管理"数据库中,以"学生"和"成绩"表为数据源,利用窗体向导创建主子窗体。将主窗体命名为"学生信息表"并显示"姓名""学号""性别""专业"字段;将子窗体命名为"选课成绩"并显示"课程号"和"成绩"字段。

步骤1　打开"学生管理"数据库。然后在"创建"选项卡的"窗体"功能组中单击"窗体向导"按钮,此时会弹出"窗体向导"对话框1,如图4-25所示。

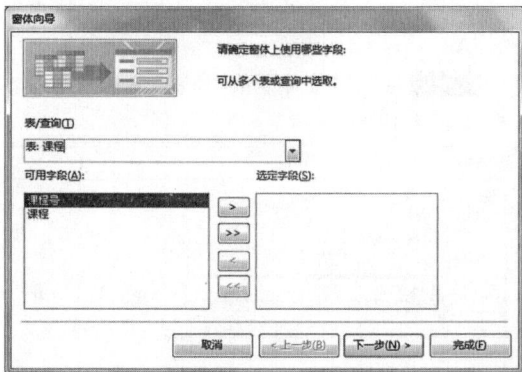

图4-25　"窗体向导"对话框1

步骤2　在"表/查询"的下拉列表中选择"表:学生",并在"可用字段"列表框中双击"姓名""学号""性别""专业"字段,将它们添加到"选定字段"列表框中,如图4-26所示。

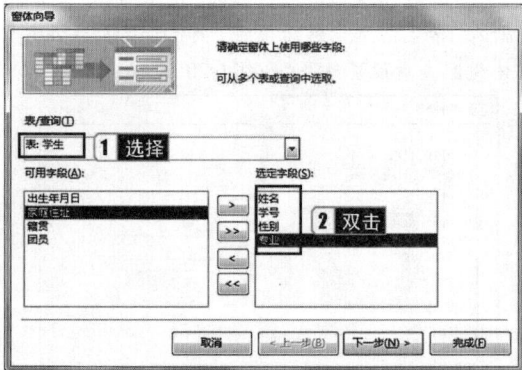

图4-26　添加主窗体字段

步骤3　在"表/查询"的下拉列表中选择"表:成绩",在"可用字段"列表框中双击"课程号"和"成绩"字段,将它们添加到"选定字段"列表框中,单击"下一步"按钮,如图4-27所示。

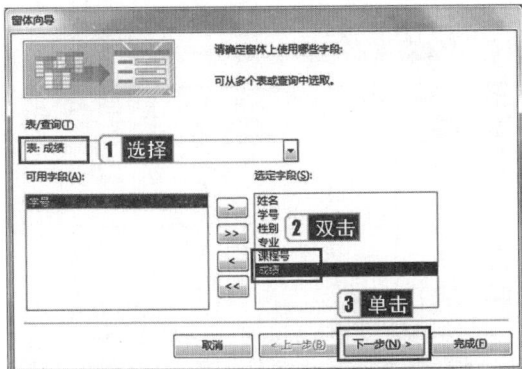

图 4-27 添加子窗体字段

步骤4 在弹出的"窗体向导"对话框 2 中,选择"通过学生"查看数据的方式,并选择"带有子窗体的窗体"单选按钮,然后单击"下一步"按钮,如图 4-28 所示。

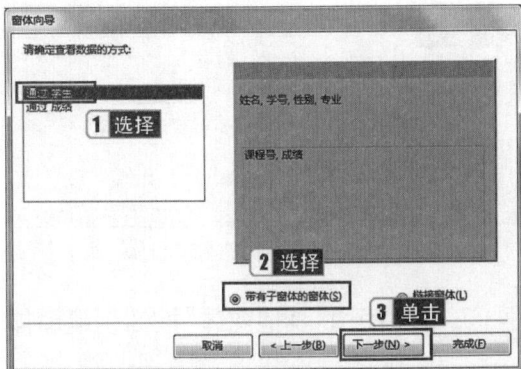

图 4-28 确定查看数据的方式

步骤5 在弹出的"窗体向导"对话框 3 中,确定子窗体使用的布局是"数据表",然后单击"下一步"按钮,如图 4-29 所示。

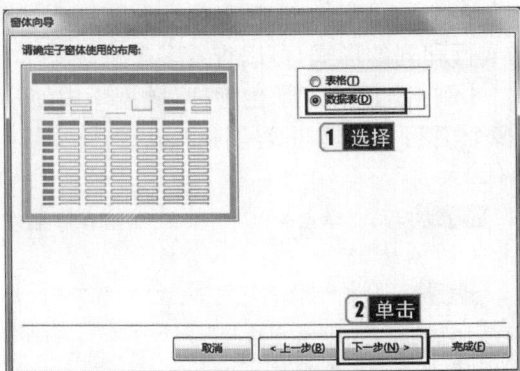

图 4-29 确定子窗体使用的布局

步骤6 在弹出的"窗体向导"对话框 4 中的"请为窗体指定标题"的"窗体"文本框中输入"学生

信息表",在"子窗体"文本框中输入"选课成绩",并选择"打开窗体查看或输入信息"单选按钮,最后单击"完成"按钮即可查看设置结果,如图 4-30 所示。

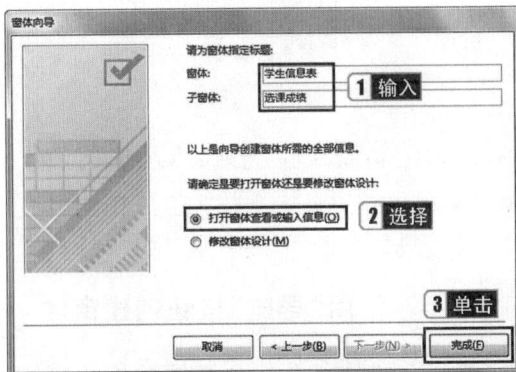

图 4-30 为主子窗体指定标题

如果存在"一对多"关系的两个表已经分别创建了窗体,则可将"多"端窗体添加到"一"端窗体中,使其成为子窗体。

(2)直接拖动到已有窗体中创建主子窗体

【例 4-6】 在"学生管理"数据库中,将"选课成绩"作为子窗体添加到"学生"窗体中。

步骤1 打开"学生管理"数据库。然后右键单击"学生"窗体,在弹出的快捷菜单中选择"设计视图"命令。

步骤2 在导航窗格中选中"选课成绩"窗体,按住鼠标左键将其拖动至"学生"窗体"主体"节的合适位置,释放鼠标左键,完成子窗体的添加操作,如图 4-31 所示。

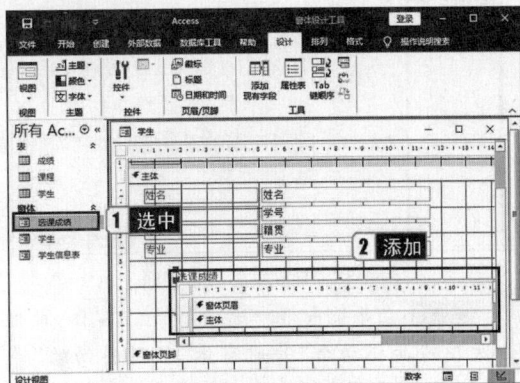

图 4-31 添加子窗体的设计视图

步骤3 单击快速访问工具栏中的"保存"按钮,切换至窗体视图查看设置结果,如图 4-32 所示。

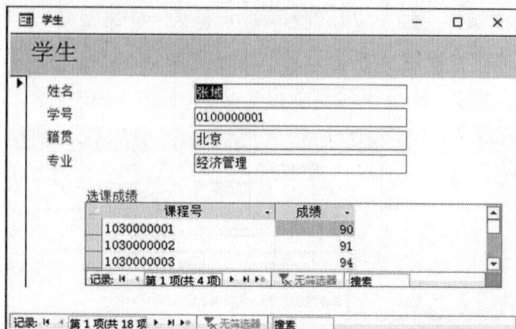

图 4-32　添加子窗体的窗体视图

4.2.5　使用"导航"按钮创建窗体

导航窗体是一个包含导航控件的窗体，可以创建用户所需的特定窗体，帮助用户在数据库中的各种窗体和报表之间进行切换。导航窗体是为 Web 数据库创建切换版面和"主页"的最佳工具。

【例 4-7】　在"学生管理"数据库中，使用"导航"按钮创建一个名为"学生成绩情况"的窗体，要求包含"学生"窗体和"选课成绩"窗体，位置为垂直左对齐摆放。

步骤1　打开"学生管理"数据库。然后切换到"创建"选项卡，在"窗体"功能组的"导航"下拉列表中选择"垂直标签，左侧"，进入"导航窗体"设计界面，如图 4-33 所示。

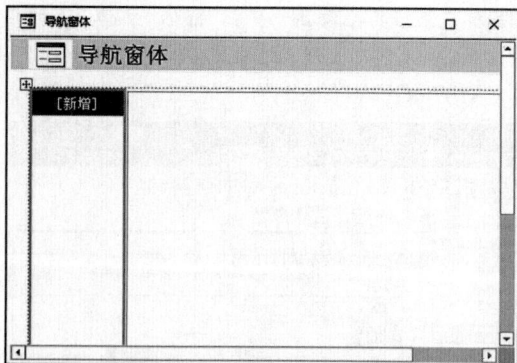

图 4-33　导航窗体设计界面

步骤2　在导航窗格中选中"学生"窗体，按住鼠标左键将其拖动至"导航窗体"设计界面的"新增"文本框中；重复上述操作，添加"选课成绩"窗体，如图 4-34 所示。

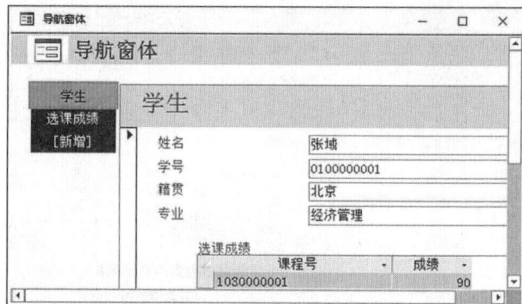

图 4-34　添加"学生"和"选课成绩"窗体

步骤3　单击快速访问工具栏中的"保存"按钮，在弹出的"另存为"对话框的"窗体名称"文本框中输入"学生成绩情况"，然后单击"确定"按钮。切换至窗体视图查看设置结果，如图 4-35 所示。

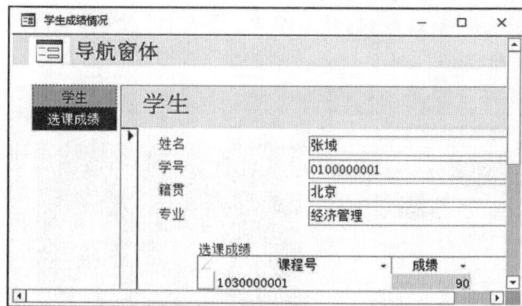

图 4-35　"学生成绩情况"窗体

4.2.6　使用"其他窗体"按钮创建窗体

使用"其他窗体"按钮可以创建多种标准窗体，该按钮的下拉列表中包括"多个项目""数据表""分割窗体""模式对话框"。

（1）使用"多个项目"工具

多个项目窗体的布局类似于数据表，排列成行和列的形式，可以查看多条记录。

【例 4-8】　在"学生管理"数据库中使用"多个项目"工具自动创建"成绩多项目"窗体。

步骤1　打开"学生管理"数据库，然后在导航窗格中选中"成绩"表。

步骤2　切换到"创建"选项卡，在"窗体"功能组的"其他窗体"下拉列表中选择"多个项目"，系统即可自动创建多个项目窗体。

步骤3　单击快速访问工具栏中的"保存"按钮，在弹出的"另存为"对话框中的"窗体名称"文本框中输入"成绩多项目"，然后单击"确定"按钮。切换至窗体视图查看设置结果,如图4-36所示。

图4-36　"成绩多项目"窗体视图

（2）使用"分割窗体"工具

分割窗体能同时提供数据的两种视图（窗体视图和数据表视图）。分割窗体不同于主子窗体,它的两个视图会链接到同一数据源,并且总是相互保持同步,为浏览记录提供了方便。

【例4-9】　在"学生管理"数据库中使用"分割窗体"工具创建"学生分割"窗体。

步骤1 打开"学生管理"数据库,然后在导航窗格中选中"学生"表。

步骤2 切换到"创建"选项卡,在"窗体"功能组的"其他窗体"下拉列表中选择"分割窗体",系统即可自动创建分割窗体。

步骤3 单击快速访问工具栏中的"保存"按钮,在弹出的"另存为"对话框中的"窗体名称"文本框中输入"学生分割",然后单击"确定"按钮。切换至窗体视图查看设置结果,如图4-37所示。

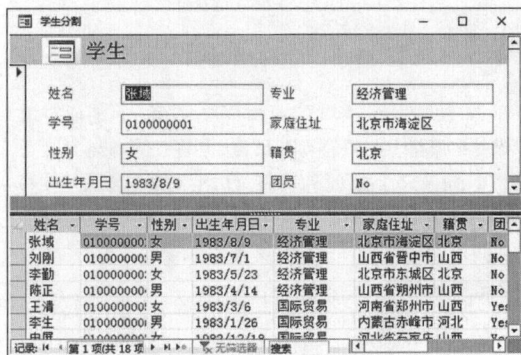

图4-37　"学生分割"窗体视图

（3）使用"模式对话框"工具

使用"模式对话框"工具可以创建模式对话框窗体。该窗体中带有"确定"和"取消"功能的命令按钮,是一种信息交互窗体。

它的运行方式是独占的,在退出窗体之前不能打开或者操作其他数据库对象。

【例4-10】　在"学生管理"数据库中创建一个"模式对话框"窗体。

步骤1 打开"学生管理"数据库,然后切换到"创建"选项卡,在"窗体"功能组中的"其他窗体"下拉列表中选择"模式对话框",系统即可自动生成模式对话框窗体。

步骤2 单击快速访问工具栏中的"保存"按钮,在弹出的"另存为"对话框中的"窗体名称"文本框中输入"模式对话框",然后单击"确定"按钮。切换至窗体视图查看设置结果,如图4-38所示。

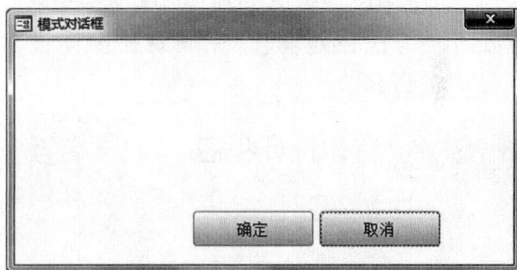

图4-38　"模式对话框"窗体视图

真题演练

【例1】下列方法中,不能创建一个窗体的是(　　)。

A）使用自动创建窗体功能

B）使用窗体向导

C）使用设计视图

D）使用SQL语句

【解析】本题主要考查创建窗体的基本方法。创建窗体有使用向导和人工方式两种方法。使用向导可以简单、快捷地创建窗体。在Access中可以使用功能区中的相应按钮自动创建窗体,也可以使用窗体向导进行创建。同时可以在设计视图中以人工方式创建窗体,但无法利用SQL语句创建窗体。故选择D选项。

【答案】D

【例2】创建窗体时,数据源不能是(　　)。

A）表

B）单表创建的查询

C）多表创建的查询

D）报表

【解析】本题主要考查窗体中数据源基本概念。窗体的数据源可以是表对象,也可以是查询对象,包括单表创建的查询和多表创建的查询。而报表不能作为窗体的数据源。故选择 D 选项。

【答案】D

4.3 设计窗体

虽然使用窗体向导或者其他方法可以方便地创建窗体,但这只能满足用户的一般要求,不能满足用户创建复杂窗体的需要。如果用户有特殊的要求或设计灵活复杂的窗体时,需要使用设计视图创建窗体;或者先用向导及其他方法创建窗体,完成后在窗体设计视图中进行修改。

4.3.1 窗体设计视图

名师讲解

1 设计视图的组成

在"创建"选项卡的"窗体"功能组中单击"窗体设计"按钮,即可打开窗体的设计视图,如图 4-39 所示。

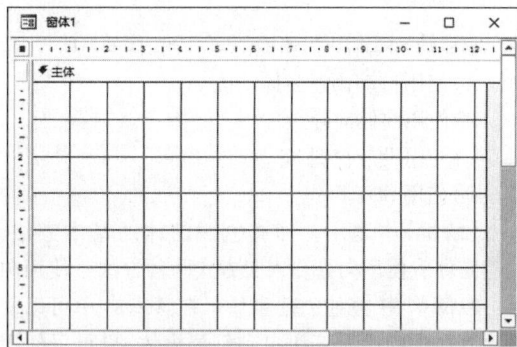

图 4-39 窗体的设计视图

一个完整的窗体由窗体页眉、页面页眉、主体、页面页脚、窗体页脚组成,如表 4-1 所示。

表 4-1 窗体的组成部分

名称	功能
窗体页眉	主要用于设置窗体的标题、使用说明和打开窗体,一般位于窗体顶部
窗体页脚	主要用于显示内容、使用命令的操作说明等,一般位于窗体底部

续表

名称	功能
主体	通常用于显示数据记录,可以显示一条或多条记录
页面页眉	主要用于设置打印时的页眉信息,例如标题、标志等
页面页脚	主要用于显示打印时的页脚信息,例如日期、页码等

所有窗体都有"主体"节,默认情况下,设计视图只有"主体"节。如果需要添加其他节,在窗体中单击鼠标右键,在打开的快捷菜单中选择"页面页眉/页脚"和"窗体页眉/页脚"等命令,这样对应的节就被添加到窗体上了,如图 4-40 所示。窗体上标尺与左标尺交叉处的小方块称为窗体选择器,单击该选择器则选中该窗体。

图 4-40 窗体设计视图的组成

请注意

"窗体页眉/页脚""页面页眉/页脚"只能成对地添加或删除。如果只需要页眉,可将页脚的高度设置为 0;如果只需要页脚,可将页眉的高度设置为 0。如果删除页眉、页脚,则其中包含的控件会同时被删除。当页眉、页脚中有控件时,必须首先删除其中的控件,才能将其高度设置为 0。

2 "窗体设计工具"选项卡

在打开窗体设计视图后,会出现"窗体设计工具"选项卡,这个选项卡由"设计""排列""格式"子选项卡组成。其中"设计"选项卡包括"视图""主题""控件""页眉/页脚"

"工具"5个功能组,这些功能组提供了窗体的设计工具,如图4-41所示。

"排列"选项卡中包括"表""行和列""合并/拆分""移动""位置""调整大小和排序"6个功能组,主要用于对齐和排列控件,如图4-42所示。

"格式"选项卡中包括"所选内容""字体""数字""背景""控件格式"5个功能组,用于设置控件的各种格式,如图4-43所示。

图4-41　"设计"选项卡

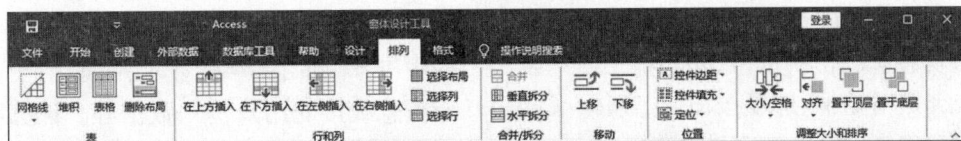

图4-42　"排列"选项卡

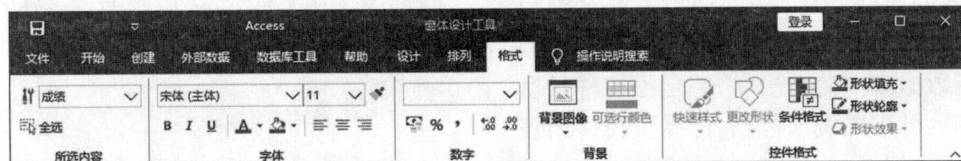

图4-43　"格式"选项卡

下面介绍"设计"选项卡中的5个功能组的基本功能。

(1)"视图"功能组

"视图"功能组只有一个视图按钮,它是带有下拉列表的按钮。单击该按钮可以展开其下拉列表,选择不同视图实现在窗体的不同视图之间切换。

(2)"主题"功能组

"主题"功能组是把 PowerPoint 所使用的主题概念应用到 Access 中的体现,在这里特指 Access 数据库系统的视觉外观。主题决定了整个系统的视觉样式,其中包括"主题""颜色""字体"3个按钮,单击每一个按钮都可以进一步打开相应的下拉列表,在下拉列表中可以选择命令进行相应的设置。当在"主题"功能组中选择某一主题后,应用所选的主题可使整个系统的外观发生改变。同样在"颜色"下拉列表和"字体"下拉列表中选择相应的颜色和字体后,也会使整个系统的颜色和字体发生改变。

(3)"控件"功能组

"控件"功能组是设计窗体的主要工具,它由多个控件组成。限于空间的大小,在控件组中不能一屏显示出所有控件。单击"控件"功能组右侧的下拉按钮可以打开控件列表,列表中显示了所有的控件,如图4-44所示。具体控件功能及应用将在4.3.2小节介绍。

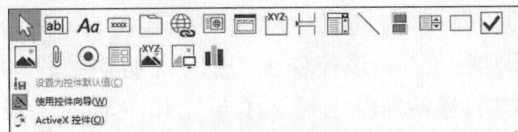

图4-44　"控件"功能组

(4)"页眉/页脚"功能组

"页眉/页脚"功能组主要是用于设置窗体和页面的页眉与页脚,包括"徽标""标题""时间和日期"3个按钮。"徽标"按钮用于在窗体插入徽标,"标题"按钮用于创建窗体标题,"时间和日期"按钮用于在窗体中插入日期。

(5)"工具"功能组

"工具"功能组提供了设置窗体及其控件

属性的相关工具,包括"添加现有字段""属性表""Tab 键顺序"等按钮。单击"属性表"按钮可以实现对"属性表"对话框的打开与关闭。

4.3.2 常用控件的功能

控件是窗体上用于显示数据、执行操作、装饰窗体的对象。在窗体中可以添加各种控件对象来实现窗体的功能。Access 中包含的控件有文本框、标签、按钮、选项卡、链接、Web 浏览器、导航、选项组、插入分页符、组合框、图表、直线、切换按钮、列表框、矩形、复选框、未绑定对象框、选项按钮、子窗体/子报表、绑定对象框、图像、图表、附件等。

控件的类型分别为绑定型、未绑定型与计算型 3 种。绑定型控件主要用于显示、输入、更新数据库中的字段;未绑定型控件没有数据来源,可用来显示信息;计算型控件用表达式作为数据源,表达式可利用窗体或报表所引用的表或查询字段中的数据,也可以利用窗体或报表上其他控件中的数据。

① 标签控件

当需要在窗体或报表中显示说明性文本(如窗体标题)时,通常使用标签控件。它没有数据源,不显示字段或表达式的值,且显示内容是固定不变的。在创建除标签外的其他控件时,都将同时创建一个标签控件(称为附加标签)到该控件上,用以说明该控件的作用,标签控件上显示了与之相关联的字段标题的文字。图 4-45 所示的窗体标题"学生信息表""姓名""学号"等都是标签控件。

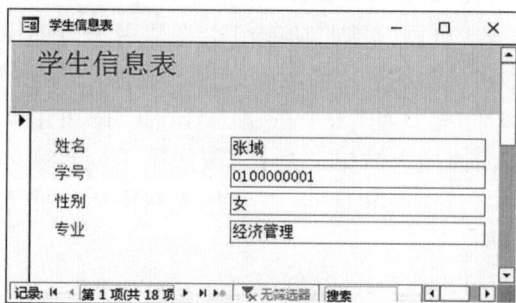

图 4-45　控件窗口

② 文本框控件

文本框控件既可以用于显示指定的数据,也可以用于输入、编辑字段数据和显示计算结果等。文本框控件按照使用来源和属性也可分为 3 种类型:绑定型、未绑定型和计算型。绑定型文本框控件显示的是链接到表和查询中的字段,从表或查询的字段中获取所显示的内容。在设计视图中,绑定型文本框控件用于显示表或查询中的具体字段名称。未绑定型文本框控件并不链接到表或查询,其在设计视图中以"未绑定"字样显示,一般用于显示提示信息或接受用户输入数据等。计算型文本框控件用于放置计算表达式以显示表达式的结果。图 4-45 所示的用来显示"姓名""学号"等内容的控件即为文本框控件。

> 🔍 **请注意**
>
> 标签控件是静态的,一般用于显示说明性文本,其数据源来自自身的"标题"属性,在窗体视图中,其文本内容是不可更改或输入的。而文本框控件是动态的,一般用于显示表或者查询的某个字段的数据和表达式,其数据源则来自表、查询、窗体或键盘输入信息,在窗体视图中,其文本内容是可更改或输入的。

③ 复选框、切换按钮和选项按钮

复选框、切换按钮和选项按钮均可作为单独控件显示表或查询中的"是"或者"否"。当被选中或单击时表示"是",其值为"1";反之表示"否",其值为"0"。其中,复选框控件可以直接和数据源的"是/否"类型的字段绑定使用,如图 4-46 所示。

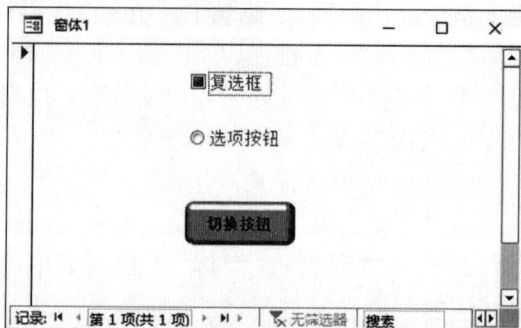

图 4-46　复选框、选项按钮和切换按钮

4　选项组控件

一个组框及一组复选框、选项按钮或切换按钮组成一个选项组，如图 4-47 所示。选项组控件使用户在选择某一组确定值时更加方便，只需单击选项组中的值即可为字段选定数据值，选项组中每次只能选择一个选项。

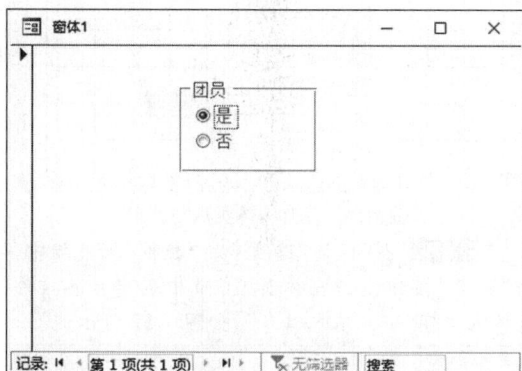

图 4-47　选项组控件

5　组合框与列表框控件

组合框与列表框控件都会提供一个选项列表，若输入的数据总取自某固定内容的数据，如"性别"不是"男"就是"女"，不会再有其他的值了，就可以使用列表框或组合框来完成。这样既可以提高输入效率，又可以减少输入错误。图 4-48 所示的"性别"字段值采用列表框输入，"政治面貌"字段值采用组合框输入。列表框只能选择，而组合框用户既可以选择，也可以自己输入。

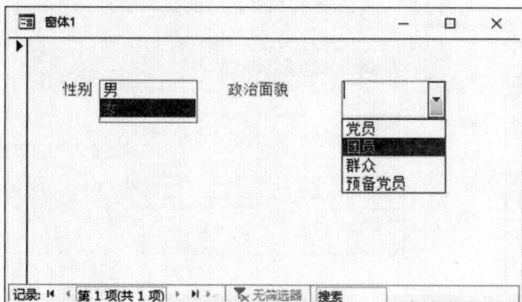

图 4-48　列表框与组合框控件

6　按钮控件

在窗体中，要执行某项操作或某些操作时，可以使用按钮控件来完成，如我们经常使用到的"确定""取消"等，如图 4-49 所示。在 Access 中，利用"命令按钮向导"可以创建记录导航、记录操作、窗体操作、报表操作、应用程序和杂项 6 类共 30 多种不同类型的命令按钮，如图 4-50 所示。

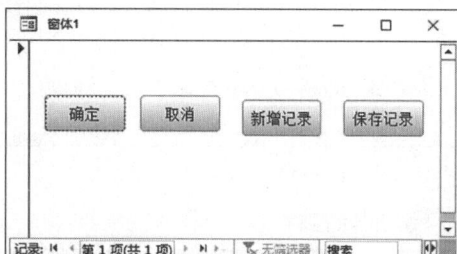

图 4-49　按钮控件

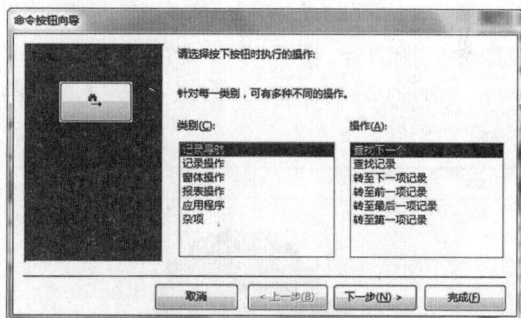

图 4-50　"命名按钮向导"对话框

7　选项卡控件

选项卡控件主要用于分页显示窗体中的内容。当窗体中的内容较多，无法在一页全部显示时，可以使用选项卡进行分页。单击不同的选项卡，即可在不同页面间切换。图 4-51 和图 4-52 分别是"学生"选项卡和"职工"选项卡。

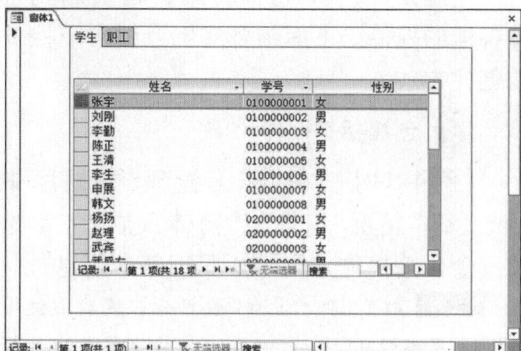

图 4-51　"学生"选项卡

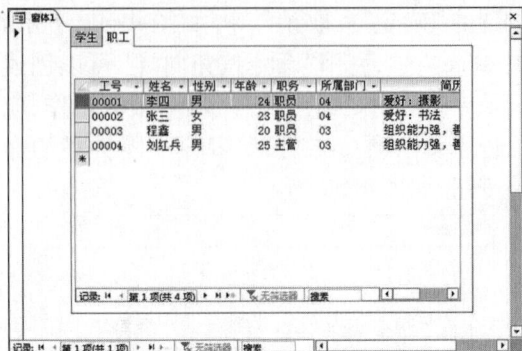

图 4-52 "职工"选项卡

8 图像控件

图像控件主要用于在窗体中显示图形和图像,使窗体更加美观,如图 4-53 所示。图像控件包括图片、图片类型、超链接地址、可见性、位置及大小等属性,用户可按需求进行设置。

图 4-53 图像控件

4.3.3 常用控件的创建

使用设计视图设计窗体时,需要用到各种各样的控件。下面结合实例介绍常用控件的创建方式。

1 创建标签控件

【例 4-11】 在"职工管理"数据库中"职工基本情况"窗体的"窗体页眉"节中添加一个标签控件,标题为"职工基本信息"。

步骤1 打开"职工管理"数据库。然后右键单击"职工基本情况"窗体,在弹出的快捷菜单中选择"设计视图"命令。

步骤2 右键单击"主体"节的任意位置,在弹出

的快捷菜单中选择"窗体页眉/页脚"命令,如图 4-54 所示。此时窗体中将显示出"窗体页眉"节和"窗体页脚"节。

图 4-54 添加窗体页眉与页脚

步骤3 在"设计"选项卡的"控件"功能组中单击"标签"按钮,在"窗体页眉"节中创建标签控件,并输入文字"职工基本信息",如图 4-55 所示。

图 4-55 添加标签控件

步骤4 单击快速访问工具栏中的"保存"按钮,切换至窗体视图查看创建的标签控件,如图 4-56 所示。

图 4-56 窗体视图

2 创建绑定型文本框控件

文本框控件的作用是显示、输入和编辑

数据,也可以显示计算结果。文本框是进行数据输入的主要控件,会在窗体中大量使用。

【例4-12】　在"学生管理"数据库的"tStud"窗体"主体"节中"性别"标签的右侧添加文本框控件,要求将显示的内容设置为"性别"字段值。

步骤1 打开"学生管理"数据库。然后右键单击"tStud"窗体,在弹出的快捷菜单中选择"设计视图"命令。

步骤2 在"设计"选项卡的"控件"功能组中单击"文本框"按钮,然后在窗体"主体"节中绘制一个矩形框,在弹出的"文本框向导"对话框中单击"取消"按钮,如图4-57所示。

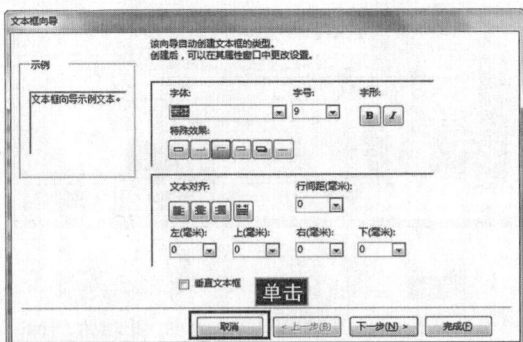

图4-57　"文本框向导"对话框

步骤3 在窗体"主体"节中会弹出"text"标签和"未绑定"文本框,选中"text"标签按＜Delete＞键删除,如图4-58所示。

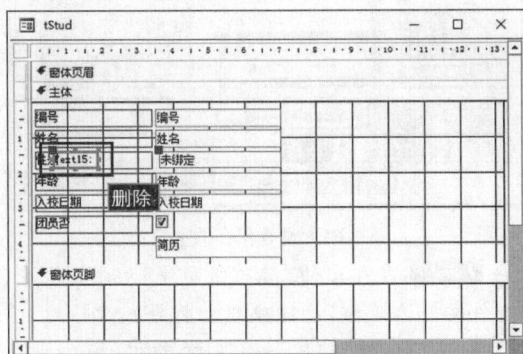

图4-58　添加文本框控件

步骤4 右键单击"未绑定"文本框,在弹出的快捷菜单中选择"属性"命令。在"属性表"对话框中单击"数据"选项卡,在"控件来源"行的下拉列表中选择"性别",如图4-59所示。最后关闭"属性表"对话框。

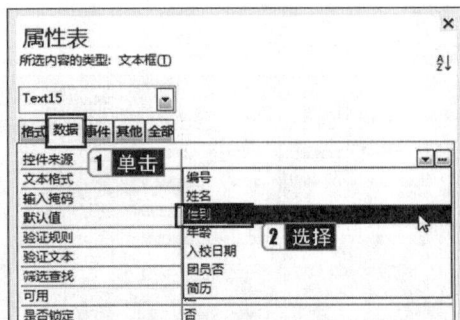

图4-59　设置文本框控件的数据来源1

步骤5 单击快速访问工具栏中的"保存"按钮,切换至窗体视图查看创建绑定型文本框控件显示结果。

【例4-13】　在"学生管理"数据库的"fEmp"窗体"主体"节的适当位置添加计算控件,要求根据"年龄"字段值计算并显示学生的出生年份。

步骤1 打开"学生管理"数据库。然后右键单击"fEmp"窗体,在弹出的快捷菜单中选择"设计视图"命令。

步骤2 在"设计"选项卡的"控件"功能组中单击"文本框"按钮,然后在窗体"主体"节中绘制一个矩形框,再在弹出的"文本框向导"对话框中单击"取消"按钮。

步骤3 在窗体"主体"节中会弹出"text"标签和"未绑定"文本框,选中"text"标签按＜Delete＞键删除。

步骤4 右键单击"未绑定"文本框,在弹出的快捷菜单中选择"属性"命令。然后在"属性表"对话框单击"数据"选项卡,在"控件来源"行中输入表达式" ＝Year(Date( ))－[年龄]",如图4-60所示。最后关闭"属性表"对话框。

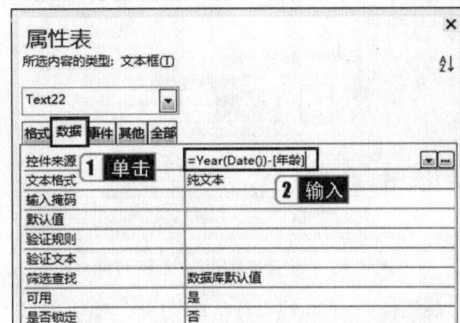

图4-60　设置文本框控件的数据来源2

步骤5 单击快速访问工具栏中的"保存"按钮,切换至窗体视图查看计算控件的显示结果,如图

4-61 所示。

图 4-61　窗体视图

③ 创建选项组控件

选项组控件由一组复选框、选项按钮或切换按钮组成，便于用户从中选择。绑定字段时，字段是绑定到该选项组控件的"控件来源"的，而不是其内部的复选框、选项按钮或切换按钮。

【例 4-14】　在"职工管理"数据库的"职工基本情况"窗体中添加一个选项组控件，用于实现选择"性别"字段的值。

步骤1 打开"职工管理"数据库。然后右键单击"职工基本情况"窗体，在弹出的快捷菜单中选择"设计视图"命令。

步骤2 在"设计"选项卡的"工具"功能组中单击"选项组"按钮，在窗体的合适位置拖动创建选项组，此时会弹出"选项组向导"对话框1，然后在"标签名称"文本框中依次输入"男""女"，单击"下一步"按钮，如图 4-62 所示。

图 4-62　设置选项组的标签名称

步骤3 在弹出的"选项组向导"对话框 2 中，会询问是否使某选项成为默认选项，这里选择"是，默认选项是"单选按钮，并设置默认选项为"男"，单击"下一步"按钮，如图 4-63 所示。

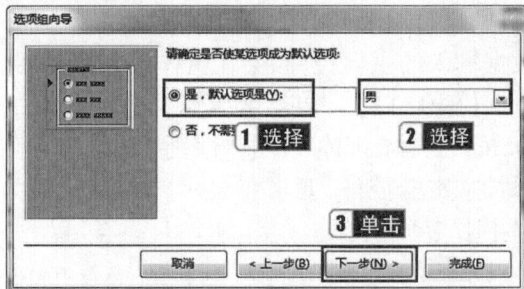

图 4-63　设置默认选项

步骤4 在弹出的"选项组向导"对话框 3 中需要为每个选项赋值，这里均采用默认值，单击"下一步"按钮，如图 4-64 所示。

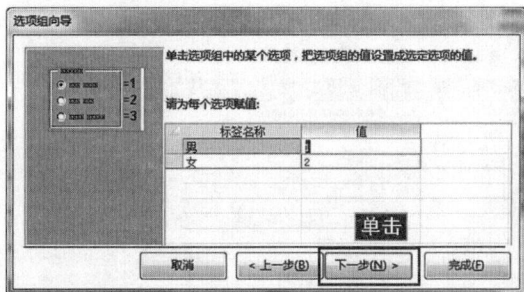

图 4-64　为每个选项赋值

步骤5 在弹出的"选项组向导"对话框 4 中选择"在此字段中保存该值"单选按钮，并在右侧的下拉列表中选择"性别"字段，单击"下一步"按钮，如图 4-65 所示。

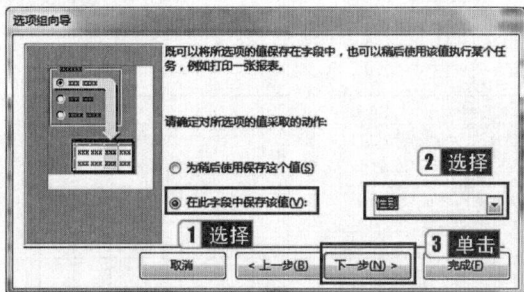

图 4-65　设置保存的字段

步骤6 在弹出的"选项组向导"对话框 5 中，将控件类型选择为"切换按钮"，将样式选择为"平面"，单击"下一步"按钮，如图 4-66 所示。

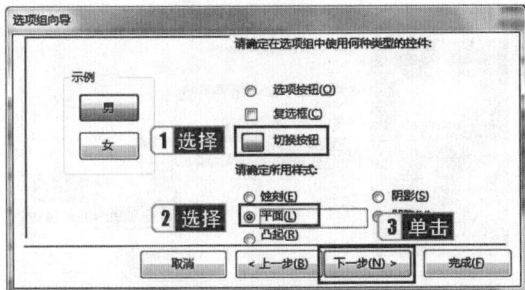

图 4-66 设置控件类型及样式

步骤7 在弹出的"选项组向导"对话框 6 中，在"请为选项组指定标题"文本框中输入"性别"，单击"完成"按钮，如图 4-67 所示。

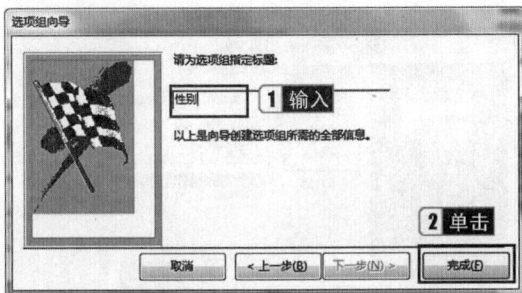

图 4-67 设置选项组标题

步骤8 单击快速访问工具栏中的"保存"按钮，切换至窗体视图查看创建选项组控件显示结果。

4 创建绑定型组合框控件

在 Access 数据库中，组合框与列表框都可以使用户在输入数据时从一组有限的选项中进行选择，这样既提高了输入数据的速度，也提高了输入的正确性。

创建组合框前，同样需要确保窗体源中包含相应的字段。因此需先将要创建组合框的字段添加到窗体中，待组合框创建完毕后再将其删除。

【例 4-15】 在"职工管理"数据库的"职工基本情况"窗体中创建"职务"组合框。

步骤1 打开"职工管理"数据库。然后右键单击"职工基本情况"窗体，在弹出的快捷菜单中选择"设计视图"命令。

步骤2 在"设计"选项卡的"控件"功能组中单击"组合框"按钮。在窗体的合适位置拖动创建组合框，在弹出的"组合框向导"对话框 1 中选择"自行键入所需的值"单选按钮，单击"下一步"按钮，如

图 4-68 所示。

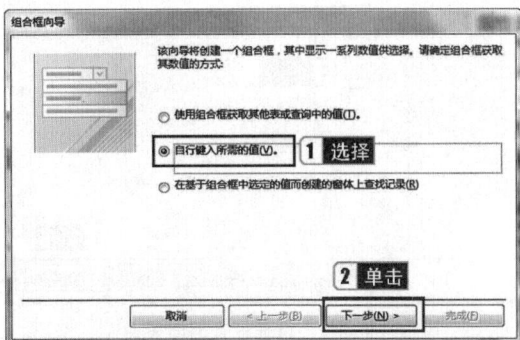

图 4-68 设置组合框获取数值的方式

步骤3 在弹出的"组合框向导"对话框 2 中，在"第 1 列"文本框中依次输入"经理""主管""职员"，单击"下一步"按钮，如图 4-69 所示。

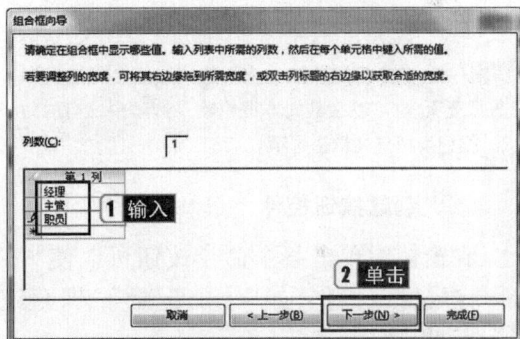

图 4-69 设置组合框中显示的值

步骤4 在弹出的"组合框向导"对话框 3 中选择"将该数值保存在这个字段中"单选按钮，并在右侧的下拉列表中选择"职务"字段，单击"下一步"按钮，如图 4-70 所示。

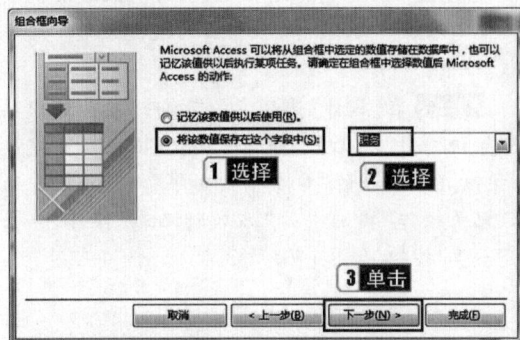

图 4-70 选择保存的字段

步骤5 在弹出的"组合框向导"对话框 4 中，在"请为组合框指定标签"文本框中输入"职务"，单击"完成"按钮，如图 4-71 所示。

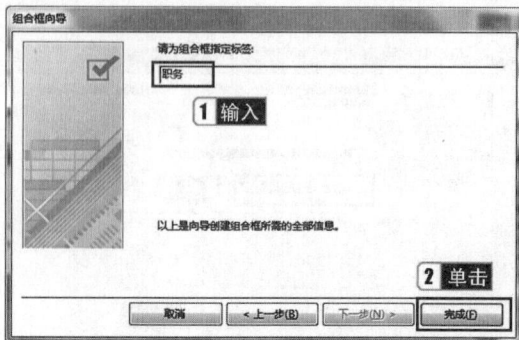

图 4-71 设置组合框标签

步骤6 单击快速访问工具栏中的"保存"按钮,切换至窗体视图查看创建绑定型组合框显示结果。

请注意

创建绑定型列表框的方法与创建绑定型组合框的方法一样,二者只在功能上有所区别。组合框既可以选择选项,也可以在其文本框中输入选项中没有的数据,但列表框只能选择选项。

5 创建按钮控件

在窗体中单击某个命令按钮可以使 Access 完成特定操作,如"添加记录""保存记录""退出"等。

【例4-16】 在"职工管理"数据库中,使用"命令按钮向导"在"职工基本情况"窗体的"窗体页脚"节中添加一组命令按钮,实现对职工记录的添加操作。

步骤1 打开"职工管理"数据库。然后右键单击"职工基本情况"窗体,在弹出的快捷菜单中选择"设计视图"命令。

步骤2 在"设计"选项卡的"控件"功能组中单击"按钮"按钮,然后在"窗体页脚"节中拖动创建命令按钮,再在弹出的"命令按钮向导"对话框 1 中选择"记录操作"类别中的"添加新记录"操作,单击"下一步"按钮,如图4-72 所示。

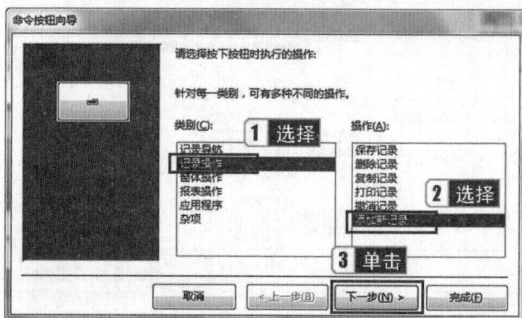

图 4-72 选择类别及操作

步骤3 在弹出的"命令按钮向导"对话框 2 中选择"文本"单选按钮,单击"下一步"按钮,如图4-73 所示。

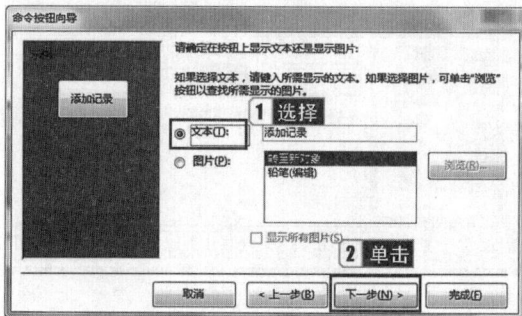

图 4-73 设置按钮显示文本

步骤4 在弹出的"命令按钮向导"对话框 3 中的"请指定按钮的名称"文本框中输入"添加记录",单击"完成"按钮,如图4-74 所示。

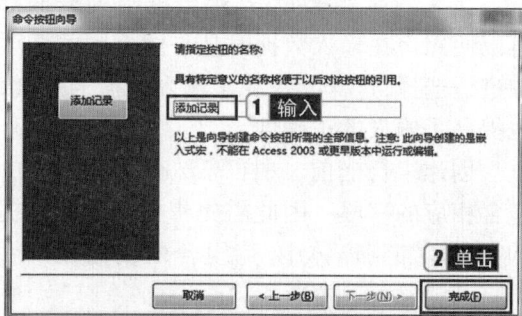

图 4-74 指定按钮的名称

步骤5 单击快速访问工具栏中的"保存"按钮,切换至窗体视图查看创建命令按钮显示结果。

6 创建选项卡控件

选项卡控件主要用来分页,它可以将大量内容分别显示在不同页面中,每页显示某一主题或功能。

【例4-17】　在"职工管理"数据库中创建"职工信息统计"窗体，设置选项卡标题分别为"职工信息""薪资统计"。

> 步骤1 打开"职工管理"数据库。然后在"创建"选项卡的"窗体"功能组中单击"窗体设计"按钮。

> 步骤2 在"设计"选项卡的"控件"功能组中单击"选项卡"按钮，在"主体"节的合适位置拖动创建选项卡，如图4-75所示。

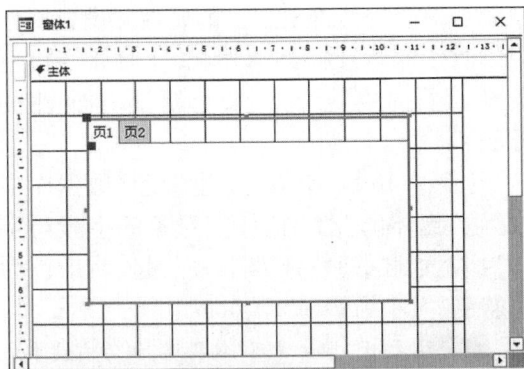

图4-75　添加选项卡控件

> 步骤3 右键单击"页1"选项卡，在弹出的快捷菜单中选择"属性"命令。在"属性表"对话框中单击"格式"选项卡，然后在"标题"行中输入"职工信息"。同理，设置"页2"的标题为"薪资统计"，如图4-76所示，再关闭"属性表"对话框。

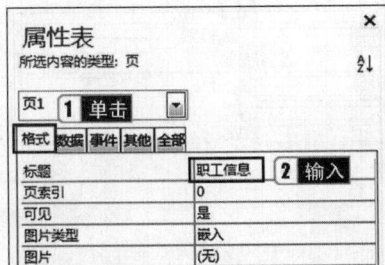

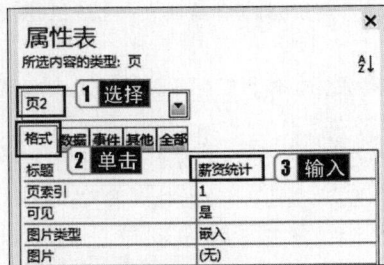

图4-76　设置选项卡的标题属性

> 步骤4 在导航窗格中分别选中"职工""薪资"表，然后在"创建"选项卡下"窗体"功能组中的"其

他窗体"下拉列表中选择"数据表"，创建名为"职工信息""薪资统计"的数据表窗体。

> 步骤5 将创建的数据表格式的"职工信息""薪资统计"窗体直接拖动到对应的页中作为子窗体，删除子窗体的名称并调整子窗体大小和显示效果，如图4-77所示。

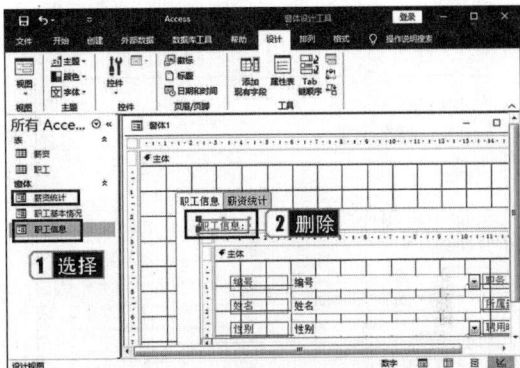

图4-77　设置选项卡的数据源

> 步骤6 单击快速访问工具栏中的"保存"按钮，在弹出的"另存为"对话框的"窗体名称"文本框中输入"职工信息统计"。切换至窗体视图查看创建选项卡显示结果，如图4-78所示。

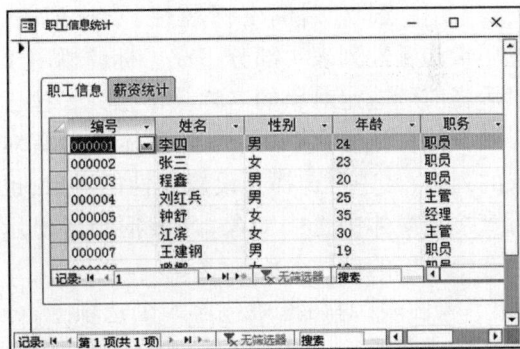

图4-78　"职工信息统计"窗体视图

4.3.4　窗体和控件的属性

属性用于决定表、查询、字段、窗体及报表的特性。窗体及窗体中的每一个控件都具有各自的属性，这些属性决定了窗体及控件的外观、所包含的数据，以及对鼠标或键盘事件的响应。"名称"属性是每个窗体控件都拥有且含义相同的属性。下面介绍窗体和控件常用属性的设置。

1 "属性表"对话框

在窗体设计视图中,窗体和控件的属性都可以在"属性表"对话框中设定。在"设计"选项卡的"工具"功能组中单击"属性表"按钮;或单击鼠标右键,从弹出的快捷菜单中选择"属性"命令,打开"属性表"对话框,如图4-79所示。

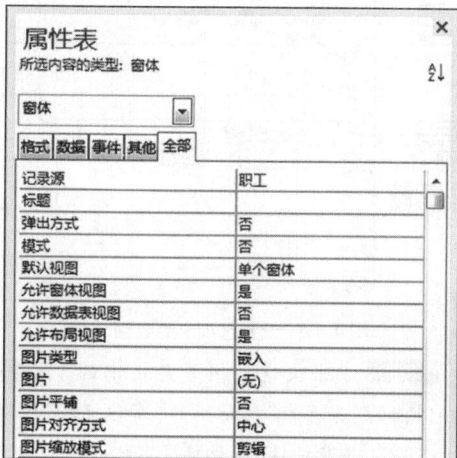

图4-79 "属性表"对话框(部分)

"属性表"对话框由标题栏、下拉列表、选项卡和属性列表4部分组成。标题栏用于显示当前所选定对象的名称。下拉列表位于对话框的左上方,包含了当前窗体上所有对象的列表,从中可选择要设置属性的对象;也可直接在窗体中选中对象,列表框中将显示被选中对象的控件名称。

"属性表"对话框中包含5个选项卡,分别是格式、数据、事件、其他和全部。其中,"格式"选项卡包含了窗体或控件的外观属性,"数据"选项卡包含了与数据源、数据操作相关的属性,"事件"选项卡包含了窗体或当前控件能够响应的事件,"其他"选项卡包含了"名称""制表位"等其他属性。选项卡左侧是属性名称,右侧是属性值。

在"属性表"对话框中设置某一属性时,先单击要设置的属性,然后在属性框中输入值或表达式。若属性框中显示有向下的箭头,可单击该箭头,并从弹出的下拉列表中选

择一个数值。若属性框右侧有"生成器"按钮,单击该按钮,会显示一个生成器或一个可用于选择生成器的对话框,通过该生成器可以设置其属性。

2 常用的格式属性

在 Access 中,表、查询、字段、窗体、报表的属性决定着它们自身的特性。窗体及窗体中的每一个控件都有自己的属性。设置属性可以改变窗体及控件的外观,让窗体变得更美观。下面通过实例来介绍设置属性的方法。

【例4-18】 设置"学生管理"数据库中"学生"窗体的"性别"标签对象的字号与字体为12号隶书,特殊效果为凸起,前景色为浅蓝色,大小为2cm×0.6cm。

▶步骤1 打开"学生管理"数据库,然后右键单击"学生"窗体,在弹出的快捷菜单中选择"设计视图"命令。选择"性别"标签对象,如图4-80所示。

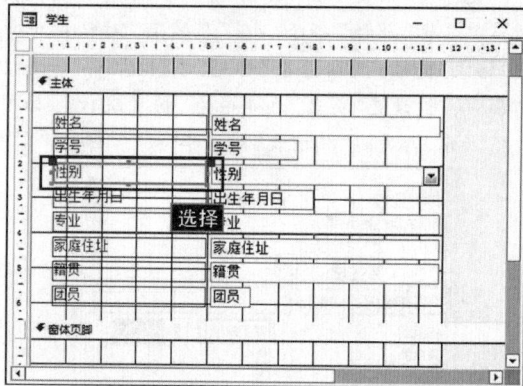

图4-80 选择标签对象

▶步骤2 在"设计"选项卡的"工具"功能组中单击"属性表"按钮,打开"属性表"对话框,如图4-81所示。

在"格式"选项卡下对各种属性进行设置,如下所示。

宽度:2cm	高度:0.6cm
前景色:浅蓝色	特殊效果:凸起
字体名称:隶书	字号:12

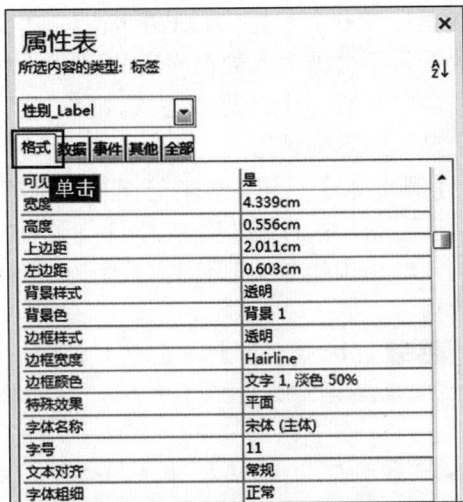

图 4-81　标签的"属性表"对话框

步骤3　单击快速访问工具栏中的"保存"按钮,切换至窗体视图查看设置效果,如图 4-82 所示。

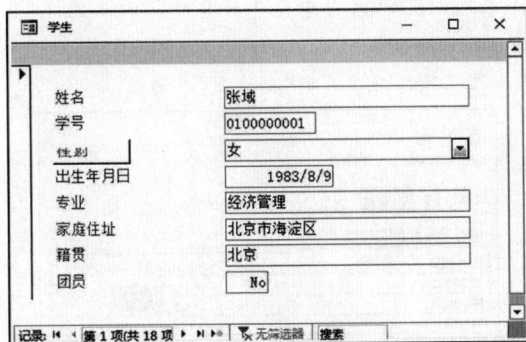

图 4-82　标签设置完成后的效果

【例 4-19】　将"学生管理"数据库中"学生"窗体中"专业"文本框的对象属性设置为 10 号宋体,平面,绿色背景色。将其大小设置为 2.5 cm×0.5 cm。

步骤1　打开"学生管理"数据库,然后右键单击"学生"窗体,在弹出的快捷菜单中选择"设计视图"命令。选择"专业"文本框对象,如图 4-83 所示。

步骤2　在"设计"选项卡的"工具"功能组中单击"属性表"按钮,打开"属性表"对话框。在"格式"选项卡下对各种属性进行设置,如图 4-84 所示。接着关闭"属性表"对话框。

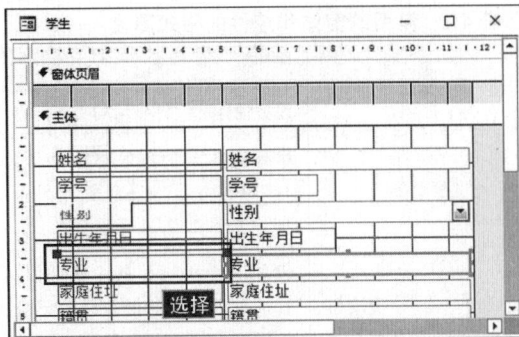

图 4-83　选择"文本框"对象

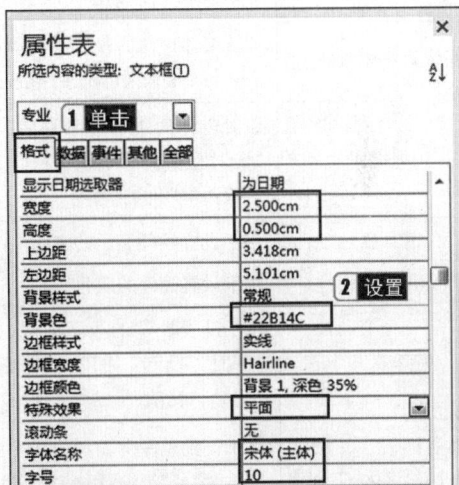

图 4-84　文本框的"属性表"对话框

步骤3　单击快速访问工具栏中的"保存"按钮,切换至窗体视图查看设置效果,如图 4-85 所示。

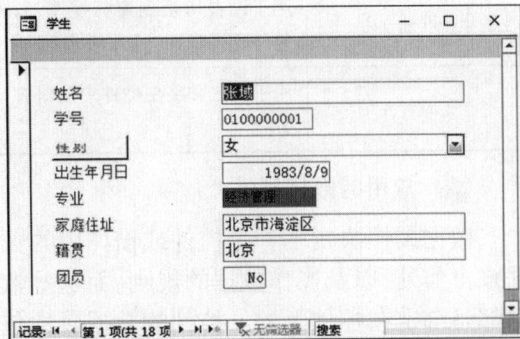

图 4-85　文本框设置完成后的效果

格式属性用来设置窗体和控件的显示格式和外观,这些属性可以在"属性表"对话框的"格式"选项卡中设置。常用的窗体和控件的格式属性如表 4-2 所示。

表 4-2　常用的窗体和控件的格式属性

属性名称	功能
标题	设置窗体和控件显示的文字内容
滚动条	设置窗体中是否显示滚动条，有"两者均无""只水平""只垂直""两者都有"4 个选项
记录选择器、导航按钮、分隔线、关闭按钮	包含"是"和"否"两个属性值，分别设置窗体中是否显示记录选择器、导航按钮、各节之间的分隔线和关闭按钮
最大最小化按钮	设置窗体中是否使用符合 Windows 标准的最大化和最小化按钮
边框样式	设置窗体的边框显示样式，有"无""细边框""可调边框""对话框边框"4 个选项
前景色	用于设置控件显示的文字
背景色	用于设置控件的底色
特殊效果	用于设置控件的显示效果，如"平面""凸起""凹陷""蚀刻""阴影""凿痕"
字体名称、字号、字体粗细、倾斜字体、下划线	用于设置控件中显示的文字的字体、字号、粗细、倾斜等格式
上边距、左边距	用于设置控件与窗体上边界、左边界的距离
可见	用于设置切换到窗体视图后，控件是否可见
文本对齐	用于设置文字在控件中的对齐方式

③ 常用的数据属性

数据属性决定了一个控件或窗体中的数据来自何处，以及操作数据的规则，而这些数据都是绑定在控件上的。控件的数据属性包括控件来源、输入掩码、验证规则、验证文本、默认值、是否有效、是否锁定等。

"控件来源"属性用于指定一个字段或表达式作为数据源。如果该属性中包含一个字段名，那么控件中显示的就是数据表中该字段的值，对窗体中的数据进行的任何修改都将被写入字段中。若设置该属性值为空，除非编写了一个程序，否则窗体控件中显示的数据将不会被写入数据库表的字段中。若该属性中含有一个计算表达式，那么这个控件会显示计算的结果。

【例 4-20】　将"学生管理"数据库中"学生"窗体中的"出生年月日"改为"年龄"，年龄由出生年月日计算得到（要求保留整数）。

步骤1 打开"学生管理"数据库，然后右键单击"学生"窗体，在弹出的快捷菜单中选择"设计视图"命令。

步骤2 单击"出生年月日"标签，将其中的文字修改为"年龄"。右键单击"出生年月日"文本框控件，在弹出的快捷菜单中选择"属性"命令。

步骤3 在"属性表"对话框中单击"数据"选项卡，在"控件来源"行中输入计算年龄的表达式"= Round((Date() − [出生年月日])/365,0)"，设置结果如图 4-86 所示，关闭"属性表"对话框。

图 4-86　控件"控件来源"属性设置结果

步骤4 单击快速访问工具栏中的"保存"按钮，切换至窗体视图查看设置结果。

控件的"输入掩码"属性用于设定控件的输入格式，只对短文本型或日期型数据有效。

"默认值"属性用于指定一个计算型控件或未绑定型控件的初始值，可使用表达式"生成器向导"来确定默认值。

"验证规则"属性用于设定在控件中输入数据的合法性检查表达式，可以使用表达式"生成器向导"来建立合法性检查表达式。在窗体运行时，若输入的数据违背了验证规则，为了明确给出提示，可以显示"验证文本"中填写的文字信息。所以"验证文本"用于指定违背了验证规则时显示的提示信息。

"是否锁定"属性用于指定该控件是否允许在窗体视图中接收编辑控件中显示数据的操作。

"是否有效"属性决定了鼠标指针是否能够单击该控件。如果该属性设置为"否"，则此控件虽然一直在窗体视图中显示，但不能用 < Tab > 键选中它或使用鼠标指针单击它，同时控件在窗体中显示为灰色。

窗体的数据属性包括记录源、排序依据、允许编辑、数据输入等。

窗体的"记录源"属性一般是本数据库中的一个数据表对象名或查询对象名，它指明了该窗体的数据源。"排序依据"属性的值是一个字符串表达式，由字段名或字段名表达式组成，用于指定排序的规则。"允许编辑""允许添加""允许删除"属性的值需在"是"或"否"中进行选择，决定了窗体运行时是否允许对数据进行编辑修改、添加或删除等操作。"数据输入"属性的值需在"是"或"否"两个选项中选择，取值若为"是"，则窗体打开后只显示一条空记录，否则显示已有记录。

④ 常用的其他属性

其他属性决定了控件的附加特征。控件的其他属性有名称、状态栏文字、自动 < Tab > 键、控件提示文本等。

窗体中的每个对象都有一个名称，若在程序中指定或使用某个对象，可以使用这个名称。这个名称是由"名称"属性定义的，控件的名称是唯一的。

真题演练

【例1】不是窗体组成部分的是(　　)。
　A)窗体页眉　　　　B)窗体页脚
　C)主体　　　　　　D)窗体设计器

【解析】本题主要考查窗体的组成部分。窗体的设计视图的结构由 5 个部分组成：主体、窗体页眉、窗体页脚、页面页眉、页面页脚。不包括窗体设计器。因此，本题应选择 D 选项。

【答案】D

【例2】可以实现交互功能的控件是(　　)。
　A)标签控件　　　　B)文本框控件
　C)按钮控件　　　　D)图像控件

【解析】本题主要考查窗体控件的应用。标签控件主要用在窗体或报表中；文本框控件主要用来输入或编辑数据，它是一种交互式控件；按钮控件主要用来执行某项操作或某些操作；图像控件用来显示图片，使窗体更加美观。故选择 B 选项。

【答案】B

【例3】在 Access 中为窗体上的控件设置 < Tab > 键的顺序，应选择"属性表"对话框的(　　)。
　A)"格式"选项卡　　B)"数据"选项卡
　C)"事件"选项卡　　D)"其他"选项卡

【解析】本题主要考查窗体中属性表对话框下的选项卡。在 Access 中为窗体上的控件设置 < Tab > 键的顺序时，应选择"属性表"对话框的"其他"选项卡中的"Tab 键索引"选项。因此，本题应选择 D 选项。

【答案】D

【例4】在设计窗体时，将"出生地"的全部可能输入为记录事先存入一个表中，要简化输入可以使用的控件是(　　)。
　A)列表框控件　　　B)复选框控件
　C)切换按钮控件　　D)文本框控件

【解析】本题主要考查窗体控件的应用。列表框一般用于从若干个已知的值中选择一个作为输入，以此简化操作，并且可以绑定数据库中的某个字段或查询，适合于题目中要求的从全部可能的已知"出生地"中选择一个作为输入。复选框单独使用时，数据源只能为"是/否"型；如果作为选项组里的控件使用，其数据源为数字型，而且都只能选择一个选项值。C 选项中的切换按钮单独使用时，数据源只能为"是/否"型，也就是只能设置是、否两个值；如果作为选项组里的控件使用，其数据源为数字型，而且都只能选择一个选项值。D 选项中的文本框既可以用于显示指定的数据，也可以由用户自行输入数据，因而可能产生不规范数据，且不能简化操作，不符合题意。因此选择 A 选项。

【答案】A

【例5】要改变窗体上文本框控件的数据源，应设置的属性是(　　)。
　A)记录源　　　　　B)控件来源

C)数据源　　　　D)默认值

【解析】本题主要考查文本框控件的应用。文本框的数据属性包括控件来源、输入掩码、默认值、验证规则、验证文本、可用、是否锁定、筛选查找、智能标记和文本格式。改变文本框的数据源应修改"控件来源"属性。因此，本题应选择 B 选项。

【答案】B

4.4　修饰窗体

初步设计好窗体后，为了让窗体更加美观、控件布局更加合理，需要对窗体进行进一步的修饰。除了可以通过设置窗体或控件的"格式"属性来对窗体及窗体中的控件进行修饰外，还可以通过应用主题和条件格式等功能进行格式设置。

4.4.1　主题的使用

"主题"是微软 Office 中常用的一套统一的设计元素和配色方案，实际上就是一组格式设置的集合。用户通过"主题"能够快速地对窗体格式进行设置。

打开窗体的设计视图，在"设计"选项卡下"主题"功能组中包含了"主题""颜色""字体"3 个按钮。

步骤1 单击"主题"按钮将打开"主题"列表，如图 4-87 所示，双击其中选项可进行相关设置。

步骤2 单击"字体"按钮将打开"字体"方案列表，如图 4-88 所示，设置后当前主题的字体将变为所设置的字体效果。

步骤3 单击"颜色"按钮将打开"颜色"配色方案列表，如图 4-89 所示，设置后当前主题的颜色将变为设置的配色方案。

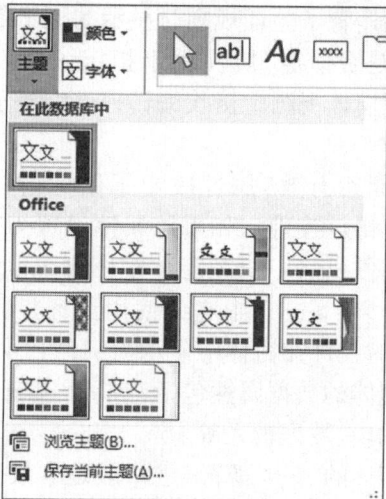
图 4-87　主题列表

图 4-88　字体方案列表

图 4-89　配色方案列表

请注意

如果对某个窗体设置了"主题""颜色""字体"，则该数据库中的所有窗体均采用相同的设置进行显示。

4.4.2 条件格式的使用

使用条件格式可以根据控件的值,按照某个条件设置相应的显示格式。

【例 4-21】 在"学生管理"数据库的"学生成绩表"窗体中应用条件格式,使子窗体中"成绩"字段的值以不同的颜色显示。80 分以下(不含 80 分)用红色显示,80～90 分用蓝色显示,90 分(含 90 分)以上用绿色显示。

●步骤1 打开"学生管理"数据库,然后右键单击"学生成绩表"窗体,在弹出的快捷菜单中选择"设计视图"命令。选中子窗体中绑定"成绩"字段的文本框控件。

●步骤2 在"格式"选项卡的"控件格式"功能组中单击"条件格式"按钮,打开"条件格式规则管理器"对话框,如图 4-90 所示。

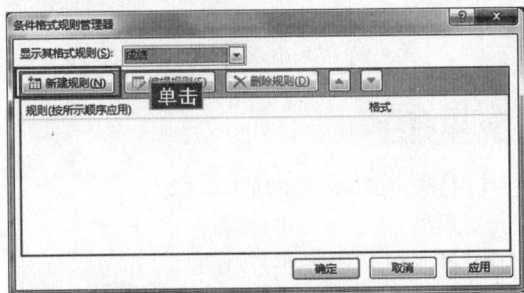

图 4-90 "条件格式规则管理器"对话框

●步骤3 单击"新建规则"按钮,在弹出的"新建格式规则"对话框中设置字段的条件及满足条件时数据的显示格式。单击"确定"按钮,完成这个条件的格式设置。使用上述方法设置第 2 个和第 3 个条件及条件格式,结果如图 4-91 所示。

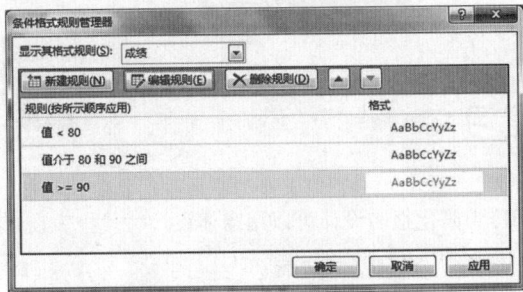

图 4-91 条件格式设置结果

●步骤4 单击"确定"按钮。单击快速访问工具栏中的"保存"按钮,切换至窗体视图查看显示结果。

4.4.3 窗体的布局

在窗体的最后布局阶段,需要调整控件的大小,排列或对齐控件,使界面有序、美观。

1 选中控件

要调整控件首选要选中控件,选中控件后,其周围会出现方块,称为控制柄。使用控制柄可以对控件大小进行调整,还可以移动控件位置。对控件进行选中的方式如表 4-3 所示。

表 4-3 对控件进行选中的方式

控件类别	选中方式
选中一个控件	单击要选中的控件
选中所有控件	按＜Ctrl＋A＞键
选中一组控件	在垂直或水平标尺上单击,此刻会出现一条垂直线,放开鼠标左键后,直线所经过的控件被全部选中
选中多个相邻控件	在空白处按住鼠标左键并拖动鼠标指针拉出一个虚线框,框内所有的控件被选中
选中不相邻的多个控件	按住＜Shift＞键,依次单击要选中的控件

2 移动控件

如果需要在窗体中移动控件的位置,首先应该选中该控件,然后按住鼠标左键即可进行移动。此时会发现与该控件相关联的其他控件也会跟随一起移动。

所谓"关联控件",是指当移动该文本框控件时,标签控件会跟随一起移动。

关联控件也可以单独移动,如果要单独移动文本框,可以先选中该控件,然后把鼠标指针放在该控件左上角最大的控制柄上,此时再拖动鼠标指针即可。

3 调整控件大小和控件定位

若改变文本格式,文本所在的标签或文本框并不会自动调整大小来适应新的格式。

这时需要手动改变控件的大小,使之能够显示全部文本。可以在控件的"属性表"对话框中修改宽度和高度,也可以在设计视图中选中控件,然后用鼠标指针拖动控件边框上的控制点,改变控件尺寸。

控件的精确定位可在"属性表"对话框中设置,也可用鼠标指针完成。方法是保持控件的选中状态,按住 < Ctrl > 键不放,然后按下方向键,移动控件直到正确的位置。控件定位时,还可以在"排列"选项卡的"调整大小和排序"功能组的"大小/空格"按钮下拉列表中选择"标尺"命令和"网格"命令,打开"标尺"和"网格"作为参照。

4 将多个控件对齐

当要设置多个控件对齐时,也可用鼠标指针快捷地完成。

步骤1 按住 < Shift > 键连续单击需要对齐的多个控件。

步骤2 右键单击选中的控件,在弹出的快捷菜单中选择"对齐"下的"靠左"或"靠右"命令,保证控件之间垂直对齐;如果选择"靠上"或"靠下"命令,则保证水平对齐,如图4-92所示。

图4-92 "对齐"快捷菜单

在水平对齐或垂直对齐的基础上,可进一步设定等间距。假设已经设定了多个控件垂直对齐,可在"排列"选项卡的"调整大小

和排序"功能组中"大小/空格"按钮下拉列表中选择"垂直相等"命令,如图4-93所示。

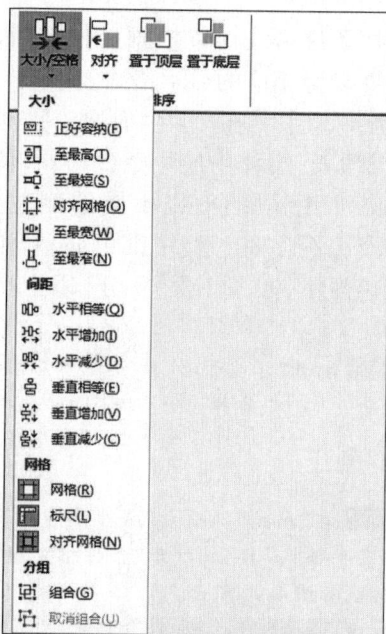

图4-93 "大小/空格"快捷菜单

真题演练

【例】决定窗体外观的是( )。

A)矩形　　　　　B)标签
C)属性　　　　　D)按钮

【解析】本题主要考查窗体中控件的相关属性。在 Access 中,表、查询、字段、窗体、报表的属性都决定着它们自身的特性。窗体及窗体中的每一个控件都有自己的属性,设置属性可以改变窗体及控件的外观,使窗体变得更加美观。故选择 C 选项。

【答案】C

课后总复习

一、选择题

1. 下列关于报表和窗体的叙述中,正确的是( )。

A)窗体只能输出数据,报表能输入和输出数据

B)窗体能输入、输出数据,报表只能输出数据

C)报表和窗体都可以输入和输出数据

D)为简化报表设计可以用窗体设计替代报表设计

2. 在窗体中,最基本的区域是( )。

A)页面页眉　　　　　B)主体
C)窗体页眉　　　　　D)窗体页脚

3. 在创建主子窗体时,主窗体与子窗体的数据源之

间存在的关系是(　　)。

A)一对一关系　　　　B)一对多关系

C)多对一关系　　　　D)多对多关系

4.不能用来作为表或查询中"是/否"值输出的控件是(　　)。

A)复选框　　　　B)切换按钮

C)选项按钮　　　　D)命令按钮

5.在设计窗体时,"成绩"字段中只能输入"优秀""良好""中等""及格""不及格",可以使用的控件是(　　)。

A)列表框　　　　B)复选框

C)切换按钮　　　　D)文本框

6.在设计窗体时,可以将"报考学院"的全部可能的输入为记录事先存入一个表中,要减少输入可以使用的控件是(　　)。

A)组合框或列表框控件

B)复选框控件

C)切换按钮控件

D)文本框控件

7.下列选项中,所有控件共有的属性是(　　)。

A)Caption　　　　B)Value

C)Text　　　　D)Name

8.能够接受数值型数据输入的窗体控件是(　　)。

A)图形　　　　B)文本框

C)标签　　　　D)命令按钮

9.设计窗体时,可通过设置命令按钮的一个属性来指定按钮上要显示的文字,该属性是(　　)。

A)名称　　　　B)标题

C)格式　　　　D)图像

10.下列选项中,不属于窗体的数据属性的是(　　)。

A)允许添加　　　　B)排序依据

C)记录源　　　　D)自动居中

11.下列选项中,属于选项卡控件的事件属性的是(　　)。

A)Tab键索引　　　　B)控件来源

C)输入掩码　　　　D)获得焦点

12.要改变窗体上文本框控件的输出内容,应设置的属性是(　　)。

A)标题　　　　B)查询条件

C)控件来源　　　　D)记录器

13.在"学生"表中使用"照片"字段存放相片,当使用向导为该表创建窗体时,照片字段使用的默认控件是(　　)。

A)图形　　　　B)图像

C)绑定对象框　　　　D)未绑定对象框

14.对话框在关闭前,不能继续执行应用程序的其他部分,这种对话框称为(　　)。

A)输入对话框　　　　B)输出对话框

C)模态对话框　　　　D)非模态对话框

15.绑定窗体中的控件的含义是(　　)。

A)宣告该控件所显示的数据将是不可见的

B)宣告该控件所显示的数据是不可删除的

C)宣告该控件所显示的数据是只读的

D)该控件将与数据源的某个字段相联系

二、操作题

1.素材文件夹下有一个数据库文件"samp3.mdb",其中存在已经设计好的表对象"tNorm"和"tStock",查询对象"qStock"和宏对象"m1",同时还有以"tNorm"和"tStock"为数据源的窗体对象"fStock"和"fNorm"。请在此基础上按照以下要求补充窗体设计。

(1)在"fStock"窗体对象的"窗体页眉"节中添加一个标签控件,名称为"bTitle",初始化标题显示为"库存浏览",字体为"黑体",字号为"18",字体粗细为"加粗"。

(2)在"fStock"窗体对象的"窗体页脚"节中添加一个命令按钮,名称为"bList",按钮标题为"显示信息"。

(3)设置命令按钮bList的单击事件属性为运行宏对象m1。

(4)将"fStock"窗体的标题设置为"库存浏览"。

(5)将"fStock"窗体对象中的"fNorm"子窗体的导航按钮去掉。

2.素材文件夹下有一个数据库文件"samp3.mdb",其中存在已经设计好的表对象"tCollect"、查询对象"qT",同时还有以"tCollect"为数据源的窗体对象"fCollect"。请在此基础上按照以下要求补充窗体设计。

(1)将窗体"fCollect"的记录源改为查询对象"qT"。

(2)在窗体"fCollect"的"窗体页眉"节中添加一个标签控件,名称为"bTitle",标题为"CD明细",字体为"黑体",字号为"20",字体粗细为"加粗"。

(3)将窗体标题栏上的显示文字设为"CD明细显示"。

(4)在"窗体页脚"节中添加一个命令按钮,名称为"bC",按钮标题为"改变颜色"。

第5章

报　表

章前导读

通过本章，你可以学习到：

◎ 报表的基本概念　　　　　　◎ 创建报表的方法

◎ 编辑报表的方法　　　　　　◎ 报表排序和分组的方法

◎ 在报表中统计计算的方法

本章评估		学习点拨
重 要 度	★★	
知识类型	理论+应用	报表是用户指定的一种数据输出格式，以较为直观的形式向用户展示数据内容。在实际应用中，报表主要用于数据分析、存档、报送。本章主要介绍报表的各种功能及操作方法。
考核类型	选择题+操作题	
所占分值	选择题：约2.6分　操作题：约1.2分	
学习时间	8课时	

本章学习流程图

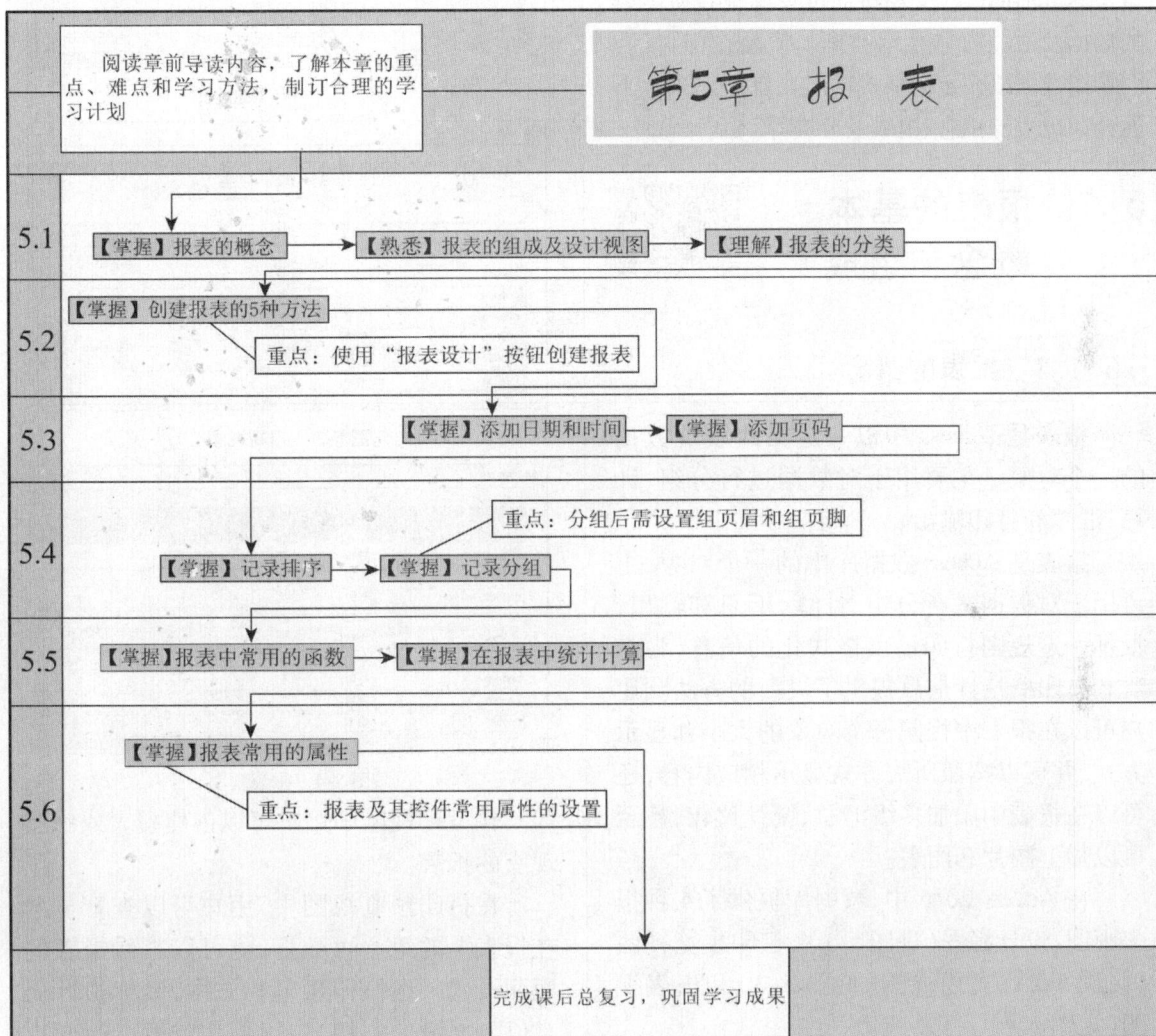

阅读章前导读内容，了解本章的重点、难点和学习方法，制订合理的学习计划

第5章 报 表

5.1 【掌握】报表的概念 → 【熟悉】报表的组成及设计视图 → 【理解】报表的分类

5.2 【掌握】创建报表的5种方法

重点：使用"报表设计"按钮创建报表

5.3 【掌握】添加日期和时间 → 【掌握】添加页码

5.4 重点：分组后需设置组页眉和组页脚

【掌握】记录排序 → 【掌握】记录分组

5.5 【掌握】报表中常用的函数 → 【掌握】在报表中统计计算

5.6 【掌握】报表常用的属性

重点：报表及其控件常用属性的设置

完成课后总复习，巩固学习成果

在很多情况下,数据库系统操作的最终结果是要打印输出的。报表是数据库表中的数据通过打印机输出的特有形式。精美且设计合理的报表能使数据清晰地呈现在纸质介质上,使要传达的汇总数据、统计与摘要信息看起来一目了然。前面已经介绍过通过查询查找所需要的数据及通过窗体显示数据。但是,有时候我们希望数据以一定的格式输出或打印出来。下面介绍报表的概念、组成及分类等。

5.1 报表的基本概念和组成

5.1.1 报表的概念

报表是 Access 中以一定格式表现数据的一个对象。主要用于对数据进行分组、计算、汇总和打印输出。

报表是 Access 数据库中的一个对象,主要用于对数据进行分组、计算、汇总和输出,根据一定规则打印输出格式化的信息,为查看和打印概括性信息提供了灵活的方法。用户可以在报表中控制每个对象的大小和显示方式,并可以按照所需方式显示相应内容,还可以在报表中添加多级汇总、统计比较,甚至可以加上图片和图表。

在 Access 2016 中,数据库提供了 4 种报表视图:设计视图(见图 5-1)、打印预览视图(见图 5-2)、布局视图(见图 5-3)和报表视图(见图 5-4)。

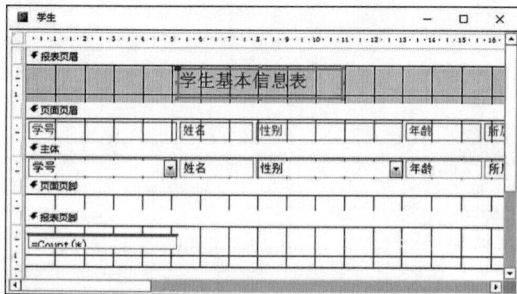

图 5-1　设计视图

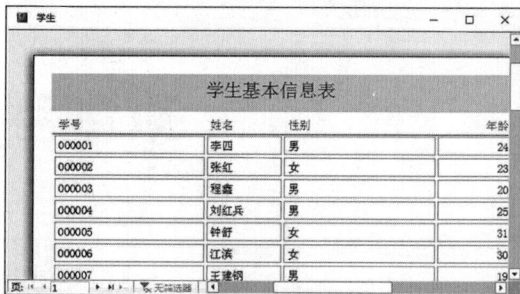

图 5-2　打印预览视图

图 5-3　布局视图

图 5-4　报表视图

在设计视图中用户可以创建报表或修改现有的报表。

在打印预览视图中,用户可以查看显示在报表上的每一页数据,也可以查看报表的版面设置。在打印预览视图中,鼠标指针通常以放大镜的方式显示,单击就可以改变报表的显示大小。

在布局视图中,用户可以在显示数据的情况下调整报表设计,还可以根据实际报表数据调整列宽,将列重新排列并添加分组级别和汇总。报表的布局视图与窗体的布局视图的功能和操作方法十分相似。

报表视图是报表设计完成后,最终被打印的视图。在报表视图中用户可以对报表应用高级筛选,筛选所需要的信息。

5.1.2 报表设计视图

报表设计视图由5个部分组成,如图5-5所示,各部分的作用描述如表5-1所示。

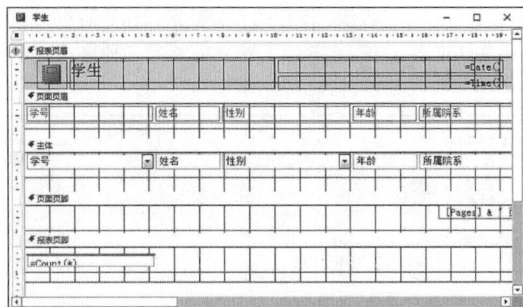

图 5-5 报表设计视图

表 5-1 报表的组成

序号	组成部分	作用描述
1	报表页眉	包含报表的标题、标签、日期等,只显示在报表的头部
2	报表页脚	用来显示报表的统计数据或结论等内容,只显示在报表的末尾
3	页面页眉	包含报表每一页要打印的信息,显示在每页的顶部
4	页面页脚	包含报表每一页要打印的信息,显示在每页的下方
5	主体	显示每条记录的具体数据

在报表设计视图中,各区段是带状形式,被称为节。在报表中,用户可以根据信息的不同,将其放置在不同的节中。每个节在页面和报表中具有特定的目的,会按照预期顺序输出打印。

下面将结合图5-1、图5-4所示介绍设计视图的空间安排及其与报表输出内容的对应关系。

1 报表页眉

报表页眉中的内容只显示在报表首页的最上方。一般而言,报表页眉中显示的是报表的标题,每份报表只有一个报表页眉。

图5-1所示的"报表页眉"节的标签控件"学生基本信息表",显示在图5-4中就是报表首页首行的标题文字"学生基本信息表"。

2 页面页眉

页面页眉主要用来显示列标题,位于报表页眉下方,它会在报表每一页的上方重复出现。图5-1所示的"学号""姓名""性别""年龄"等标签控件对应于图5-2所示的列标题"学号""姓名""性别""年龄"等。

3 组页眉

在报表设计5个基本节的基础上,用户可以在"分组和排序"对话框中设置"有无页眉节/有无页脚节"区域,以实现报表的分组输出和分组统计。其中组页眉节内主要用于放置文本框或其他类型控件,以输出分组字段等数据信息。

图5-6所示的"学生基本信息表"设计视图是以学生"性别"进行分组统计的。

图 5-6 报表分组统计设计

在图5-6中,用户通过"排序与分组"属性可设置出分组字段的组页眉(性别页眉)和组页脚(性别页脚)两个节。显示效果如图5-7所示。

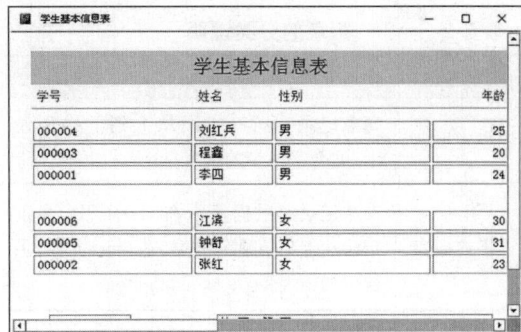

图 5-7 报表分组显示输出

用户可以建立多层次的组页眉及组页脚。

4 主体

"主体"节主要用来显示和处理所有记录,它以文本框或标签控件绑定显示,并且可以包含计算字段。

5 组页脚

组页脚节内主要用于存放文本框或其他类型控件,以显示分组统计数据。组页眉和组页脚可以根据需要单独设置使用。

图5-6所示的"性别页脚"节内安排了依据学生性别分组输出学生信息的文本框控件及相关标题显示的标签控件。

6 页面页脚

页面页脚一般位于页面下方,主要用于显示页码、时间等,如图5-6中的"" 共" & [Pages]&" 页,第" & [Page]&" 页"、 = Now ()""。页面页脚也会在每一页中重复出现。

7 报表页脚

"报表页脚"节一般是在所有的主体和组页脚输出完成后才会出现在报表的最后面。通过在"报表页脚"节内安排文本框或其他控件,用户可以输出整个报表的计算汇总或其他统计信息。

5.1.3 报表的分类

报表有4种基本类型:纵栏式、表格式、图表式和标签式。各类型说明如表5-2所示,各类报表的视图如图5-8~图5-11所示。

表5-2 报表的分类说明

报表名称	说明
纵栏式报表	每条记录和所有字段从上到下排列显示,适合字段少的情况
表格式报表	一条记录的数据显示在同一行中,多条记录从上到下显示数据,适合记录多、字段少的情况

续表

报表名称	说明
图表式报表	将数据库中的数据进行分类汇总后以图形的方式显示,使得统计设计更加直观,适合于汇总、比较及进一步分析数据
标签式报表	将数据库中的有关数据以标签的形式显现,通常用于建立或显示各种格式的标签、信封、名片等

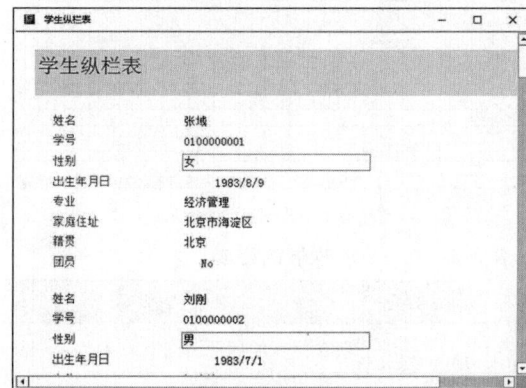

图5-8 纵栏式报表

图5-9 表格式报表

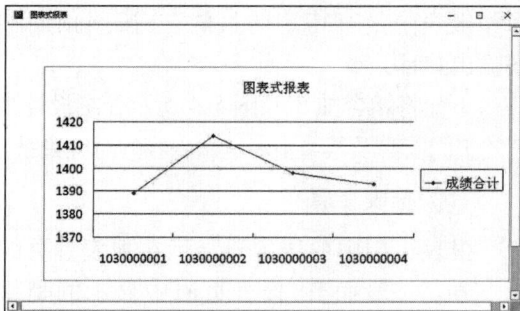

图5-10 图表式报表

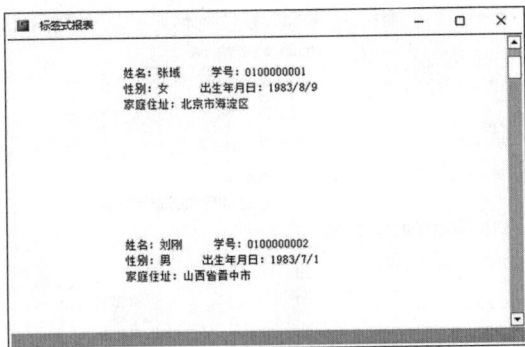

图 5-11　标签式报表

真题演练

【例1】下列关于报表的叙述中,正确的是(　　)。

A)报表只能输入数据

B)报表只能输出数据

C)报表可以输入和输出数据

D)报表不能输入和输出数据

【解析】本题主要考查报表的基本概念。报表是 Access 中的一个对象,它根据指定规则打印格式化和组织化的信息,其数据源可以是表、查询和 SQL 语句。报表和窗体的区别是报表只能显示数据,不能输入和编辑数据。故答案为 B 选项。

【答案】B

【例2】在报表的视图中,能够预览显示结果,并且又能够对控件进行调整的视图是(　　)。

A)设计视图　　　　　　B)报表视图

C)布局视图　　　　　　D)打印视图

【解析】主体主要考查报表视图的种类及相关功能。设计视图用于创建和编辑报表的结构;打印预览视图用于查看显示在报表上的每一页数据,也用于查看报表的版面设置;布局视图用于调整报表的设计并且预览显示结果;打印视图是报表设计完成后,最终被打印的视图。因此,本题应选择 C 选项。

【答案】C

【例3】要指定在报表每一页的底部都输出的内容,需要设置(　　)。

A)报表页脚　　　　　　B)页面页脚

C)组页脚　　　　　　　D)页面页眉

【解析】本题主要考查报表设计区的功能。报表页脚显示在整个报表的最后输出信息;组页脚主要显示分组统计数据;页面页眉显示报表中的字段名称或对记录的分组名称,在每一页上方重复出现;页面页脚位于每页报表的最底部,显示本页数据的汇总情况。因此选择 B 选项。

【答案】B

5.2　创建报表

Access 中创建报表的许多方法和创建窗体的许多方法基本相同,可以使用"报表""报表设计""空报表""报表向导""标签"等按钮来创建报表。在"创建"选项卡的"报表"功能组中提供了这些创建报表的按钮,如图 5-12 所示。

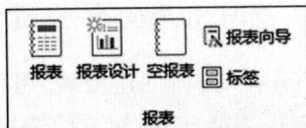

图 5-12　"报表"功能组

5.2.1　使用"报表"按钮创建报表

"报表"按钮提供了最快的报表创建方式,它既不向用户提示信息,也不需要用户做任何其他操作就可以立即生成报表。在创建的报表中将显示基础表或查询中的所有字段。尽管"报表"工具可能无法创建满足最终需要的完善报表,但在需要迅速查看基础数据时极其有用,在生成报表后,保存该报表并在布局视图或设计视图中进行修改,可以使报表更好地满足需求。

【例5-1】　在"学生管理"数据库中,以"学生"表为数据源,使用"报表"按钮创建报表。

步骤1　打开"学生管理"数据库,然后在"导航"窗格中选中"学生"表。

步骤2　在"创建"选项卡的"报表"功能组中单击"报表"按钮,"学生"报表立即创建完成,并且切换到布局视图,如图 5-13 所示。

图 5-13　"学生"报表

步骤3 单击快速访问工具栏中的"保存"按钮，然后在弹出的"另存为"对话框中单击"确定"按钮。

可以看出这个报表并不美观，需要做进一步修改，具体修改方法将在后文介绍。

5.2.2 使用"报表向导"按钮创建报表

使用"报表"按钮创建报表，可以创建一种标准化的报表样式，虽然方便快捷，但是存在不足之处，尤其是不能选择出现在报表中的数据源字段。"报表向导"按钮则提供了创建报表时选择字段的自由，除此之外，还提供了指定数据的分组和排序方式，以及报表的布局样式的快捷方式。

【例5-2】 在"学生管理"数据库中，使用"报表向导"按钮创建"按籍贯统计学生信息"报表。

步骤1 打开"学生管理"数据库。

步骤2 在"创建"选项卡的"报表"功能组中单击"报表向导"按钮，此时会弹出"报表向导"对话框1。在"表/查询"下拉列表中选择"表:学生"（在"表/查询"下拉列表中也可以选择其他数据源）。双击"可用字段"列表框中的"姓名""性别""出生年月日""专业""籍贯"等字段，将它们添加到"选定字段"列表框中，然后单击"下一步"按钮，如图 5-14 所示。

步骤3 此时会弹出的"报表向导"对话框2。由于题目中要求按"籍贯"字段分组，因此在左侧列表框中选中"籍贯"字段，单击">"按钮（或者双击左侧列表框中的"籍贯"字段），将"籍贯"添加到分组级别中，然后单击"下一步"按钮，如图 5-15 所示。

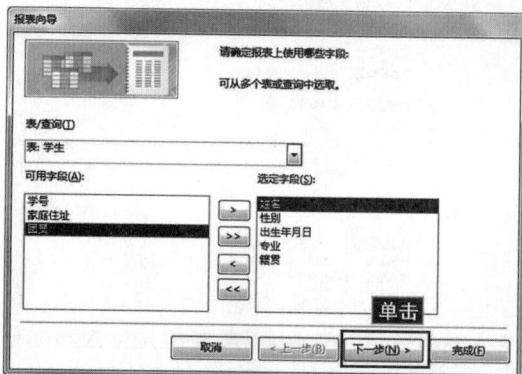

图 5-14　添加"选定字段"

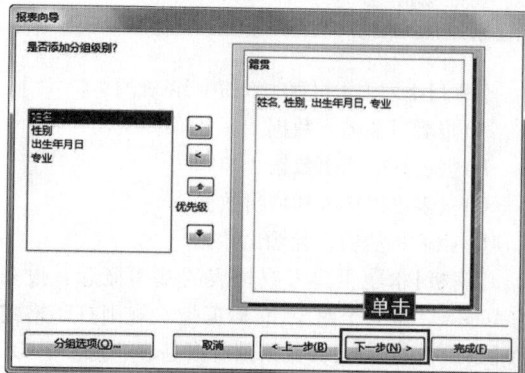

图 5-15　添加"籍贯"分组级别

步骤4 在弹出的"报表向导"对话框3中确定报表记录的排序次序，这里选择按"专业"排序，然后单击"下一步"按钮，如图 5-16 所示。

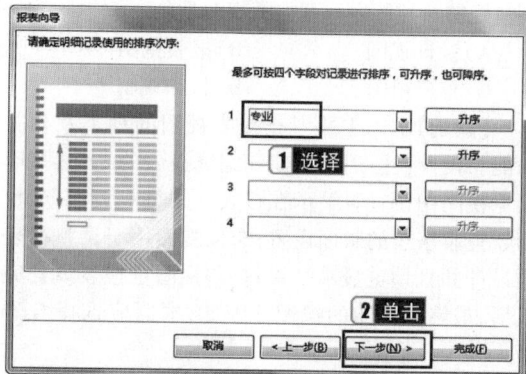

图 5-16　确定报表排序字段

步骤5 在弹出的"报表向导"对话框4中确定报表所采用的布局方式，这里选择"块"式布局，方向选择"纵向"，然后单击"下一步"按钮，如图 5-17所示。

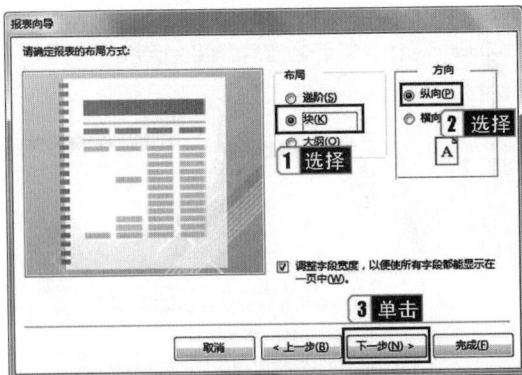

图 5-17 确定报表的布局方式

步骤6 在弹出的"报表向导"对话框 5 的"请为报表指定标题"文本框中输入"按籍贯统计学生信息",选择"预览报表"单选按钮,然后单击"完成"按钮,如图 5-18 所示。创建的报表如图 5-19 所示。

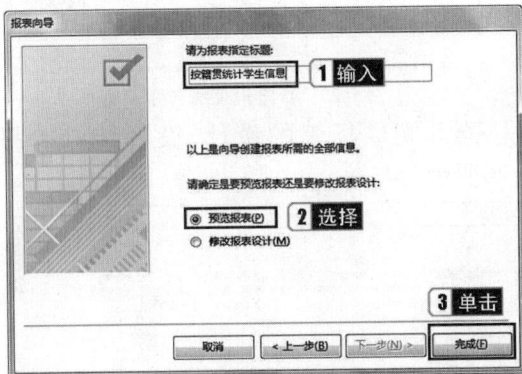

图 5-18 为报表指定标题

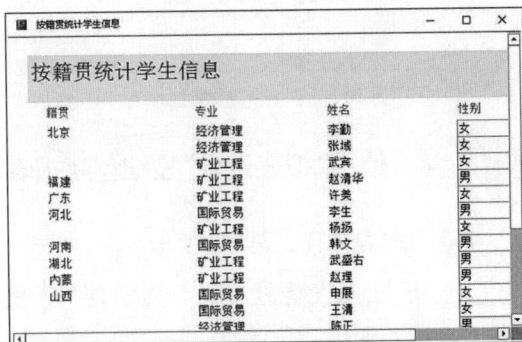

图 5-19 "按籍贯统计学生信息"报表

使用"报表向导"按钮创建报表虽然可以选择字段和分组,但只是快速创建了报表的基本框架,仍存在不完美之处。为了创建更完美的报表,需要做进一步的美化和修改完善,这需要在报表的设计视图中进行。

5.2.3 使用"标签"按钮创建报表

在日常工作中,经常需要制作"学生家庭地址"和"学生信息"等标签。标签是一种类似名片的短信息载体,使用 Access 提供的"标签"功能可以方便地创建各种各样的标签报表。

【例 5-3】 在"学生管理"数据库中制作"学生信息"标签报表。

步骤1 打开"学生管理"数据库,然后在"导航"窗格中选中"学生"表。

步骤2 在"创建"选项卡的"报表"功能组中单击"标签"按钮,此时会弹出"标签向导"对话框 1。在其中指定所需要的一种尺寸(如果均不能满足需要,可以单击"自定义"按钮自行设计标签),然后单击"下一步"按钮,如图 5-20 所示。

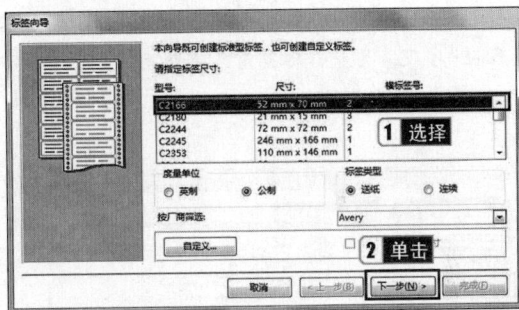

图 5-20 指定标签尺寸

步骤3 在弹出的"标签向导"对话框 2 中根据需要选择标签文本的字体、字号和颜色等,这里选择"10"号字。单击"文本颜色"文本框右侧的按钮,在打开的"颜色"对话框中选择"蓝色",如图5-21所示。

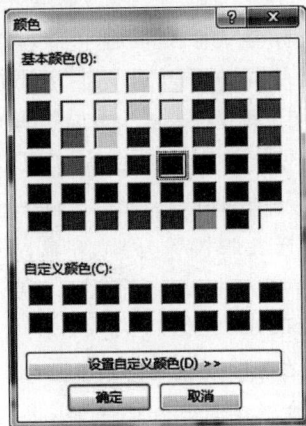

图 5-21 "颜色"对话框

步骤4 单击"确定"按钮,关闭"颜色"对话框,返回到"标签向导"对话框2中。这时,在示例区域中显示了设置的结果,单击"下一步"按钮,如图5-22所示。

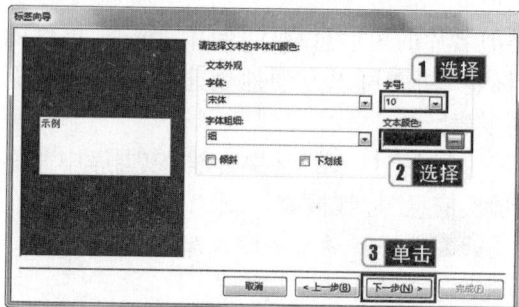

图5-22 选择文本的字体和颜色

步骤5 在弹出的"标签向导"对话框3中双击"可用字段"列表框中的"姓名""学号"字段,将它们添加到"原型标签"列表框中。然后单击下一行,把光标移到下一行,再双击"性别""出生年月日""家庭住址"字段。为了让标签意义更明确,可在每个字段前面输入所需要的文本,然后单击"下一步"按钮,如图5-23所示。

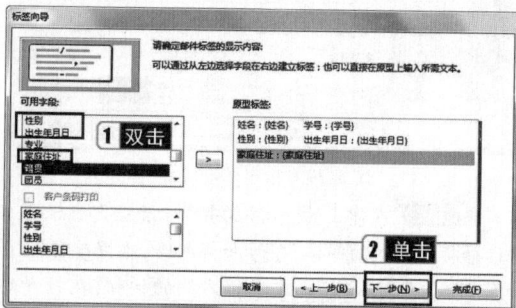

图5-23 添加原型标签的显示内容

"原型标签"列表框是个微型文本编辑器,在该列表框中可以对文字和添加的字段进行修改和删除等操作。如果想要删除输入的文本和字段,按退格键删除掉即可。

步骤6 在弹出的"标签向导"对话框4中双击"可用字段"列表框中的"学号"字段,将其添加到"排序依据"列表框中作为排序依据,然后单击"下一步"按钮,如图5-24所示。

步骤7 在弹出的"标签向导"对话框5的"请指定报表的名称"文本框中输入"学生信息",然后单击"完成"按钮,如图5-25所示。

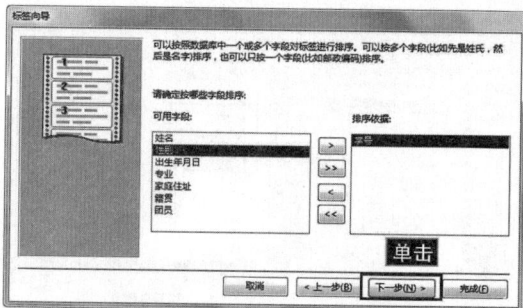

图5-24 确定报表排序字段

图5-25 指定报表的名称

至此完成标签的设计,设计结果如图5-26所示。

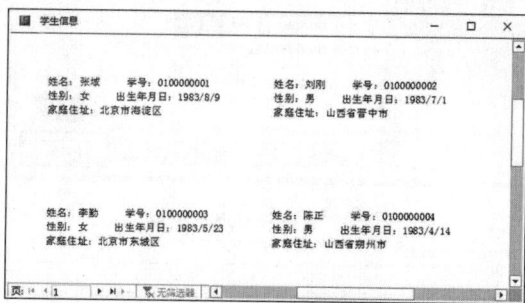

图5-26 "学生信息"标签报表

5.2.4 使用"报表设计"按钮创建报表

1 "报表设计工具"选项卡

当打开报表设计视图后,会出现"报表设计工具"选项卡及"设计""排列""格式""页面设置"4个子选项卡。

(1)"设计"选项卡

"设计"选项卡中提供了设计报表时的主要工具,包括"视图""主题""分组和汇总""控件""页面/页脚""工具"6个功能组,如图5-27所示。

图 5-27　报表"设计"选项卡

在报表"设计"选项卡中,除了"分组和汇总"功能组外,其他的都与窗体的"设计"选项卡相同。

（2）"排列"选项卡

"排列"选项卡用于设计报表及控件的布局方式,包括"表""行和列""合并/拆分""移动""位置""调整大小和排序"6 个功能组,如图 5-28 所示。

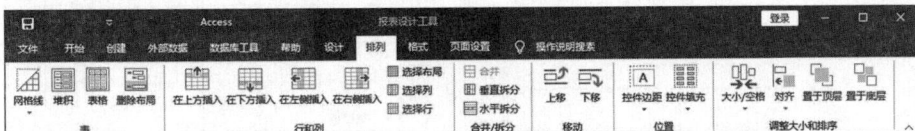

图 5-28　报表"排列"选项卡

（3）"格式"选项卡

"格式"选项卡用于设计报表及控件的字体、背景等格式,包括"所选内容""字体""数字""背景""控件格式"5 个功能组,如图 5-29 所示。

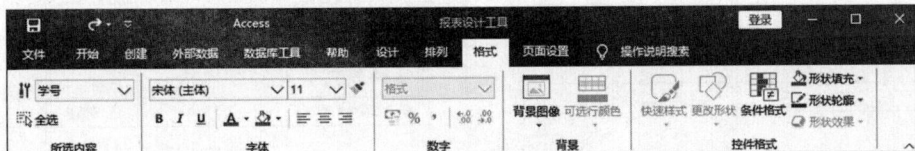

图 5-29　报表"格式"选项卡

（4）"页面设置"选项卡

"页面设置"选项卡是报表独有的选项卡,用于设置报表页边距、纸张大小、打印方向、页眉、页脚样式等,包含"页面大小"和"页面布局"两个功能组,如图 5-30 所示。

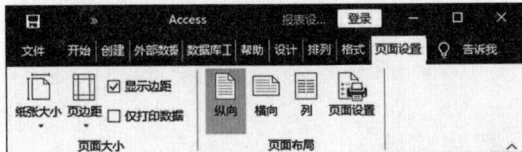

图 5-30　报表"页面设置"选项卡

2　常用控件的使用

控件是报表设计中常用的操作对象,它在报表中起着显示数据的作用,如对数据进行分组和汇总、添加日期和时间、添加页码等。报表"设计"选项卡的"控件"功能组中包含了报表设计中常用的控件,如图 5-31 所示。

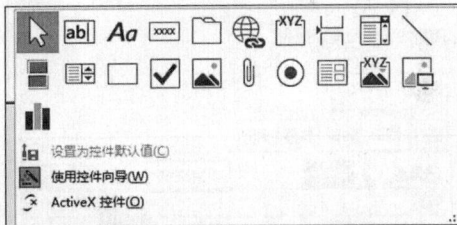

图 5-31　"控件"功能组

关于"控件"按钮的基本功能详情可见第 4 章"窗体"中的内容介绍,本小节不再赘述。

3　使用"报表设计"按钮创建报表

简单报表通常是使用"报表向导"和"报表"按钮进行创建的;复杂的报表则可以使用"报表向导"按钮创建后进行修改得到（这是效率最高的方式）,也可以直接在设计视图进行创建。

【例 5-4】　在"学生管理"数据库中,以"学生成绩"查询为数据源,在报表设计视图中创建"学生成绩情况"报表。

步骤1 打开"学生管理"数据库,然后在"创建"

选项卡的"报表"功能组中单击"报表设计"按钮,打开报表的设计视图。这时报表的"页面页眉""页面页脚""主体"节都会同时出现,这点与窗体不同。

步骤2 在报表的设计视图中,右键单击左上角的"报表选择器"按钮,先在弹出的快捷菜单中选择"属性"命令,然后在报表"属性表"对话框中单击"数据"选项卡,再在"记录源"行右侧的下拉列表中选择"学生成绩"查询,如图5-32所示。关闭"属性表"对话框。

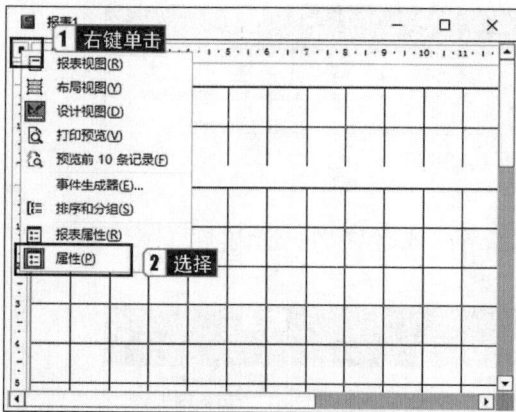

图5-32 设置报表记录源

步骤3 在"设计"选项卡的"工具"功能组中单击"添加现有字段"按钮,打开"字段列表"对话框,显示了相关字段列表,如图5-33所示。

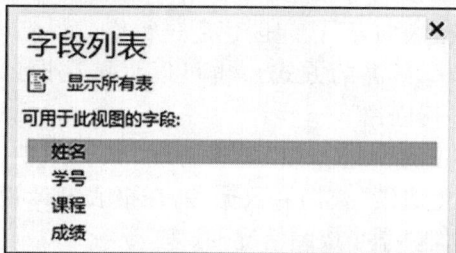

图5-33 "字段列表"对话框

步骤4 在"字段列表"对话框中选中"学号""姓名""课程""成绩"字段,将它们拖到报表"主体"节中,如图5-34所示。

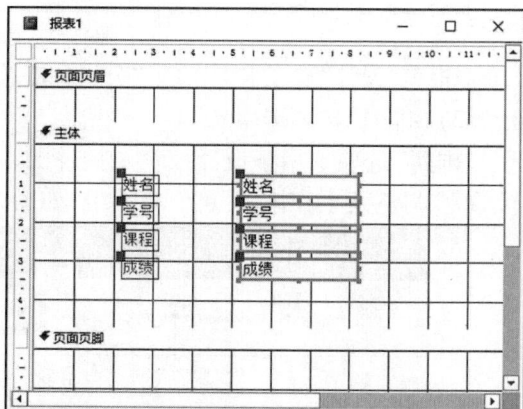

图5-34 在"主体"节中放置所有字段

步骤5 单击快速访问工具栏中的"保存"按钮,以"学生成绩情况"为名称保存报表,报表设计的结果如图5-35所示。但是这个报表设计不太美观,需要做进一步修饰和美化。

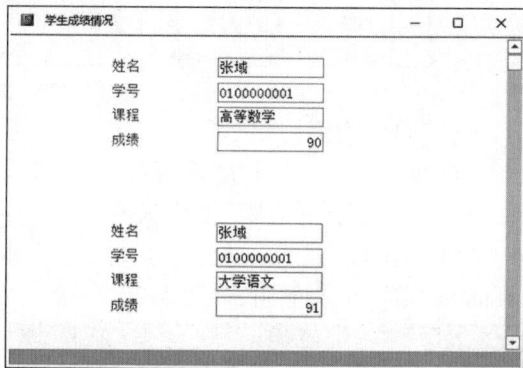

图5-35 "学生成绩情况"报表

真题演练

【例1】在Access创建报表,不能使用的方式是( )。

A)"报表设计"方式

B)"空报表"方式

C)"报表向导"方式

D)"图形创建"方式

【解析】本题主要考查创建报表的方式。Access中创建报表的方式有5种,分别是"报表""报表设计""空报表""报表向导""标签"。"图形创建"方式不属于Access创建报表的方式。故选项D错误。

【答案】D

【例2】在报表的设计视图中,不能使用的是(　　)。

A) 图形　　　　　　B) 文本

C) 列表框　　　　　D) 页眉页脚

【解析】本题主要考查常用控件的使用。在报表的设计视图中可以创建报表,也可以对已有的报表进行编辑和修改,如添加页码和时间日期等。报表只能用于查看数据,不能通过报表修改或输入数据。图形不是设计视图中使用的控件。故选项 A 错误。

【答案】A

【例3】要使打印的报表每页显示 3 列记录,在设置时应选择(　　)。

A) 工具箱　　　　　B) 页面设置

C) 属性表　　　　　D) 字段列表

【解析】本题主要考查报表页面设置的功能。报表页面设置主要包括设置边距、纸张大小、打印方向、页眉页脚样式等。在"打印"选项卡中单击打印按钮打开"打印"对话框,在"列"选项卡中可以设置一页报表中的列数。故选项 B 正确。

【答案】B

5.3　编辑报表

编辑报表是指在设计视图中对创建好的报表进行进一步的编辑和修改。编辑报表主要包括添加时间和日期、添加页码等。

5.3.1　添加日期和时间

在报表中添加当前日期和时间有助于用户清楚报表信息输出的时间。在报表中添加日期和时间的方法有如下两种。

①添加文本框控件,设置控件来源表达式为当前系统日期和时间。

②在报表设计视图中,在"设计"选项卡的"页眉/页脚"功能组中单击"日期和时间"按钮。

常用的日期和时间表达式如表 5-3 所示。

表 5-3　　常用的日期和时间表达式

序号	表达式	显示结果
1	= Now( )	显示当前日期和时间
2	= Date( )	显示当前日期
3	= Time( )	显示当前时间
4	= year(date( ))	显示年
5	= month(date( ))	显示月
6	= day(date( ))	显示日
7	= year(date( )) &" 年" &month(date( )) &" 月" &day(date( )) &" 日"	显示某年某月某日

🔍 **请注意**

在输入日期和时间时,控件来源表达式必须以" = "开头,"&"为连接字符串的符号。

【例5-5】　在"学生管理"数据库中的"学生成绩情况"报表的"报表页眉"节中添加日期和时间。

方法 1:添加文本框控件并设置其"控件来源"属性。

步骤1　打开"学生管理"数据库,然后右键单击"学生成绩情况"报表,在弹出的快捷菜单中选择"设计视图"命令。

步骤2　右键单击报表任意位置,在弹出的快捷菜单中选择"报表页眉/页脚"命令,如图 5-36 所示。

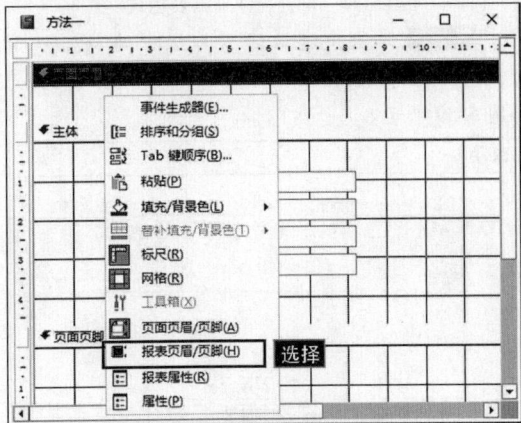

图 5-36　添加"报表页眉"节

步骤3　在"设计"选项卡的"控件"功能组中单击"文本框"按钮,然后在"报表页眉"节中绘制一个矩形框,此时会弹出"text"标签和"未绑定"文本框。

选中"text"标签按<Delete>键删除,右键单击"未绑定"文本框控件,在弹出的快捷菜单中选择"属性"命令,如图5-37所示。

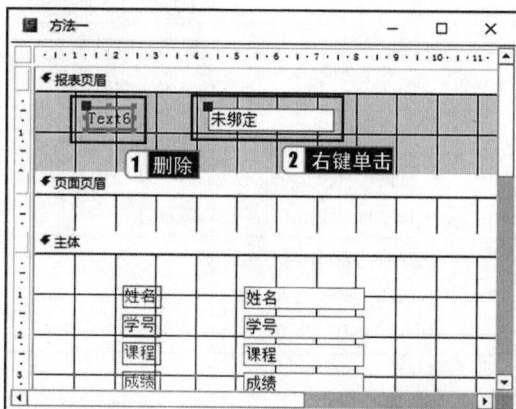

图5-37　添加"文本框"控件

步骤4 在"数据"选项卡下的"控件来源"行中输入表达式"=Now( )",如图5-38所示,关闭"属性表"对话框。

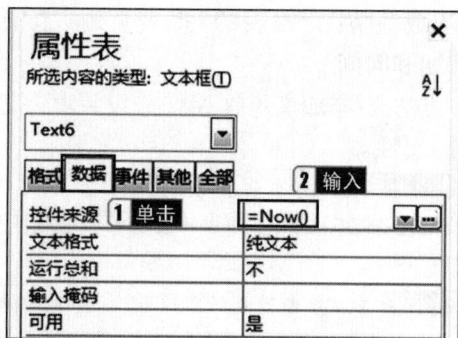

图5-38　设置控件来源表达式

步骤5 单击快速访问工具栏中的"保存"按钮,切换至报表视图,生成的显示日期和时间的报表如图5-39所示。

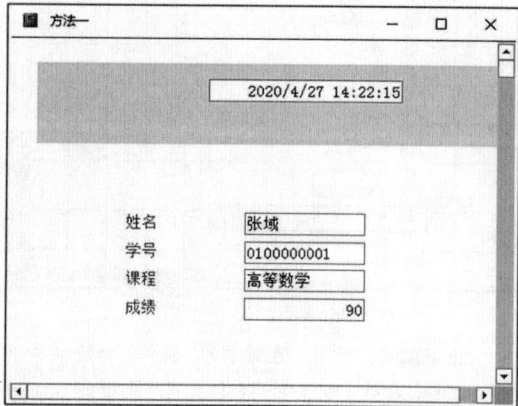

图5-39　添加了日期和时间的报表1

方法2:在"设计"选项卡的"页眉/页脚"功能组中单击"日期和时间"按钮。

步骤1 打开"学生管理"数据库,然后右键单击"学生成绩情况"报表,在弹出的快捷菜单中选择"设计视图"命令。

步骤2 在"设计"选项卡的"页眉/页脚"功能组中单击"日期和时间"按钮。根据需要选择日期或时间的显示格式,再单击"确定"按钮,如图5-40所示。

图5-40　"日期和时间"对话框

步骤3 单击快速访问工具栏中的"保存"按钮,切换至报表视图,生成的显示日期和时间的报表如图5-41所示。

图5-41　添加了日期和时间的报表2

5.3.2　添加页码

当报表的页数比较多时,需要在报表中添加页码,在报表中添加页码的方法有如下两种。

①添加文本框控件,设置控件来源表达式来创建页码。Page 和 Pages 是内置变量,

[Page]表示当前页号,[Pages]表示总页数。常用的页码格式如表5-4所示。

表5-4　　　　常用的页码格式

表达式	显示内容
= [Page]&"/"& [Pages]	N(当前页)/M(总页数)
= "第" & [Page] & "页,共" & [Pages] & "页"	第 N 页,共 M 页

②在报表设计视图中,在"设计"选项卡的"页眉/页脚"功能组中单击"页码"按钮。

【例5-6】　在"学生管理"数据库中的"学生情况表"报表的"页面页脚"节中添加页码,格式为第 N 页,共 M 页。

方法1:添加文本框控件并设置控件来源属性。

步骤1 打开"学生管理"数据库,然后右键单击"学生情况表"报表,在弹出的快捷菜单中选择"设计视图"命令。

步骤2 在"设计"选项卡的"控件"功能组中单击"文本框"按钮,然后在"报表页眉"节中绘制一个矩形框,此时会弹出"text"标签和"未绑定"文本框,选中"text"标签按<Delete>键删除。

步骤3 右键单击"未绑定"文本框控件,在弹出的快捷菜单中选择"属性"命令。然后在"数据"选项卡下的"控件来源"行中输入表达式" ="第" & [Page] & "页。共" & [Pages] & "页"",如图5-42所示,关闭"属性表"对话框。

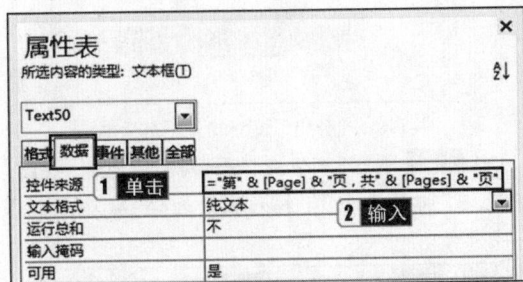

图5-42　设置控件来源表达式

步骤4 单击快速访问工具栏中的"保存"按钮,切换至报表视图,生成的显示页码的报表如图5-43所示。

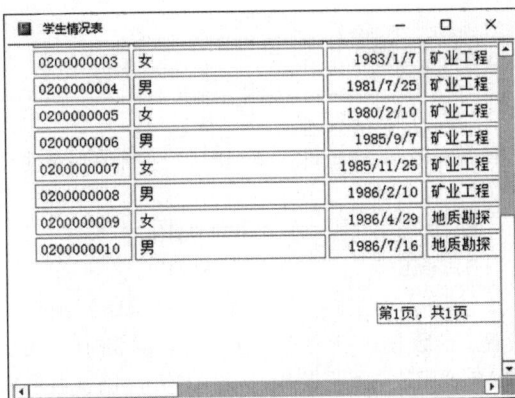

图5-43　添加了页码的报表1

方法2:在"设计"选项卡的"页眉/页脚"功能组中单击"页码"按钮。

步骤1 打开"学生管理"数据库,然后右键单击"学生成绩情况"报表,在弹出的快捷菜单中选择"设计视图"命令。

步骤2 在"设计"选项卡的"页眉/页脚"功能组中单击"页码"按钮。根据需要选择页码的显示格式,再单击"确定"按钮,如图5-44所示。

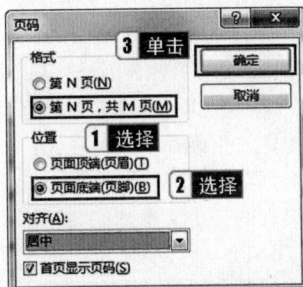

图5-44　"页码"对话框

步骤3 单击快速访问工具栏中的"保存"按钮,切换至报表视图,生成的显示页码的报表如图5-45所示。

图5-45　添加了页码的报表2

【**例1**】要在报表的文本框控件中同时显示出当前日期和时间,则应将文本框的"控件来源"属性设置为(　　)。

　　A)NOW( )　　　　　　B)YEAR( )

　　C)TIME( )　　　　　　D)DATE( )

【解析】本题主要考查报表中日期时间函数的设置。函数 NOW( )用于显示当前日期和时间,函数 YEAR( )用于显示当前年,函数 TIME( )用于显示当前时间,函数 DATE( )用于显示当前日期。

【答案】A

【**例2**】在报表中要显示格式为"共 N 页,第 M 页"的页码,正确的页码格式设置是(　　)。

　　A) = "共" + Pages + "页,第" + Page + "页"

　　B) = "共" + [Pages] + "页,第" + [Page] + "页"

　　C) = "共" & Pages &"页,第" & Page & "页"

　　D) = "共" & [Pages] &"页,第" & [Page] & "页"

【解析】本题主要考查报表中页码格式的设置。在报表中添加计算字段应以" = "开头,在报表中要显示格式为"共 N 页,第 M 页"的页码,需要用到[Pages]和[Page]这两个计算项,所以正确的页码格式设置是 = "共" & [Pages] & "页,第" & [Page] & "页",即选项 D 为正确答案。

【答案】D

【**例3**】报表的一个文本框的"控件来源"属性为"Iif(([Page]Mod 2 =1),"页"&[Page],"")",下列说法中,正确的是(　　)。

　　A)显示奇数页码　　　B)显示偶数页码

　　C)显示当前页码　　　D)显示全部页码

【解析】本题主要考查 Iif 函数的用法。该题要显示的页码满足[Page] Mod 2 = 1,即显示不能被 2 整除的页码。因此,本题应选择 A 选项。

【答案】A

5.4　报表的排序和分组

在默认情况下,报表中的记录是按数据输入的先后顺序来显示的。但有时候需要按某种特定顺序来排列记录,或者需要按照某个字段进行分组统计记录,这就是本节要介绍的报表的排序和分组。排序是指将记录按照一定的规则进行排序;分组是指将具有相同类型的记录排列在一起,并且可以对同组内的数据进行计算和汇总。

5.4.1　排序记录

排序记录是指将记录按照一定的规则进行排序。

在 Access 中,用户可以按照一定规则对其中的报表数据进行排序。报表不仅能对字段排序,还可以对表达式排序。

【**例5-7**】　在"学生管理"数据库中调整报表对象"rEmp",将报表数据记录按年龄降序显示。

步骤1 打开"学生管理"数据库,然后右键单击"rEmp"报表,在弹出的快捷菜单中选择"设计视图"命令。

步骤2 在"设计"选项卡的"分组和汇总"功能组中单击"分组和排序"按钮,打开"分组、排序和汇总"对话框,单击"添加排序"按钮,如图5-46 所示。

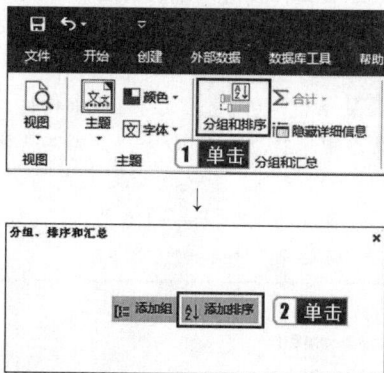

图 5-46　"分组、排序和汇总"对话框

步骤3 在"排序依据"下拉列表中选择"年龄"字段,在"排序次序"下拉列表中选择"降序",如图5-47 所示。

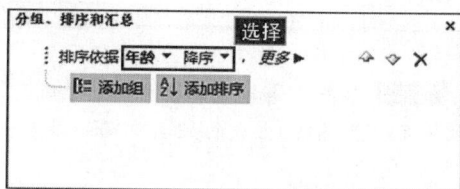

图 5-47　设置排序字段和次序

步骤4 关闭"分组、排序和汇总"对话框。然

后单击快速访问工具栏中的"保存"按钮,切换至报表视图,排序结果如图5-48所示。

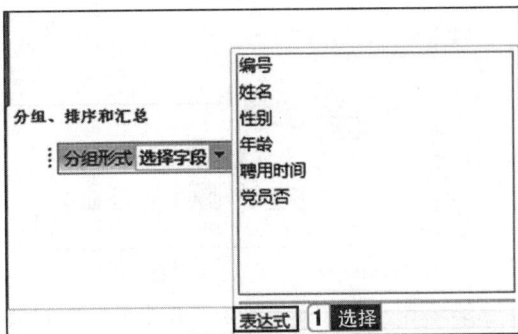

图5-48 排序后的报表

5.4.2 分组记录

分组记录是指在报表设计时根据选定的字段值是否相同而将记录划分成组的过程。通过分组,可以实现数据的汇总和输出,增强报表的可读性。一个报表中最多可以对10个字段或表达式进行分组。

【例5-8】 在"学生管理"数据库中,将"rEmp"报表数据记录按姓氏分组降序排列;同时要求在相关组页脚区域中添加一个文本框控件(命名为"tnum"),设置其属性,将其用于输出显示各姓氏员工的人数(不用考虑复姓情况)。

步骤1 打开"学生管理"数据库,然后右键单击"rEmp"报表,在弹出的快捷菜单中选择"设计视图"命令。

步骤2 在"设计"选项卡的"分组和汇总"功能组中单击"分组和排序"按钮,打开"分组、排序和汇总"对话框。

步骤3 单击"添加组"按钮。在"分组形式"下拉列表中选择"表达式",然后在弹出的"表达式生成器"对话框中输入表达式" =Left([姓名],1)",再单击"确定"按钮,如图5-49所示。

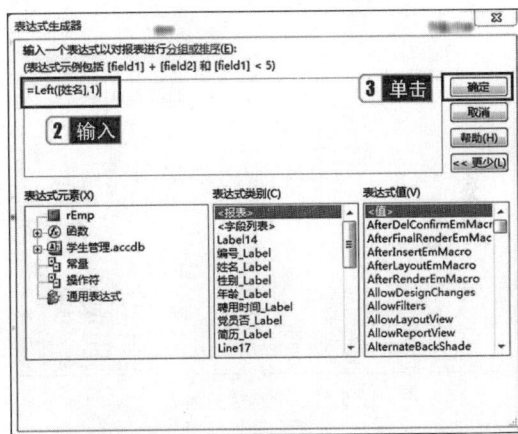

图5-49 设置分组表达式

步骤4 在"排序次序"下拉列表中选择"降序",然后单击"更多"按钮,分别选择"无页眉节""有页脚节",如图5-50所示。关闭"分组、排序和汇总"对话框。

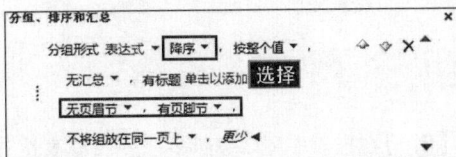

图5-50 设置排序次序和组页脚

步骤5 在"设计"选项卡的"控件"功能组中单击"文本框"按钮,然后在" =Left([姓名],1)页脚"节中绘制一个矩形框,此时会弹出"text"标签和"未绑定"文本框,选中"text"标签按<Delete>键删除。

步骤6 右键单击"未绑定"文本框控件,在弹出的快捷菜单中选择"属性"命令。然后在"全部"选项卡的"控件来源"行中输入表达式" =Count(*)",在"名称"行中输入"tnum",如图5-51所示。关闭"属性表"对话框。

图 5-51　设置控件来源和名称属性

步骤7 单击快速访问工具栏中的"保存"按钮，切换至报表视图，分组结果如图 5-52 所示。

图 5-52　分组后的报表

🔍 **请注意**

报表可以对记录数据进行分组和排序，而窗体是不可以的。报表分组之后会产生组页眉节和组页脚节，在组页眉和组页脚节中可以添加文本框或其他类似控件以输出分组字段等数据信息，从而实现报表的分组输出和分组统计。

真题演练

【例1】在报表中可以按照多个字段或表达式进行分组统计，限定的分组字段数量最多是（　）。

A）10　　　　　　　B）9

C）11　　　　　　　D）12

【解析】本题主要考查报表记录分组的限制。一个报表中最多可以对 10 个字段或表达式进行分组。故选项 A 正确。

【答案】A

【例2】将大量数据按不同的类型分别集中在一起，称为将数据（　）。

A）筛选　　　　　　B）合计

C）分组　　　　　　D）排序

【解析】本题主要考查报表分组的概念。分组是指报表设计时按选定的某个（或多个）字段值是否相等而将记录划分成组的过程。在进行记录分组操作时，先选定分组字段，再将字段值相等的记录归为同一组，字段值不等的记录归为不同组。通过分组，可以实现数据的汇总和输出，增强报表的可读性。故选项 C 正确。

【答案】C

【例3】报表设计和窗体设计有许多相似处，但在报表设计中有而在窗体设计中没有的项目是（　）。

A）代码　　　　　　B）字段列表

C）工具箱　　　　　D）排序与分组

【解析】本题主要考查报表和窗体的区别。在报表和窗体的"设计视图"功能区中均存在"代码""字段列表""工具箱"按钮；但只有报表的"设计视图"功能区中有"排序与分组"按钮，能够实现报表数据的排序与分组操作。故选项 D 正确。

【答案】D

5.5　使用计算控件

在报表的实际应用中，经常需要对报表中的数据进行一些计算。例如，可以对记录的数值进行分类汇总；计算某个字段的总计或平均值；在组页眉或组页脚内建立计算文本框、输入计算表达式等。

在 Access 中有两种方法可以实现上述汇总和计算：一是在查询中进行汇总统计；二是在报表输出时进行汇总统计。与查询相比，报表可以实现更为复杂的分组汇总。本节将介绍报表的计算与汇总功能。

5.5.1　报表中常用的函数

在报表设计中，通常需要通过计算型文本框来对数据进行各种汇总与统计，如求个数、总数、平均值。为实现汇总与统计，Access 中提供了两类统计函数：SQL 聚合函数和域聚合函数。

1 SQL 聚合函数

SQL 聚合函数一般用于在查询中创建计算字段，或作为窗体或报表中的计算控件统计结果。其计算结果依赖于记录源，并且不能设置筛选条件，常用的 SQL 聚合函数如表 5-5 所示。

表 5-5　常用的 SQL 聚合函数

函数	功能
Sum（字符表达式）	计算字符表达式的总和
Avg（字符表达式）	计算字符表达式的平均值
Count（字符表达式）	统计字符表达式的记录个数
Max（字符表达式）	取得字符表达式的最大值
Min（字符表达式）	取得字符表达式的最小值

SQL 聚合函数通常放置在报表中的报表页眉和报表页脚、组页眉和组页脚中。

● 放置在报表页眉和报表页脚中，主要用于对非分组报表"主体"节中所有记录进行统计；如果是分组报表，则对组页眉上的记录进行统计。

● 放置在组页眉和组页脚中，主要用于对分组中的明细记录进行统计。

2 域聚合函数

域聚合函数返回有关特定域或记录集的统计信息，常用的域聚合函数如表 5-6 所示。

表 5-6　常用的域聚合函数

函数	功能
DCount（expr，domain，[criteria]）	确定特定记录集（一个域）中的记录数
DSum（expr，domain，[criteria]）	计算指定记录集（一个域）中的一组值的总和
DAvg（expr，domain，[criteria]）	计算指定记录集（一个域）中的一组值的平均值
DMax（expr，domain，[criteria]）	计算指定记录集（一个域）中的一组值的最大值
DMin（expr，domain，[criteria]）	计算指定记录集（一个域）中的一组值的最小值
DLookup（expr，domain，[criteria]）	从指定记录集（一个域）中获取特定字段的值

各参数说明如下。

● expr：字符串表达式，可以包括表中字段的名称、窗体上的控件、常量或函数。

● domain：字符串表达式，代表组成域的记录集，可以是表名称也可以是不需要参数的查询名称。

● [criteria]：可选的字符串表达式，用于限制域聚合函数执行的数据范围。criteria 通常等价于 SQL 表达式中的 Where 子句，只是不含 Where 关键字。

🔍 **请注意**

域聚合函数中的 3 个参数都是字符串表达式，因此都应该放在双引号""""内部。如果双引号内部还要用到双引号，则其内部的双引号用单引号"'"表示。

域聚合函数示例如下。

① 利用 DCount（）函数统计男教师人数

表达式为"= DCount（"[教师编号]"，"教师"，"[教师]！[性别]='男'"）"。

② 利用 DAvg（）函数统计教师平均教龄

表达式为"= DAvg（"Year（Date（））－Year（[工作时间]）"，"教师"）"。

③ 利用 DLookup（）函数获取特定工作时间的教师姓名。

表达式为"= DLookup（"[姓名]"，"教师"，"[教师]！[工作时间]=#2020－9－8#"）"。

5.5.2 报表中的统计计算

在报表设计中，用户可根据需要进行各种类型的统计计算，并输出显示，方法就是将计算控件的"控件来源"属性设置为需要统计计算的表达式。当表达式的值发生变化时，系统会重新计算结果并输出。文本框是最常用的计算控件。

【例 5-9】　在"教师管理"数据库中，在"教师基本信息表"的"报表页脚"节中添加一个计算控件，计算并显示教师的平均年龄。

步骤1　打开"教师管理"数据库，然后右键单击"教师基本信息表"报表，在弹出的快捷菜单中选择

"设计视图"命令。

步骤2 在"设计"选项卡的"控件"功能组中单击"文本框"按钮,在"报表页脚"节中绘制一个矩形框,此时会弹出"text"标签和"未绑定"文本框。

步骤3 右键单击"text"标签控件,在弹出的快捷菜单中选择"属性"命令。然后在"全部"选项卡下"标题"行中输入"教师平均年龄:",如图5-53所示。关闭"属性表"对话框。

图5-53 设置标签控件的"标题"属性

步骤4 右键单击"未绑定"文本框控件,在弹出的快捷菜单中选择"属性"命令。然后切换到"数据"选项卡,在"控件来源"行中输入表达式" = Avg([年龄])",如图5-54所示。关闭"属性表"对话框。

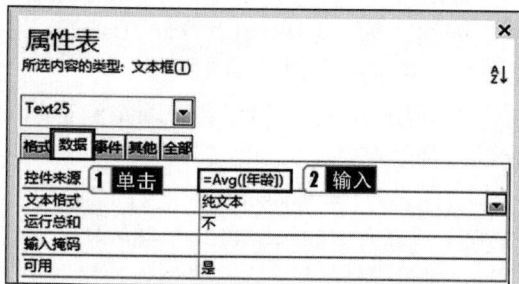

图5-54 设置控件来源表达式

步骤5 单击快速访问工具栏中的"保存"按钮,切换至报表视图,设置结果如图5-55所示。

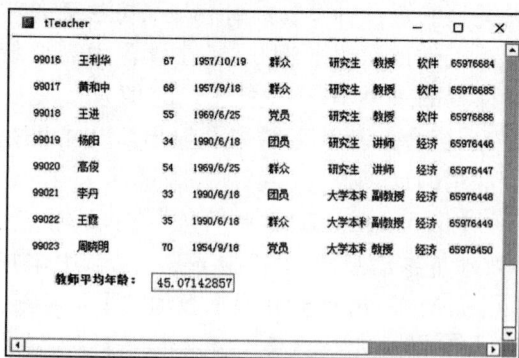

图5-55 添加计算控件后的报表

【例5-10】 在"职工管理"数据库中,将报表"rEmp"中"主体"节内文本框"tDept"的"控件来源"属性设置为计算控件。要求该控件可以根据报表数据源中的"所属部门"字段值从非数据源表对象"tGroup"中检索出对应的部门名称并显示输出。

步骤1 打开"职工管理"数据库,然后右键单击"rEmp"报表,在弹出的快捷菜单中选择"设计视图"命令。

步骤2 右键单击"tDept"文本框控件,在弹出的快捷菜单中选择"属性"命令。然后切换到"数据"选项卡,在"控件来源"行中输入表达式" = DLookUp("名称","tGroup","部门编号 ='" & [所属部门] & "'")",如图5-56所示。关闭"属性表"对话框。

图5-56 设置控件来源表达式

步骤3 单击快速访问工具栏中的"保存"按钮,切换至报表视图查看设置结果。

【例5-11】 在"职工管理"数据库中"rEmp"报表的适当位置添加一个文本框,用于计算并显示每类职务人员的平均年龄。

注意:报表适当位置是指报表页脚、页面页脚和组页脚。

步骤1 打开"职工管理"数据库,然后右键单击"rEmp"报表,在弹出的快捷菜单中选择"设计视图"命令。

步骤2 在"设计"选项卡的"分组和汇总"功能组中单击"分组和排序"按钮,打开"分组、排序和汇总"对话框。

步骤3 单击"添加组"按钮,在"分组形式"下拉列表中选择"职务"字段;然后单击"更多"按钮,分别选择"无页眉节""有页脚节",如图5-57所示。关闭"分组、排序和汇总"对话框。

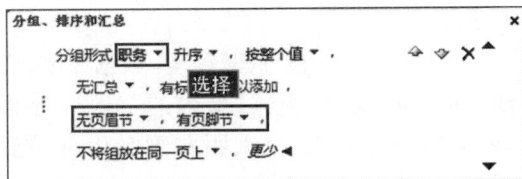

图 5-57 设置分组字段和组页脚

●步骤4 在"设计"选项卡的"控件"功能组中单击"文本框"按钮,然后在"职务页脚"节中绘制一个矩形框,此时会弹出"text"标签和"未绑定"文本框,选中"text"标签按<Delete>键删除。

●步骤5 右键单击"未绑定"文本框控件,在弹出的快捷菜单中选择"属性"命令。然后在"数据"选项卡的"控件来源"行中输入表达式"=Avg([年龄])",如图 5-58 所示。关闭"属性表"对话框。

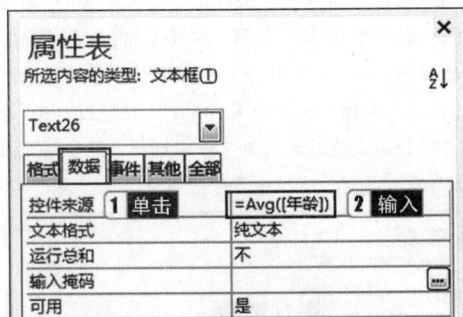

图 5-58 设置控件来源表达式

●步骤6 单击快速访问工具栏中的"保存"按钮,切换至报表视图查看设置结果。

🔍 请注意

若是进行分组统计并输出,则统计计算控件应该布置在组页眉和组页脚节内相应的位置,然后使用统计函数设置控件来源即可。

真题演练

【例1】在报表中,要计算"数学"字段的平均分,应将控件的"控件来源"属性设置为( )。

A)=Avg([数学])　　　B)Avg([数学])
C)=Avg[数学]　　　　D)=Avg(数学)

【解析】本题主要考查报表中控件属性的设置。添加一个求平均值的计算控件的格式为:控件来源=Avg([要求平均的字段名])。其中"[]"不能省略。因此,本题应选择A选项。

【答案】A

【例2】在基于"学生"表的报表中按"班级"分组,并设置一个文本框控件,将"控件来源"属性设置为"=count(*)",关于该文本框说法中,正确的是( )。

A)文本框如果位于页面页眉,则输出本页记录总数

B)文本框如果位于班级页眉,则输出本班记录总数

C)文本框如果位于页面页脚,则输出本班记录总数

D)文本框如果位于报表页脚,则输出本页记录总数

【解析】本题主要考查报表中控件属性的设置以及 Count() 函数的应用。页面页眉主要用于显示列名称和每页都要使用的信息,不用于统计页面记录数。所以在页面页眉中添加的文本框控件没有统计记录的作用,因此 A 选项和 C 选项错误。使用表达式"=Count()"时,由于计算控件放置位置的不同,统计的记录范围是不同的。当文本框放在组页眉或组页脚中时,统计的是分组的记录数;当文本框控件放在报表页眉或报表页脚中时,统计的是所有的记录数。由于班级是一个分组,因此 B 选项中当文本框位于班级页眉中时,统计的是本班的记录总数,故 B 选项正确。而 D 选项当文本框位于报表页脚中时统计的应为整个学生表的记录总数,故选项 D 错误。因此,本题应选择 B 选项。

【答案】B

【例3】要将计算控件的"控件来源"属性设置为计算表达式,表达式的第一个符号必须是( )。

A)左方括号[　　　　B)等号=
C)左圆括号(　　　　D)双引号""

【解析】本题主要考查计算控件设置的规则。计算控件的控件源必须是以"="开头的计算表达式,表达式的字段名不用加表名,需要用"[]"括起来。故选项 B 正确。

【答案】B

5.6　报表常用的属性

设计报表时,正确而灵活地使用报表属性和控件属性等,可以设计出十分完善丰富的报表。

在"设计"选项卡的"工具"功能组中单击"属性表"按钮，或按<F4>键，可以打开"属性表"对话框，如图5-59所示。

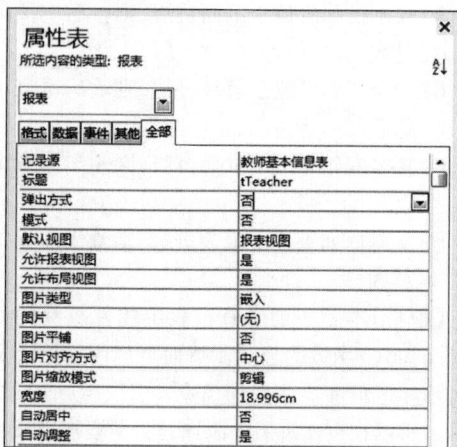

图5-59　"属性表"对话框(部分)

"属性表"对话框中包含5个选项卡，即"格式""数据""事件""其他""全部"。"全部"选项卡中包含所有的属性设置。

"格式"选项卡主要用于设置报表及控件的外观属性，如"标题""高度""宽度""上边距""左边距""字号""字体名称""字体粗细"等。

"数据"选项卡主要用于设置报表及控件的数据源，以及操作数据的规则，如报表的"记录源"、控件的"控件来源""输入掩码"等。

"事件"选项卡主要用于设置报表及控件能够响应的事件，如"单击""进入""退出"等。

"其他"选项卡主要用于设置报表及控件的附加特征，如报表的"弹出方式""模式"、控件的"名称""状态栏文字""Tab键索引"等。

【例5-12】　在"职工管理"数据库中，在"rEmployee"报表"主体"节内的"性别"字段标题对应距上边0.1cm、距左侧5.2cm位置添加一个文本框，显示出"性别"字段值，并命名为"tSex"。

■步骤1 打开"职工管理"数据库，然后右键单击"rEmployee"报表，在弹出的快捷菜单中选择"设计视图"命令。

■步骤2 在"设计"选项卡的"控件"功能组中单击"文本框"按钮，然后在"报表主体"节中绘制一个矩形框，此时会弹出"text"标签和"未绑定"文本框，选中"text"标签按<Delete>键删除。

■步骤3 右键单击"未绑定"文本框控件，在弹出的快捷菜单中选择"属性"命令。然后切换到"全部"选项卡，在"控件来源"行的下拉列表中选择"性别"，再在"名称"行中输入"tSex"，在"上边距"行中输入"0.1cm"，在"左边距"行中输入"5.2cm"，如图5-60所示。关闭"属性表"对话框。

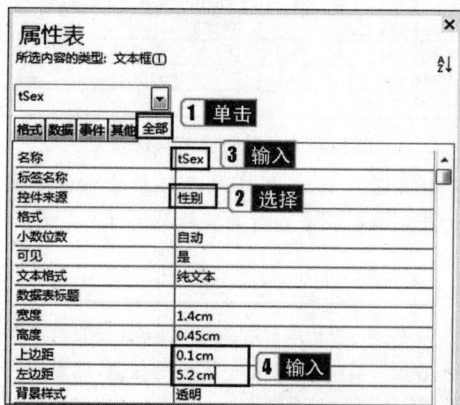

图5-60　设置控件的相关属性

■步骤4 单击快速访问工具栏中的"保存"按钮，切换至报表视图查看设置结果。

课后总复习

一、选择题

1. 报表的数据源不能是(　　)。
　A)表　　　　　　　B)查询
　C)SQL语句　　　　D)窗体

2. 下列叙述中，正确的是(　　)。
　A)在窗体和报表中均不能设置组页脚

B) 在窗体和报表中均可以根据需要设置组页脚

C) 在窗体中可以设置组页脚, 在报表中不能设置组页脚

D) 在窗体中不能设置组页脚, 在报表中可以设置组页脚

3. 在报表中要输出当前时间, 可以使用的函数是( )。

A) Date( )　　　　　B) Now( )

C) CurrentDate( )　　D) CurrentTime( )

4. 在报表中, 要计算"数学"字段的最低分, 应将控件的"控件来源"属性设置为( )。

A) = Min([数学])　　B) = Min(数学)

C) = Min[数学]　　　D) Min(数学)

5. 在学生选课成绩报表中将学生按"课程"分组, 若文本框的"控件来源"属性设置为" = count(*)", 下列关于该文本框的叙述中, 正确的是( )。

A) 若文本框位于页面页眉, 则输出本页中选课学生数量

B) 若文本框位于课程页眉, 则输出选学本课程学生总数

C) 若文本框位于页面页脚, 则输出选学本课程学生总数

D) 若文本框位于报表页脚, 则输出全校选修课程的数量

6. 要求在页面页脚中显示"第 X 页, 共 Y 页", 则页脚中的页码"控件来源"应设置为( )。

A) = "第" & [Pages] & "页, 共" & [Page] & "页"

B) = "共" & [Pages] & "页, 第" & [Page] & "页"

C) = "第" & [Page] & "页, 共" & [Pages] & "页"

D) = "共" & [Page] & "页, 第" & [Pages] & "页"

7. 下列选项中, 在报表的"设计视图"功能区中有, 而在窗体"设计视图"功能区中没有的按钮是( )。

A) 代码　　　　　B) 字段列表

C) 工具箱　　　　D) 排序与分组

二、操作题

1. 素材文件夹下有一个数据库文件"samp3. accdb", 其中存在已经设计好的表对象"tEmployee", 同时还有以"qEmployee"为数据源的报表对象"rEmployee"。请在此基础上按照以下要求补充报表设计。

(1) 在报表的"报表页眉"节中添加一个标签控件, 标题为"职员基本信息表", 名称为"bTitle"。

(2) 将报表"主体"节中名为"tDate"的文本框的显示内容设置为"聘用时间"字段值。

(3) 在报表的"页面页脚"节内添加一个计算控件, 以输出页码。将计算控件放置在距上边 0.25cm、距左侧 12.5cm 的位置, 名称为"tPage", 规定页码显示格式为"第 N 页/共 M 页"。

2. 素材文件夹下有一个数据库文件"samp3. accdb", 其中存在已经设计好的表对象"tTeacher"和报表对象"rTeacher"。请在此基础上按照以下要求补充报表设计。

(1) 将报表对象"rTeacher"的报表"主体"节中名为"性别"的文本框的显示内容设置为"性别"字段值, 并将文本框名称修改为"tSex"。

(2) 在报表对象"rTeacher"的"报表页脚"节中添加一个计算控件, 用于计算并显示教师的平均年龄。将计算控件放置在距上边 0.3cm、距左侧 3.6cm 的位置, 名称为"tAvg"。

第6章

宏

章前导读

通过本章，你可以学习到：

◎ 宏的基本概念　　　　　　　　◎ 宏的功能

◎ 宏的类型　　　　　　　　　　◎ 宏的运行与调试的方法

◎ 创建独立宏、子宏、带条件宏的方法

本章评估		学习点拨
重 要 度	★★	
知识类型	理论+应用	本章讲解宏的概念及操作。要求考生掌握独立宏、子宏等概念，能够创建宏、设置宏参数，并能运行、调试宏。
考核类型	选择题+操作题	
所占分值	选择题：约3.4分　　操作题：约1.8分	
学习时间	3课时	

本章学习流程图

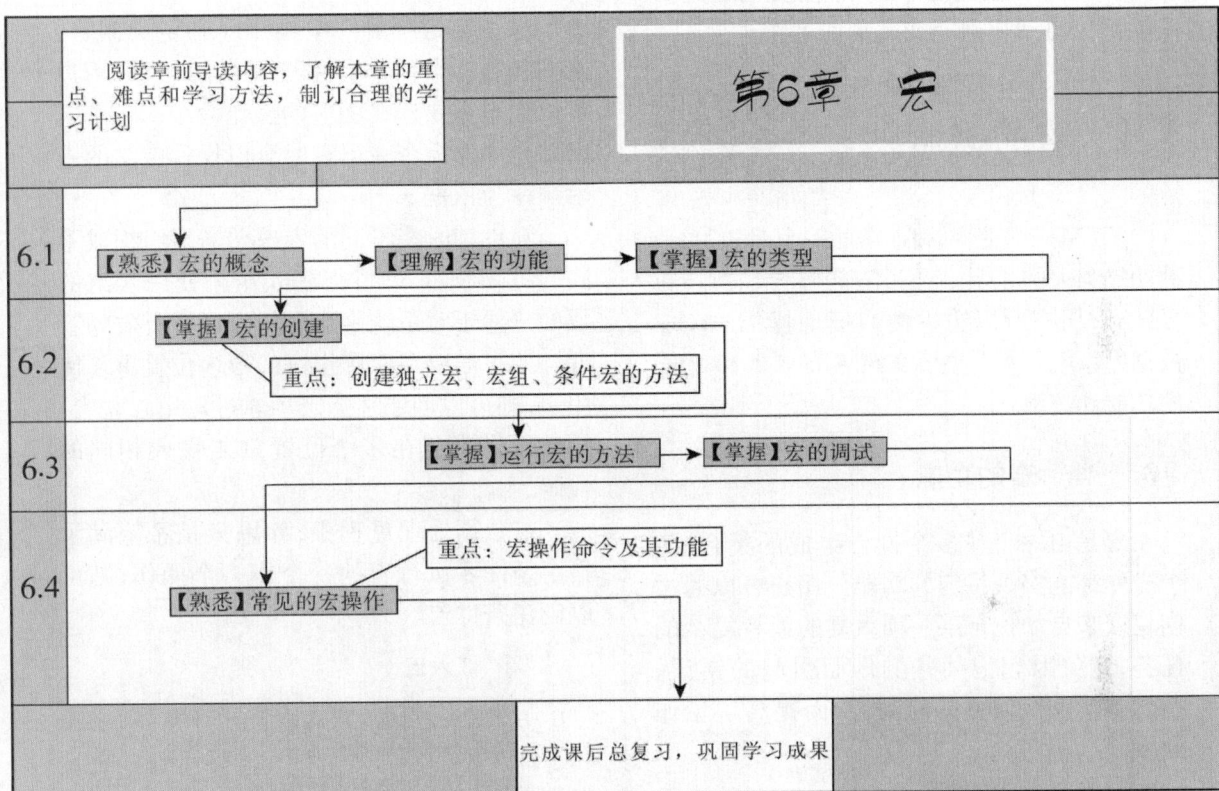

阅读章前导读内容，了解本章的重点、难点和学习方法，制订合理的学习计划

第6章　宏

6.1　【熟悉】宏的概念 → 【理解】宏的功能 → 【掌握】宏的类型

6.2　【掌握】宏的创建
重点：创建独立宏、宏组、条件宏的方法

6.3　【掌握】运行宏的方法 → 【掌握】宏的调试

6.4　重点：宏操作命令及其功能
【熟悉】常见的宏操作

完成课后总复习，巩固学习成果

Access之所以受到众多用户青睐，是因为它不需要编写程序就可以开发数据库管理系统。事实上，Access的易用性除了体现在表、查询、窗体和报表的设计上之外，另一个重要原因就是它提供了功能强大又极其容易使用的"宏"。通过宏，用户不用编写程序代码就可以自动化地完成大量的工作。

6.1 宏的概念

宏（Macro）是Access中的一个对象，是一种功能强大的工具。通过宏能够自动执行重复任务，用户可以更方便快捷地操纵Access数据库系统。本章主要介绍Access 2016中宏的功能和类型。

6.1.1 宏的功能

宏是由一个或多个操作组成的集合，每个操作都能实现特定的功能。用户可以通过创建宏来自动执行某一项重复的或者复杂的任务，避免因忘记某些操作而引起的错误。宏节省了执行任务的时间，从而提高了工作效率。

宏的基本功能如下。

①显示和隐藏工具栏。

②打开和关闭表、查询、窗体和报表等数据库对象。

③执行报表的预览和打印操作，以及报表中数据的发送操作。

④设置窗体或报表中控件的值。

⑤设置Access工作区中任意窗口的大小，并执行窗口移动、缩小、放大和保存等操作。

⑥执行查询操作，以及数据的过滤、查找操作。

⑦为数据库设置一系列的操作，简化工作。

6.1.2 宏的类型

Access 2016中的宏可以分为操作宏、嵌入宏和数据宏。

1 操作宏

操作宏是指由一组操作序列定义的宏，宏中包含的操作都有系统提供的名称，用户可以根据需要选择相应的操作命令。一个宏中多个操作命令在运行时会以操作定义的先后顺序为依据。

在设计时将不同的宏按照需要组织成不同的组并命名，即可得到宏组。使用宏组的目的是便于对系统中众多的宏进行有效的管理。如果需要在应用程序的很多位置重复使用宏，则可以创建独立宏。通过调用独立宏，用户可以避免在多个位置重复输入相同的代码。

在数据处理过程中，如果只是希望满足指定条件才执行宏的一个或多个操作，则可以创建条件宏。

2 嵌入宏

与独立宏相反，嵌入宏嵌入在窗体、报表和控件对象的事件中，不用编写代码。嵌入宏是它们所嵌入的对象或控件的一部分，且嵌入宏在导航窗格中是不可见的。嵌入宏的出现使得宏的功能更加强大和安全。

3 数据宏

数据宏允许宏在表事件（如添加、更新和删除数据等）中自动运行。

有两种类型的数据宏：一种是由表事件触发的数据宏（也称"事件驱动的"数据宏），另一种是为响应按名称调用而运行的数据宏（也称"已命名的"数据宏）。

与数据宏相关联的事件有两类，分别是"前期"事件和"后期"事件。"前期"事件包括"更改前"和"删除前"；"后期"事件包括"插入后""更新后"和"删除后"，具体含义如下。

①"更改前"事件将在用户、查询和 VBA 代码更改某个表中数据之前触发。

②"删除前"事件可以验证与删除操作对应的条件，但不能阻止删除记录。

③"插入后"事件在一条新记录添加到数据库中时触发。

④"更新后"事件在控件或记录用更改过的数据更新之后触发。

⑤"删除后"事件发生在确认删除记录，并且记录实际上已经删除之后。

真题演练

【例 1】下列叙述中，错误的是（　　）。

A）宏能够一次完成多个操作

B）可以将多个宏组成一个宏组

C）可以用编程的方法来实现宏

D）宏命令一般由动作名和操作参数组成

【解析】宏是由一个或多个操作组成的集合，其中每个操作都能实现特定的功能。宏可以是由一系列操作组成的一个宏，也可以是一个宏组。使用宏组可以同时执行多个任务。可以用 Access 中的宏生成器来创建和编辑宏，但不能通过编程实现宏。宏由条件、操作、操作参数等构成。故选项 C 错误。

【答案】C

【例 2】宏的功能不包括（　　）。

A）自动进行数据校验

B）打开数据库时自动运行

C）对数据进行分组、计算、汇总和打印输出

D）根据条件的不同执行不同的操作

【解析】宏使用简单，可以提高工作效率。可以设置自动运行宏并根据需要来设计宏。故选项 A 正确。

【答案】A

【例 3】要在一个窗体的某个按钮的单击事件上添加动作，可以创建的宏（　　）。

A）只能是独立宏

B）只能是嵌入宏

C）是独立宏或数据宏

D）是独立宏或嵌入宏

【解析】独立宏是独立的对象，它独立于窗体、报表等对象之外，在导航窗格中可见。因此可以创建独立宏来响应按钮的单击事件，不受其他对象约束。嵌入宏嵌入在窗体、报表和控件对象的事件中，是它们所嵌入的对象或控件的一部分，在导航窗格中不可见，因此也可以创建嵌入宏，直接嵌入按钮的单击事件中。故选项 D 正确。

【答案】D

【例 4】宏、宏组和宏操作的相互关系是（　　）。

A）宏→宏操作→宏组

B）宏操作→宏→宏组

C）宏操作→宏组→宏

D）宏组→宏操作→宏

【解析】宏操作是指能够实现特定的功能的操作。宏由一个或多个宏操作组成。宏组用于对多个宏进行分组操作。故选项 B 正确。

【答案】B

6.2　宏的创建

创建宏的过程主要是指定宏名、添加宏操作、设置参数及提供注释说明信息等。完成宏的创建之后，选择多种方法来调试宏和运行宏。本节将详细介绍各类宏的创建方法和步骤。

6.2.1　创建独立宏

1　创建独立宏

如果需要在应用程序的很多位置重复使用宏，则可以创建独立宏，这些宏对象将显示在导航窗格中的宏列表下。一个宏中可以包含多个宏操作，运行宏时，Access 会依次运行各个宏操作。

【例 6-1】　在"学生管理"数据库中创建一个宏，用于打开"学生"表，在打开表后弹出一个提示信息。

步骤1 打开"学生管理"数据库，然后在"创建"选项卡的"宏与代码"功能组中单击"宏"按钮，打开宏设计窗口，如图 6-1 所示。

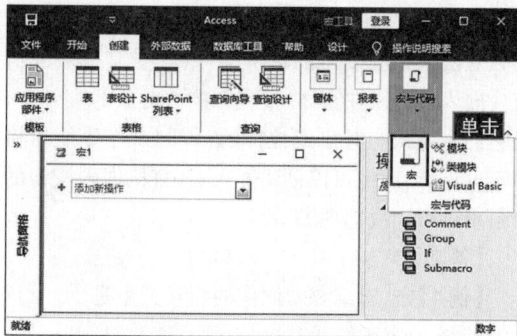

图 6-1 宏设计窗口

步骤2 切换到"宏1"设计窗口,在"添加新操作"下拉列表中选择"OpenTable"命令,并设置表名称为"学生",如图 6-2 所示。

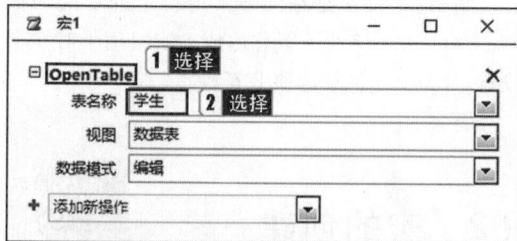

图 6-2 添加 OpenTable 宏操作

步骤3 设置"OpenTable"宏操作后,在"添加新操作"下拉列表中选择"MessageBox"命令并设置操作参数,如图 6-3 所示。

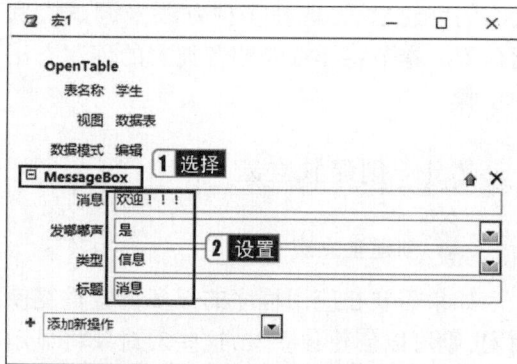

图 6-3 添加 MessageBox 宏操作

步骤4 单击快速访问工具栏中的"保存"按钮,此时会弹出"另存为"对话框,然后在"宏名称"文本框中输入"打开表",再单击"确定"按钮,如图 6-4 所示。

图 6-4 输入宏名称

步骤5 在"设计"选项卡的"工具"功能组中单击"运行"按钮,执行宏操作后的结果如图 6-5 所示。

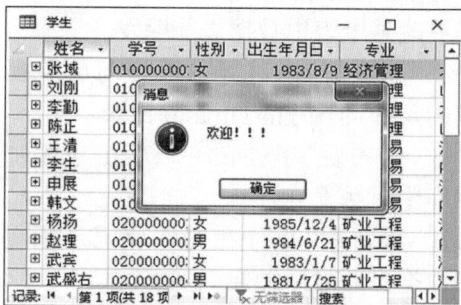

图 6-5 宏操作执行结果

MessageBox(对话框)操作参数说明如下。

● 消息:指定显示在对话框中间的提示信息。

● 发嘟嘟声:决定对话框执行时是否发出嘟嘟声。

● 类型:指定对话框的类型,显示的图标表明了对话框的类型。

● 标题:指定显示在对话框左上角标题处的文字。

2 自动执行宏

自动执行宏是指在打开数据库时,Access 会自动执行宏中所包含的操作。自动执行宏有如下两个要点。

● 宏名称一定要为 AutoExec。

● 如希望自动执行宏在数据库打开时不执行,则打开数据库时要按住 <Shift> 键。

6.2.2 创建宏组

将不同的宏按照需要组织成不同的组并命名就构成了宏组。为该组指定一个有意义的名称,可以提高宏的可读性。宏组不会影响操作的执行方式,也不能单独调用或运行。创建宏组的方法与创建宏的方法基本相同。不同的是,在宏组的创建过程中需要对宏组命名。

【例 6-2】 在"学生管理"数据库中创建名为"宏组示例"的宏。宏中包含两个组:宏组1和宏组2。宏组1中包含一个Message-Box操作,宏组2中也包含一个MessageBox操作。宏运行后,依次执行两个组中所包含的MessageBox操作。

步骤1 打开"学生管理"数据库,然后在"创建"选项卡的"宏与代码"功能组中单击"宏"按钮,打开宏设计窗口。

步骤2 创建宏组1。在"宏1"设计窗口的"添加新操作"下拉列表中选择"Group"命令,并设置宏名称为"宏组1"。然后在"宏组1"内部的"添加新操作"下拉列表中选择"MessageBox"命令并设置操作参数,如图6-6所示。

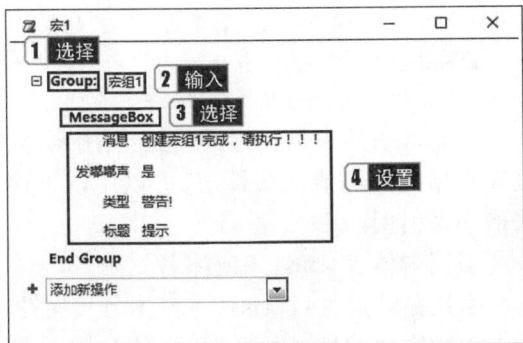

图6-6 创建宏组1

步骤3 创建宏组2。在"宏1"设计窗口的"添加新操作"下拉列表中选择"Group"命令,并设置宏名称为"宏组2"。然后在"宏组2"内部的"添加新操作"下拉列表中选择"MessageBox"命令,并设置操作参数,如图6-7所示。

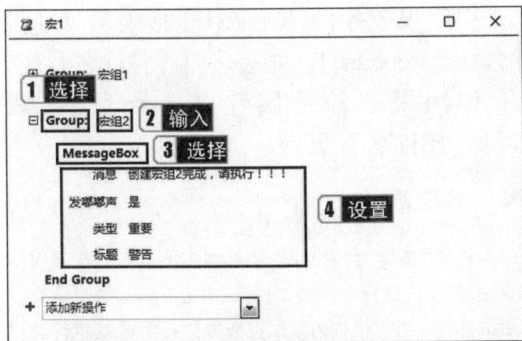

图6-7 创建宏组2

步骤4 单击快速访问工具栏中的"保存"按钮,此时会弹出"另存为"对话框,然后在"宏名称"文本框中输入"宏组示例",再单击"确定"按钮。

步骤5 在"设计"选项卡的"工具"功能组中单击"运行"按钮,执行宏操作后的结果如图6-8所示。

宏组1

宏组2

图6-8 宏组执行结果

> 🔍 **请注意**
>
> 宏组"Group"可以嵌套,Access允许最多嵌套9级。分组宏的命名方法与其他数据库对象相同,调用宏中分组的格式为:组名.宏名。

6.2.3 创建条件宏

在数据处理过程中,希望当满足指定条件时才执行宏的一个或多个操作,可以使用"If"块进行程序流程控制。还可以使用"Else If"和"Else"块来扩展"If"块,类似于VBA等编程语言。

【例6-3】 在"学生管理"数据库中创建一个"时间条件宏",根据当前的系统时间显示不同的欢迎界面。如果当前系统时间小于12:00,显示"上午好";如果当前系统时间小于18:00,显示"下午好";否则显示"晚上好"。

步骤1 打开"学生管理"数据库,然后在"创建"选项卡的"宏与代码"功能组中单击"宏"按钮,打开宏设计窗口。

步骤2 在"宏1"设计窗口的"添加新操作"下拉列表中选择"If"命令,并设置条件表达式为"Time( )<#12:00:00#"。然后在"If"内部的"添加新操作"下拉列表中选择"MessageBox"命令,并设置操作参数,如图6-9所示。

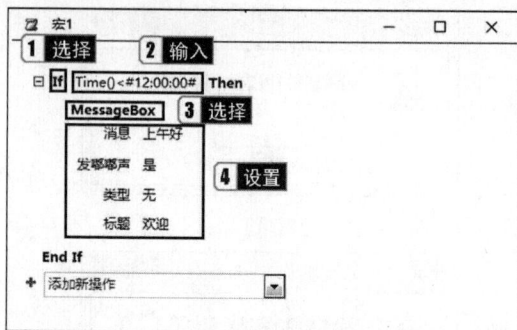

图 6-9 创建"If"块进行流程控制

步骤3 在"宏1"设计窗口的"添加新操作"下拉列表中选择"Else If"命令，并设置条件表达式为"Time( ) < #18：00：00#"。然后在"Else If"内部的"添加新操作"下拉列表中选择"MessageBox"命令，并设置操作参数，如图6-10所示。

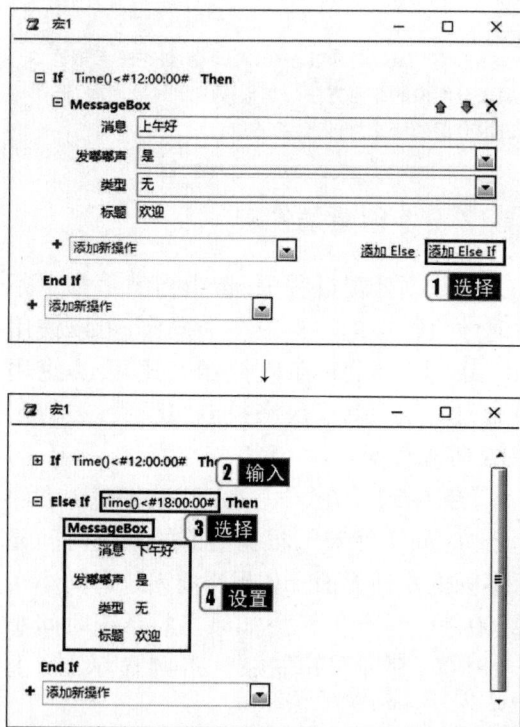

图 6-10 创建"Else If"块进行流程控制

步骤4 在"宏1"设计窗口的"添加新操作"下拉列表中选择"Else"命令，然后在"Else"内部的"添加新操作"下拉列表中选择"MessageBox"命令，并设置操作参数，如图6-11所示。

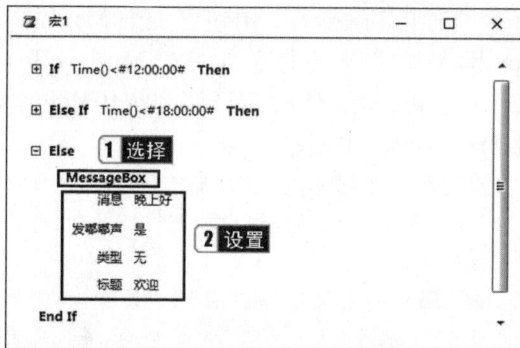

图 6-11 创建"Else"块进行流程控制

步骤5 单击快速访问工具栏中的"保存"按钮，此时会弹出"另存为"对话框，然后在"宏名称"文本框中输入"时间条件宏"，再单击"确定"按钮。

步骤6 在"设计"选项卡的"工具"功能组中单击"运行"按钮，可以查看宏执行的结果。

在输入条件表达式时，可能会引用窗体、报表或相关控件值及属性值，可以用以下语法格式来引用。

引用窗体：Forms！［窗体名］

引用窗体属性：Forms！［窗体名］.属性

引用窗体控件：Forms！［窗体名］！［控件名]或［Forms］！［窗体名］！［控件名］

引用窗体控件属性：Forms！［窗体名］！［控件名］.属性

引用报表：Reports！［报表名］

引用报表属性：Reports！［报表名］.属性

引用报表控件：Reports！［报表名］！［控件名]或［Reports］！［报表名］！［控件名］

引用报表控件属性：Reports！［报表名］！［控件名］.属性

🔍 **请注意**

设置"条件"的含义是：如果前面的条件式结果为True，则执行此行中的操作；若结果为False，则忽略其后的操作。在"If"块内可以在条件为真时连续执行其后的操作。

真题演练

【例1】下列关于宏操作 MessageBox 的叙述中，错误的是(　　)。

A)可以在消息框中给出提示或警告信息

B)可以设置在显示消息框的同时扬声器发出嘟嘟声

C)可以设置消息框中显示的按钮的数目

D)可以设置消息框中显示的图标的类型

【解析】宏操作 MessageBox 的功能是给出提示或警告信息，在消息参数中可以设置提示信息，也可以选择是否发出嘟嘟声；在类型参数中可以设置消息框中显示的图表类型，包括"重要""警告？""警告！""信息"4种。但消息框中显示的按钮数目是固定的，不能自行设置。故选项 C 错误。

【答案】C

【例2】有宏组 M1，依次包含 Macro1 和 Macro2 两个子宏，以下叙述中错误的是(　　)。

A)创建宏组的目的是方便对宏的管理

B)可以用 RunMacro 宏操作调用子宏

C)调用 M1 中 Macro1 的正确形式是 M1.Macro1

D)如果调用 M1 则会顺序执行 Macro1 和 Macro2 两个子宏

【解析】创建宏组的目的是将几个相关操作的宏组织在一起，方便对宏的管理。宏在宏操作中，可以使用"RunMacro"或"OnError"宏操作调用宏，但"RunMacro"宏操作不能调用子宏。一个宏组中可以含有一个或多个子宏，每个子宏中又可以包含多个宏操作。子宏拥有单独的名称，可独立运行，也可作为整体运行。作为整体运行时子宏按照排序顺序执行。故选项 B 错误。

【答案】B

【例3】在宏的参数中，要引用窗体 F1 上的 Text1 文本框的值，应该使用的表达式是(　　)。

A)[Forms]![F1]![Text1]

B)Text1

C)[F1].[Text1]

D)[Forms]_[F1]_[Text1]

【解析】宏在输入条件表达式时可能会引用窗体或报表上的控件值，使用语法如下：Forms![窗体名]![控件名]或[Forms]![窗体名]![控件名]和 Reports![报表名]![控件名]或[Reports]!

[报表名]![控件名]。故选项 A 正确。

【答案】A

【例4】下列关于自动宏的叙述中，正确的是(　　)。

A)若打开数据库时不需要执行自动宏，需同时按住 < Alt > 键

B)若打开数据库时不需要执行自动宏，需同时按住 < Shift > 键

C)若设置了自动宏，则打开数据库时必须执行自动宏

D)打开数据库时只有满足了事先设定的条件才执行自动宏

【解析】在 Access 中，AutoExec 是一个特殊的宏，它在启动数据库时会自动运行，这种自动运行的宏是一种典型的独立宏。打开数据库时自动宏会自动执行，不需要满足条件。虽然设置了自动宏，但若要在打开数据库时取消自动宏的执行，则可以在打开数据库的同时按住 < Shift > 键。故选项 B 正确。

【答案】B

6.3　宏的运行与调试

Access 中宏的使用非常灵活，并且能完成很多重要的操作。下面将介绍 Access 中运行宏的基本方法，以及如何对宏进行调试。

6.3.1　宏的运行

宏有多种运行方式，可以直接运行某个宏，还可以通过响应窗体、报表及其中控件的事件来运行宏。

1　直接运行宏

使用下列操作方法之一即可直接运行宏。

①用户可以在宏设计视图中单击"执行"按钮运行宏。

②直接在"导航"窗口中双击宏名来运行宏。

③可以把宏与窗体或报表中的事件相关联，用事件来触发宏。

④在 VBA 代码中使用 DoCmd 对象的 RunMacro 命令来运行宏。

2 通过响应窗体、报表及控件的事件运行宏或事件过程

在 Access 中可以通过设置窗体、报表及控件上发生的事件来响应宏或事件过程。操作步骤如下。

①打开窗体或报表，将视图设置为设计视图。

②设置窗体、报表及控件的有关事件属性为宏的名称或事件过程。

③在打开窗体、报表后，如果发生响应事件，则会自动运行设置的宏或事件过程。

🔍 **请注意**

在宏运行过程中，可以打开或关闭数据库、修改窗体属性设置、执行查询、操作数据表对象，但不能修改宏本身。

6.3.2 宏的调试

如果创建的宏在执行后所得的结果和预期的不一样，还可以通过"单步"执行宏的方式一步一步地执行宏，从而检查出其中的错误。

【例6-4】 在"学生管理"数据库中调试"时间条件宏"，从中发现并纠正错误操作。

▶步骤1 右键单击"时间条件宏"，然后在弹出的快捷菜单中选择"设计视图"命令。

▶步骤2 在"设计"选项卡的"工具"功能组中单击"单步"按钮，然后单击"执行"按钮，此时会弹出"单步执行宏"对话框，如图 6-12 所示。

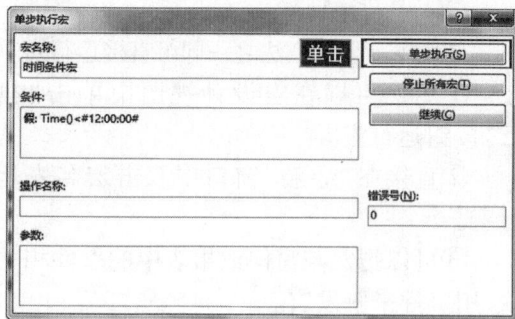

图6-12 "单步执行宏"对话框

▶步骤3 单击"单步执行"按钮，每单击一次，系

统就会执行宏中的一个操作，这样就可以观察到宏中每一步操作的执行情况，从而发现具体是哪一步操作出现了问题。

"单步执行宏"对话框中各功能按钮的说明如下。

● 单步执行：指定执行操作时，采用"单步执行"模式。

● 停止所有宏：停止宏的执行，即后续的所有操作都不再执行。

● 继续：取消单步执行宏模式，宏中的操作将自动依次执行。

真题演练

【例】下列运行宏的方法，错误的是（　　）。

A）单击宏名运行宏

B）双击宏名运行宏

C）在宏设计器中选择"运行"菜单下的"运行"命令

D）单击功能组中的"运行"按钮

【解析】若要运行宏可以通过双击宏名运行宏、也可以单击功能组中的"运行"按钮，还可以在宏设计器中选择"运行"菜单下的"运行"命令。用单击宏名的方法不能运行宏。故选项 A 错误。

【答案】A

6.4 宏操作

Access 2016 把宏操作按性质分为 8 组，包括窗口管理、宏命令、筛选/查询/搜索、数据导入/导出、数据库对象、数据输入操作、系统命令、用户界面命令。本节将首先给出 Access 中的常见宏操作，然后对一些重要的宏操作进行介绍。

6.4.1 常见的宏操作

常见的宏操作如表 6-1 ～ 表 6-6 所示。

表6-1　　打开或关闭数据库对象

命令	功能
OpenTable	打开指定数据表
OpenQuery	打开指定查询
OpenForm	打开指定窗体
OpenReport	打开指定报表
RunMacro	运行指定宏对象
RunCode	运行指定 VBA 中的 Function 过程
CloseWindow	关闭指定的 Access 窗口
CloseDatebase	关闭当前数据库
QuitAccess	退出 Access 时选择一种保存方式

表6-2　　刷新、查找数据或定位记录

命令	功能
Requery	重新查询控件的数据源从而更新控件中的数据，即刷新控件数据
FindRecord	查找满足指定条件的第一条记录
FindNext	查找满足指定条件的下一条记录
ApplyFilter	应用筛选，选择满足指定条件的记录
GotoControl	转移焦点到窗体、报表的特定控件上
GotoRecord	使指定记录成为打开的表、窗体或查询的当前记录

表6-3　　窗口操作命令

命令	功能
MaximizeWindow	使活动窗口最大化
MinimizeWindow	使活动窗口最小化
MoveAndSizeWindow	移动活动窗口或调整其大小
RestoreWindow	将最大、最小化窗口恢复至原始大小

表6-4　　　　　宏操作

命令	功能
CancelEvent	取消使宏运行的 Access 事件
ClearMacroError	清除 MacroError 中的上一个错误
OnError	定义宏出现错误时如何处理
StopAllMacros	中止当前所有宏的运行，包括自身宏
StopMacros	停止运行当前正在运行的宏

表6-5　　　　通知或警告操作

命令	功能
Beep	使计算机发出嘟嘟声
MessageBox	弹出提示信息对话框
SetWarnings	关闭或打开所有的系统消息
Echo	使用 Echo 操作指定是否打开回响

表6-6　　　　其他宏操作

命令	功能
SetPropetry	设置窗体、报表的控件属性值
SetValue	设置窗体、报表上的字段值或控件属性值
PrintOut	打印数据表、报表、窗体和数据访问页与模块
SendObject	可以使用 SendObject 操作在电子邮件中添加指定的 Microsoft Access 数据表、表单、报表或模块，同时还能查看和转发电子邮件
AddMenu	添加自定义菜单栏
SetMenuItem	设置活动窗口的自定义菜单栏或全局菜单栏的状态

6.4.2　常见宏操作示例

本小节主要介绍一些常见宏的操作方法。

1 OpenTable（打开表）、OpenQuery（打开查询）

参数说明如下。

①表名称（查询名）：打开表（或查询）的名称。

②视图：可选择"数据表""设计""打印预览"等，默认为"数据表"。

③数据模式：可选择"添加"、（可添加记录，但不能修改以前的数据）、"编辑"（对数据进行修改）和"只读"（仅可以查看数据，不能编辑数据）。

例如，图6-13所示的操作为打开"学生"表，表中的数据可以修改；图6-14所示的操作为打开"学生成绩查询"，但不能修改查询中的数据。

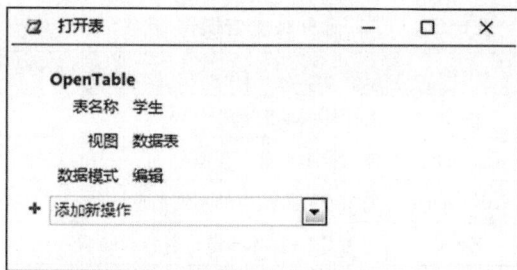

图 6-13　打开表宏操作

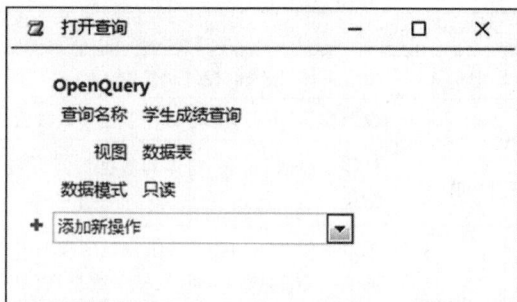

图 6-14　打开查询宏操作

② OpenForm（打开窗体）、OpenReport（打开报表）

参数说明如下。

①窗体（报表）名称：打开窗体（报表）名称。

②视图：可选择"窗体""设计""打印预览""数据表""数据透视表""数据透视图""布局"等视图；OpenForm 默认为窗体视图，OpenReport 默认为报表视图。

③筛选名称：对窗体或报表的记录进行限制或排序的筛选。

④当条件：一个有效的 Where 子句或表达式。

⑤数据模式：可选择"添加""编辑""只读"（打开报表没有此项参数）。

⑥窗口模式：有"普通""隐藏""图标""对话框"等，默认为"普通"。

例如，图 6-15 所示为打开"学生"窗体的宏，视图为"窗体"，数据模式为"只读"，窗口模式为"普通"，并且在窗体中仅显示女学生的信息。图 6-16 所示为打开"学生平均成绩"报表的宏，视图为"打印预览"，在报表中仅显示成绩在 90 分以上的信息。

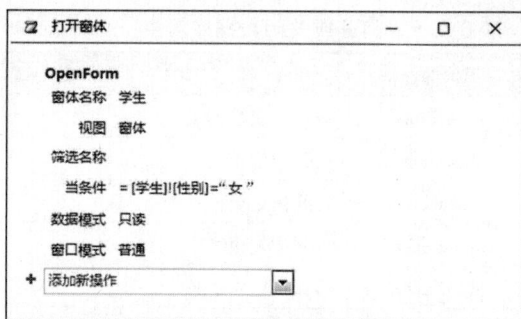

图 6-15　打开窗体宏操作

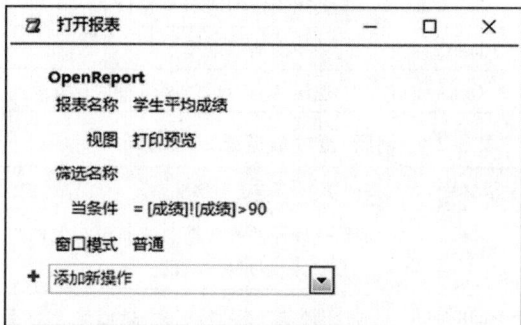

图 6-16　打开报表宏操作

6.4.3　通过事件触发的宏

① 事件的概念

事件（Event）是 Access 窗体、报表和控件等对象可以"识别"的动作。例如，窗体打开（Open）、单击（Click）、双击（DblClick）等。

事件是预先定义好的活动，可以提前给事件编写宏或事件程序。一个对象拥有的事件是由系统本身定义的，为事件编写的宏或事件过程决定了事件被引发后要执行的操作。事件过程是为响应用户或程序代码引发的事件或由系统触发的事件而运行的过程。

② 常见的事件过程

Access 窗体、报表和控件拥有众多事件，常见事件如下。

（1）处理鼠标操作事件

单击（Click）：对于控件，此事件在单击时发生；对于窗体，此事件在单击记录选择器、节或控件之外的区域时发生。

双击（DblClick）：当在控件或它的标签

上双击时发生;对于窗体,在双击空白区或窗体上的记录选择器时发生。

鼠标按下(MouseDown):当鼠标指针位于窗体或控件上时,按下鼠标键时发生。

鼠标移动(MouseMove):当鼠标指针在窗体、窗体选择内容或控件上移动时发生。

鼠标释放(MouseUp):当鼠标指针位于窗体或控件上时,释放鼠标键时发生。

(2)处理键盘输入事件

键按下(KeyDown):当控件或窗体有焦点,并按下任意键时发生。

键释放(KeyUp):当控件或窗体有焦点,释放一个按下键时发生。

击键(KeyPress):当控件或窗体有焦点时,按下并释放一个产生标准 ANSI 字符的键或组合键后发生。

(3)窗体事件

①在打开窗体时,将按照下列顺序发生相应的事件。

Open(打开):当窗体打开时发生。

Load(加载):当打开窗体且显示了它的记录时发生;此事件发生在 Current 事件之前,Open 事件之后。

Resize(调整大小):当窗体的大小发生变化或窗体第一次显示时发生。

Activate(激活):当窗体成为激活窗口时发生。

Current(成为当前):发生在窗体第一次打开时。

②在关闭窗体时,将按照下列顺序发生相应的事件。

Unload(卸载):当窗体关闭,并且它的记录被卸载,从屏幕上消失之前发生。

Deactivate(停用):当同为一个应用程序的 Access 窗口成为激活窗口时,在此窗口成为激活窗口之前发生。

Close(关闭):当关闭窗体,其从屏幕上消失时发生。

(4)其他事件

Change(更改):当文本框或组合框的文本内容发生更改时发生,在选项卡控件中从某一页移动到另一页时该事件也会发生。

Enter(进入):发生在控件实际接收焦点之前。

Exit(退出):正好在焦点从一个控件移动到同一个窗体上的另一个控件之前发生。

GotFocus(获得焦点):当一个控件、一个没有激活的控件或有效控件的窗体接收焦点时发生。

LostFocus(失去焦点):当窗体或控件失去焦点时发生。

真题演练

【例1】窗体上有一个按钮,当单击该按钮后窗体标题改为"信息",设计按钮对应的宏时应选择的宏操作是(　　)。

A)AddMenu

B)RepaintObject

C)SetMenuItem

D)SetProperty

【解析】AddMenu 宏操作用于为窗体或报表添加自定义的菜单栏;RepaintObject 宏操作用于完成指定数据库对象的屏幕更新;SetMenuItem 宏操作用于设置活动窗口自定义菜单栏中的菜单项状态;SetProperty 宏操作可以设置窗体或报表上控件的属性。故选项 D 正确。

【答案】D

【例2】如果要在已经打开的窗体中的某个字段上使用宏操作 FindRecord 进行查找定位,首先应该进行的操作是(　　)。

A)用宏操作 GoToControl 将焦点移到指定的字段或控件上

B)用宏操作 SetValue 设置查询条件

C)用宏操作 GoToRecord 将首记录设置为当前记录

D)用宏操作 GoToPage 将焦点移到窗体指定页的第一个控件上

【解析】FindRecord 宏操作可以查找与给定的数据相匹配的首条记录,该操作可以用于在数据表视图、查询和窗体的数据源中查找记录。使用 Goto-

Control 宏操作可以把焦点移动到打开的窗体以及特定的字段或控件上,在使用 FindRecord 查找定位之前应使用 GotoControl 宏操作将焦点移到指定的字段或控件上。故本题 A 选项正确。

【答案】A

【例 3】打开窗体时,触发事件的顺序是(　　)。

A)打开,加载,调整大小,激活,成为当前

B)加载,成为当前,打开,调整大小,激活

C)打开,激活,加载,调整大小,成为当前

D)加载,打开,调整大小,成为当前,激活

【解析】由于窗体的事件比较多,在打开窗体时,将按照下列顺序发生相应的事件:打开(Open)→加载(Load)→调整大小(Resize)→激活(Activate)→成为当前(Current)。故选项 A 正确。

【答案】A

课后总复习

一、选择题

1.使用宏设计器,不能创建的宏是(　　)。

A)操作系列宏　　　　　B)复合宏

C)宏组　　　　　　　　D)条件宏

2.在设计条件宏时,对于连续重复的条件,要代替重复条件表达式可以使用符号(　　)。

A)…　　　　　　　　　B):

C)!　　　　　　　　　D)=

3.下列关于嵌入宏的叙述中,正确的是(　　)。

A)嵌入宏不是独立的对象

B)嵌入宏可以在导航窗格中被直接运行

C)嵌入宏不能与其被嵌入的对象一起被复制

D)同一个嵌入宏可以被多个对象调用

4.对象可以识别和响应的行为称为(　　)。

A)属性　　　　　　　　B)方法

C)继承　　　　　　　　D)事件

5.在运行宏的过程中,宏不能修改的是(　　)。

A)窗体　　　　　　　　B)宏本身

C)表　　　　　　　　　D)数据库

6.宏操作 OpenReport 的功能是(　　)。

A)打开窗体　　　　　　B)打开报表

C)打开查询　　　　　　D)打开表

7.若要执行指定的外部应用程序,应使用的宏操作是(　　)。

A)RunCommand　　　　B)RunSQL

C)RunApp　　　　　　 D)DoCmd

8.某窗体中有一命令按钮,在窗体视图中单击此命令按钮运行另一个应用程序。如果想通过调用宏对象完成此功能,则需要执行的宏操作是(　　)。

A)RunApp　　　　　　 B)RunCode

C)RunMacro　　　　　 D)RunSQL

二、操作题

1.在素材文件夹下有一个数据库文件"samp3.accdb",里面已经设计好了表对象"产品""供应商",查询对象"按供应商查询",宏对象"打开产品表""运行查询""关闭窗口"等。请按以下要求完成设计。

(1)当单击"显示修改产品表"命令按钮时,运行宏"打开产品表",即可浏览"产品"表。

(2)当单击"查询"命令按钮时,运行宏"运行查询",即可启动查询"按供应商查询"。

(3)当单击"退出"命令按钮时,运行宏"关闭窗口",关闭"menu"窗体,返回到数据库窗口。

2.在素材文件夹下有一个数据库文件"samp3.mdb",里面已经设计好了表对象"tBorrow""tReader""tBook",宏对象"rpt"。请将宏对象"rpt"改名为"mReader"。

第7章
VBA 编程基础

章前导读

通过本章，你可以学习到：

◎ 模块的概念及创建方法

◎ VBA面向对象设计的基本概念

◎ 变量与常量、数据类型

◎ VBA程序流程控制语句

◎ VBA程序的调试与错误的处理方法

本章评估		学习点拨
重要度	★★★★	本章介绍模块的相关知识以及VBA编程的相关内容，是本书的重点，也是难点。要求考生掌握的概念知识比较多，同时也有操作题中经常会考核的内容。 　学习这部分内容时，要掌握相关知识并配合上机操作，这样才能快速掌握并灵活运用各个知识点。
知识类型	理论+应用	
考核类型	选择题+操作题	
所占分值	选择题：约6.4分　操作题：约3分	
学习时间	7课时	

本章学习流程图

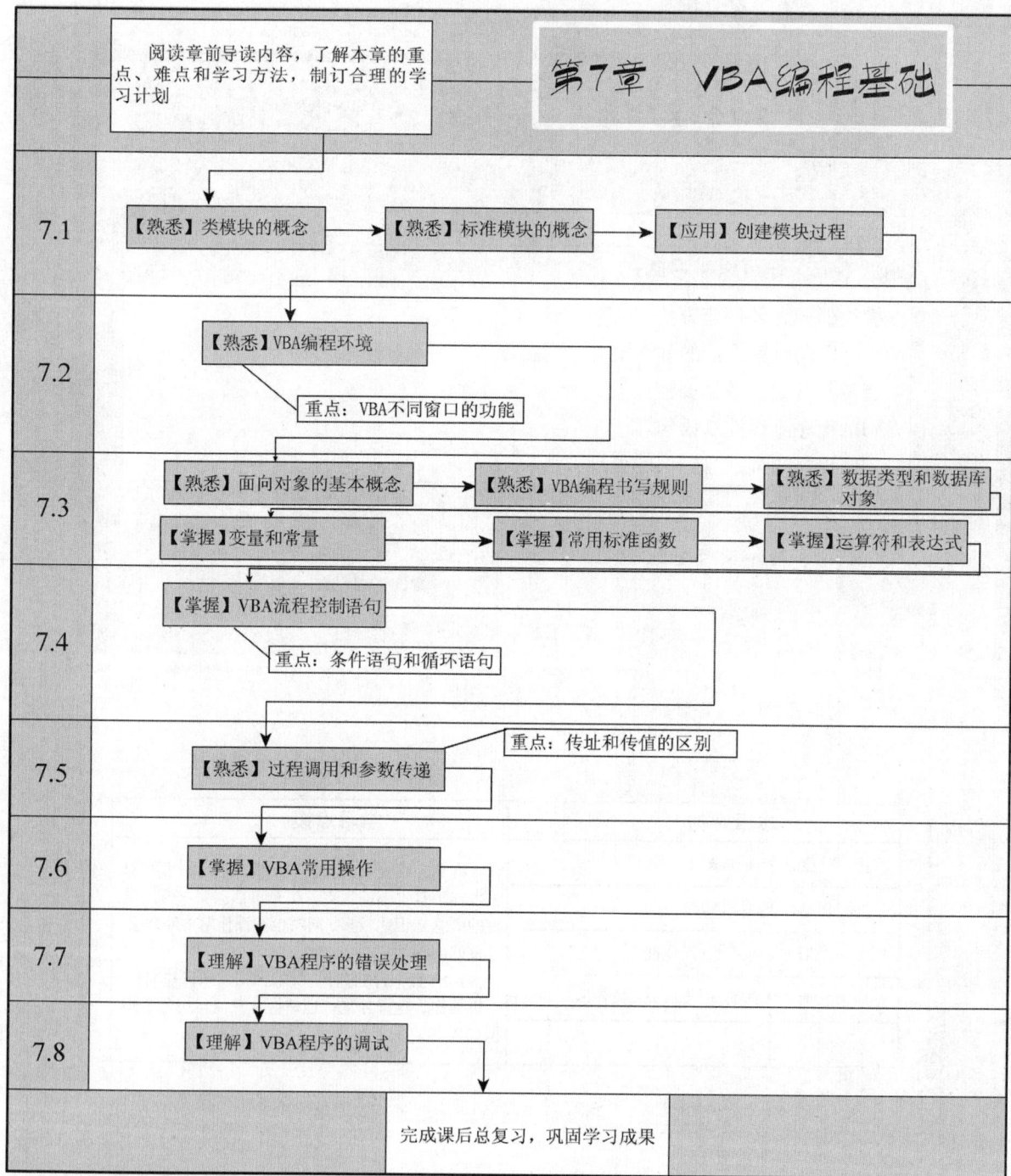

	阅读章前导读内容，了解本章的重点、难点和学习方法，制订合理的学习计划	第7章 VBA编程基础
7.1	【熟悉】类模块的概念 → 【熟悉】标准模块的概念 → 【应用】创建模块过程	
7.2	【熟悉】VBA编程环境 重点：VBA不同窗口的功能	
7.3	【熟悉】面向对象的基本概念 → 【熟悉】VBA编程书写规则 → 【熟悉】数据类型和数据库对象 【掌握】变量和常量 → 【掌握】常用标准函数 → 【掌握】运算符和表达式	
7.4	【掌握】VBA流程控制语句 重点：条件语句和循环语句	
7.5	重点：传址和传值的区别 【熟悉】过程调用和参数传递	
7.6	【掌握】VBA常用操作	
7.7	【理解】VBA程序的错误处理	
7.8	【理解】VBA程序的调试	
	完成课后总复习，巩固学习成果	

7.1 模块的基本概念

模块是 Access 中的一个重要对象,它是以 VBA 声明、语句和过程作为一个独立单元的组合。每个模块都独立保存并对应于其中的 VBA 代码。模块分为两大类:类模块和标准模块。本节主要介绍模块的概念及创建模块的方法。

7.1.1 类模块

类模块是指包含新对象定义的模块。

用户新建一个类的实例的同时,也创建了新的对象,在模块内定义的任何过程都会变成这个对象的属性和方法。类模块又分为3 种:窗体模块、报表模块和独立的类模块。

窗体模块是指与特定的窗体相关联的类模块。当用户向窗体对象中添加代码时,用户将在 Access 数据库中创建新类。用户为窗体所创建的事件处理过程是这个类的新方法。用户使用事件过程对窗体的行为及用户操作进行响应。

报表模块是指与特定的报表相关联的类模块,包含响应报表、报表段、页眉和页脚所触发的事件代码。对报表模块的操作与对窗体模块的操作类似。

独立的类模块不依附于窗体和报表,独立存在,它可以为自定义对象创建模块。

7.1.2 标准模块

标准模块是指存放整个数据库可用的函数和过程的模块。

标准模块包含与任何其他对象都无关的通用过程,以及可以在数据库的任何位置运行的常规过程。

标准模块与类模块的主要区别在于范围和生命周期方面。在与对象相关的类模块中,声明或存在的任何变量或常量的值都仅在该代码运行时可用,且仅在该对象中可用。

7.1.3 创建模块过程

模块是装载 VBA 代码的容器。一个模块包含声明区域和一个或多个过程。模块的声明区域是指用来声明模块所使用的变量等项目区域,一般位于模块的最开始。

1 在模块中加入过程

过程是模块的单元组成,由 VBA 代码编写而成,分为 Sub 子过程和 Function 函数过程。

进入窗体或报表的设计视图,在"设计"选项卡的"工具"功能组中单击"查看代码"按钮,即可进入类模块的设计和编辑窗口。在数据库窗体中"创建"选项卡的"宏与代码"功能组中单击"模块"对象标签,即可进入标准模块的设计和编辑窗口。

模块的声明区域用于声明模块使用的变量等内容,每个模块都包含一个声明区域,其中包含一个或几个 Sub 子过程和 Function 函数过程。

(1)Sub 子过程

Sub 子过程只执行一系列的操作,不返回任何值。

格式
```
Sub 过程名
    [代码]
End Sub
```

(2)Function 函数过程

格式
```
Function 过程名
    [代码]
End Function
```

请注意

Sub 子过程可以用 Call 关键字调用,Function 函数过程则不能用 Call 关键字调用执行。

2　在模块中执行宏

在模块中执行宏,可以使用 DoCmd 对象的 RunMacro 方法。

格式

DoCmd.RunMacro Macro Name[,Repeat Count][,Repeat Expression]

说明

Macro Name 表示宏的有效名称。

Repeat Count 用于计算宏的运行次数。

Repeat Expression 为数值表达式,在结果不等于 False(0)时一直进行计算,在结果等于 False 时停止运行宏。

真题演练

【例】在下列关于宏和模块的叙述中,正确的是(　　)。

A)宏可以是独立的数据库对象,可以提供独立的操作动作

B)模块是能够被程序调用的函数

C)通过定义宏可以选择或更新数据

D)宏或模块都不能是窗体或报表上的事件代码

【解析】本题主要考查宏与模块的概念。宏是 Access 中的一个对象;宏是由一个或多个操作组成的集合,其中每个操作均能实现特定的功能。在 VBA 中过程是模块的组成单位,由 VBA 代码编写而成。过程分为两种类型:Sub 子过程和 Function 函数过程。宏不具有选择数据的功能。模块包含 VBA 代码,它可以是窗体或报表上事件的代码。故选项 A 正确。

【答案】A

7.2　VBA 编程环境

Access 是面向对象的数据库,支持面向对象的程序开发技术。Visual Basic for Application(简称 VBA)语言是 Access 开发的应用程序核心,也是开发 Access 向导和宏所不能涉及的应用程序的关键。

本节主要介绍 VBA 界面的基本构成和各部分功能,以及如何进入 VBA 界面和简单模块的创建。

7.2.1　VBA 主界面

VBA 主界面包括 VBA 工具栏和各个窗口,如图 7-1 所示。

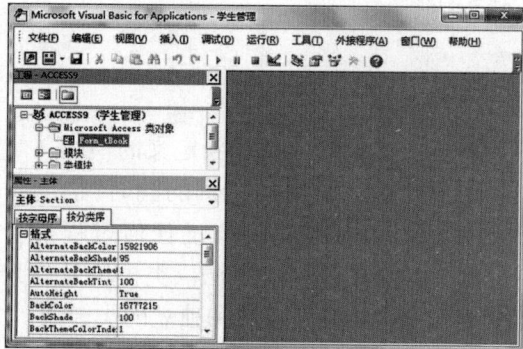

图 7-1　VBA 主界面

VBA 使用多种不同的窗口来显示不同的对象或完成不同的任务。VBA 中的窗口有代码窗口、立即窗口、本地窗口、监视窗口、工程资源管理器、属性窗口和对象浏览器等,如图 7-1 所示。可以选择 VBA 窗口中"视图"菜单下的命令来打开相应的窗口。下面分别介绍这些窗口的作用与功能。

(1)代码窗口

代码窗口主要用来编辑 VBA 代码。代码窗口的上方包含"对象"下拉列表框和"过程/事件"下拉列表框。先在"对象"下拉列表中选择指定的对象(或控件),然后通过"过程/事件"下拉列表选择指定事件,即可向代码窗口中插入指定对象的事件代码。图 7-2 所示表示当前触发的事件是"主体"的单击事件(Click)。

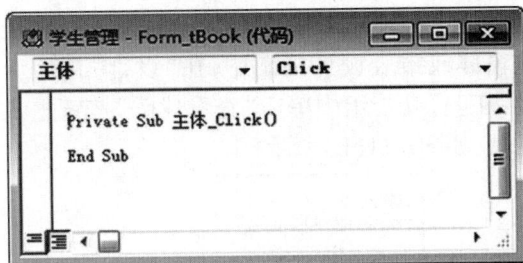
图 7-2　代码窗口

在代码窗口中编写代码时，Access 系统会根据所输入的代码出现各种上下文提示、属性或方法选择列表，能够帮助用户大幅提高代码的编写效率和准确性。

（2）立即窗口

在立即窗口中可直接输入代码，然后按 <Enter> 键执行，通常用于程序的调试。需要注意的是，在立即窗口中输入的代码是不能保存的。

图 7-3 所示为在立即窗口中输入"debug. Print now"，按 <Enter> 键后则显示当前系统的时间。其中"debug. Print"表示调试输出其后指定的信息；如果在代码窗口的 VBA 程序中使用该语句，也可以将指定信息输出到"立即窗口"中。

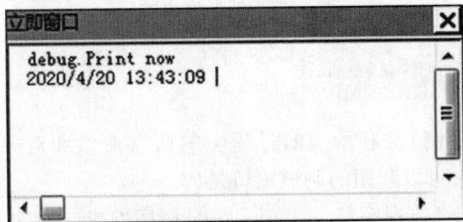
图 7-3　立即窗口

（3）本地窗口

本地窗口内部会自动显示出所有在当前过程中的变量声明和变量值，从而可以观察程序的运行状态，如图 7-4 所示。

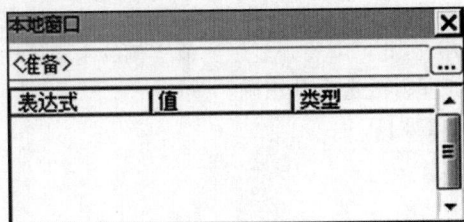
图 7-4　本地窗口

（4）监视窗口

监视窗口用于显示当前工程中定义的监视表达式的值。当工程中定义有监视表达式时，该窗口会自动出现，从而可以监视指定对象的状态，如图 7-5 所示。

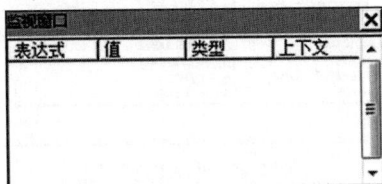
图 7-5　监视窗口

（5）工程资源管理器

工程资源管理器中显示了工程（即模块的集合）的分层结构列表，以及每个工程所包含与引用的项目，如图 7-6 所示。

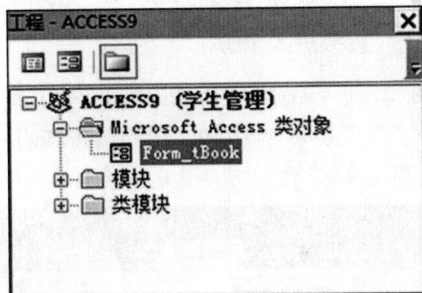
图 7-6　工程资源管理器

（6）属性窗口

属性窗口中列出了所选取对象的属性，可在设计时查看、改变这些属性，如图7-7所示。

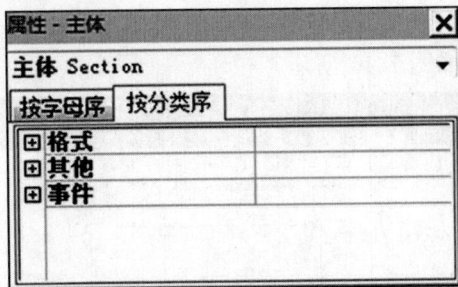
图 7-7　属性窗口

（7）对象浏览器

对象浏览器用于显示对象库和工程中的可用类、属性、方法、事件及常数变量。它可以用来搜索、使用即有的对象，或来源于其他应用程序的对象。在编写代码时还可以通过对象浏览器获取遗忘的信息，如图7-8所示。

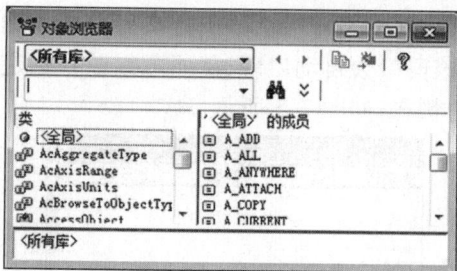

图7-8 对象浏览器

7.2.2 进入 VBA 的方法

VBA 是 Access 提供的编程界面，是编辑 VBA 代码时使用的界面。在 Access 2016 中，进入 VBA 编程环境有如下 3 种方式。

1 直接进入 VBA

在 Access 数据库中，在"数据库工具"选项卡的"宏"功能组中单击"Visual Basic"按钮，如图7-9所示。

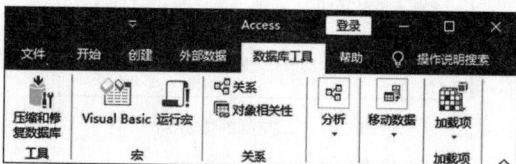

图7-9 "数据库工具"选项卡

2 创建模块进入 VBA

在 Access 数据库中，在"创建"选项卡的"宏与代码"功能组中单击"Visual Basic"按钮，如图7-10所示。

图7-10 "创建"选项卡

3 通过窗体和报表等对象的设计进入 VBA

通过窗体和报表等对象的设计进入 VBA 有以下两种方法：一种是通过控件的单击事件

响应进入 VBA，如图 7-11(a)所示；另一种是在窗体或报表设计视图中，在"设计"选项卡的"工具"功能组中单击"查看代码"按钮进入 VBA，如图7-11(b)所示。

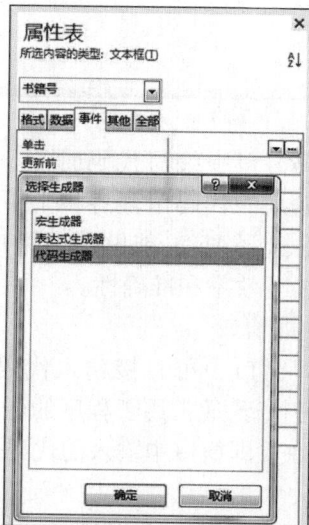

(a)

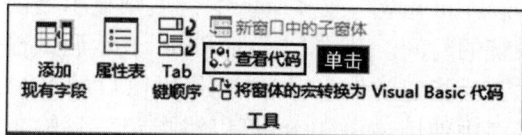

(b)

图7-11 选择生成器

真题演练

【例】要显示当前过程中的所有变量和对象的取值，可以利用的调试窗口是(   )。

A)监视窗口　　　　　B)调用堆栈

C)立即窗口　　　　　D)本地窗口

【解析】本题主要考查各个窗口的功能。本地窗口内部会自动显示出所有在当前过程中的变量声明和变量值。本地窗口打开后，列表中的第一项内容是一个特殊的模块变量。类模块定义为 Me，Me 是对当前模块定义的当前实例的引用。由于它是对象引用，因此可以展开显示当前实例的全部属性和数据成员。故选项 D 正确。

【答案】D

7.3 VBA 程序设计基础

Visual Basic 是微软公司推出的可视化 Basic 语言,简称 VB,用它来编程非常简单。因为操作简单,而且功能强大,所以微软公司将它的一部分代码功能结合到 Office 中,形成了 VBA。它的很多语法继承自 VB,所以用户可以像编写 VB 程序那样来编写 VBA 程序,以实现某个功能。当一段程序编译通过以后,用户将其保存在 Access 的一个模块中,并通过类似在窗体中触发宏的操作来启动这个模块,从而实现相应的功能。

在运行机制上,VBA 是以伪代码(P-Code)的形式运行的。它的功能主要通过模块来实现,是一种面向对象的编程方法。

7.3.1 面向对象的基本概念

1 对象和集合

对象是指由描述该对象属性的数据及可以对这些数据施加的所有操作封装在一起构成的统一体,可以看成是一个独立的单元。

一个对象就是一个实体,每个实体都有各自的属性,如一辆汽车是一个实体,汽车的颜色、品牌就是它的属性。不同实体的属性是不同的,汽车和自行车是两个不同的实体,它们具有的属性显然是不同的。

集合表示的是某类对象所包含的实例构成。

2 属性和方法

属性是类中用于描述对象特征的数据,是对客观世界实体性质的抽象。

属性的引用方式如下。

格式
```
对象.属性
```

方法是对象所能执行的操作,VBA 中的方法由过程或函数组成。

方法的引用方式如下。

格式
```
对象.属性
```

Access 数据库提供了表、窗体、报表等 7 种对象,还提供了一个 DoCmd 对象。其主要功能是通过调用内部方法来实现 VBA 对 Access 中的操作。调用格式如下。

格式
```
DoCmd.OpenReport reportname[,view][,filtername][,wherecondition]
```

事件是指 Access 中的对象可以识别的动作,如单击等。

在 Access 中,有两种方式可以用来处理窗体、报表或控件的事件响应,一种是使用宏对象来设置事件属性;另一种是使用事件过程,即为某个事件编写 VBA 代码过程。

事件过程是为某个事件编写 VBA 代码过程,用于完成指定动作。

主要对象事件如表 7-1 ~ 表 7-9 所示。

表 7-1 窗体的主要事件过程

事件动作	说明
OnLoad	加载窗体时触发的事件
OnUnLoad	卸载窗体时触发的事件
OnOpen	打开窗体时触发的事件
OnClose	关闭窗体时触发的事件
OnClick	单击窗体时触发的事件
OnDbClick	双击窗体时触发的事件
OnMouseDown	按下鼠标时触发的事件
OnKeyPress	按下并释放键盘键时触发的事件
OnKeyDown	按下键盘键时触发的事件

表 7-2 报表的主要事件过程

事件动作	说明
OnOpen	打开报表时触发的事件
OnClose	关闭报表时触发的事件

表7-3 命令按钮控件的主要事件过程

事件动作	说明
OnClick	单击命令按钮控件时触发的事件
OnDbClick	双击命令按钮控件时触发的事件
OnMouseDown	按下鼠标时触发的事件
OnKeyPress	按下并释放键盘键时触发的事件
OnKeyDown	按下键盘键时触发的事件
OnEnter	命令按钮控件获得输入焦点前触发的事件
OnGetFocus	命令按钮控件获得输入焦点时触发的事件

表7-4 标签控件的主要事件过程

事件动作	说明
OnClick	单击标签控件时触发的事件
OnDbClick	双击标签控件时触发的事件
OnMouseDown	按下鼠标时触发的事件

表7-5 文本框控件的主要事件过程

事件动作	说明
BeforeUpdate	文本框控件内容更新前触发的事件
AfterUpdate	文本框控件内容更新后触发的事件
OnEnter	文本框控件获得焦点前触发的事件
OnGetFocus	文本框控件获得焦点时触发的事件
OnLostFocus	文本框控件失去焦点时触发的事件
OnChange	文本框控件内容更新时触发的事件
OnKeyPress	按下并释放键盘键时触发的事件
OnMouseDown	按下鼠标时触发的事件

表7-6 组合框控件的主要事件过程

事件动作	说明
BeforeUpdate	组合框控件内容更新前触发的事件
AfterUpdate	组合框控件内容更新后触发的事件
OnEnter	组合框控件获得焦点前触发的事件
OnGetFocus	组合框控件获得焦点时触发的事件
OnLostFocus	组合框控件失去焦点时触发的事件
OnClick	单击组合框控件时触发的事件
OnDbClick	双击组合框控件时触发的事件
OnMouseDown	按下鼠标时触发的事件

表7-7 选项组控件的主要事件过程

事件动作	说明
BeforeUpdate	选项组控件内容更新前触发的事件
AfterUpdate	选项组控件内容更新后触发的事件
OnEnter	选项组控件获得焦点前触发的事件
OnClick	单击选项组控件时触发的事件
OnDbClick	双击选项组控件时触发的事件

表7-8 单选按钮控件的主要事件过程

事件动作	说明
OnGetFocus	单选按钮控件获得焦点时触发的事件
OnLostFocus	单选按钮控件失去焦点时触发的事件
OnKeyPress	按下并释放键盘键时触发的事件

表7-9 复选框控件的主要事件过程

事件动作	说明
BeforeUpdate	复选框控件内容更新前触发的事件
AfterUpdate	复选框控件内容更新后触发的事件
OnEnter	复选框控件获得焦点前触发的事件
OnClick	单击复选框控件时触发的事件
OnDbClick	双击复选框控件时触发的事件
OnGetFocus	复选框控件获得焦点时触发的事件

【例7-1】 在"学生管理"数据库中,在新建窗体中添加一个命令按钮控件,并创建"单击"事件响应过程。

步骤1 打开"学生管理"数据库,在"创建"选项卡的"窗体"功能组中单击"窗体设计"按钮,向窗体中添加一个"单击事件"命令按钮,如图7-12所示。

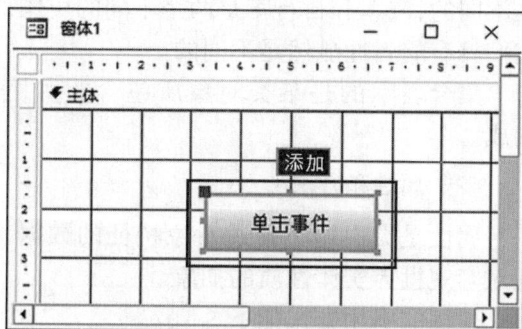

图7-12 窗体设计视图

步骤2 右键单击"单击事件"命令按钮,在弹出的快捷菜单中选择"属性"命令,如图7-13所示,打开"属性表"对话框。

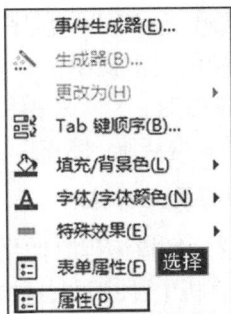

图7-13　快捷菜单(部分)

步骤3 在"属性表"对话框中单击"事件"选项卡,在"单击"行的下拉列表中选择"[事件过程]",如图7-14所示。

图7-14　"事件"选项卡

步骤4 单击"单击"行右侧生成器按钮,进入VBA代码编辑区,如图7-15所示。

图7-15　VBA代码编辑区

步骤5 输入VBA程序代码,如图7-16所示。

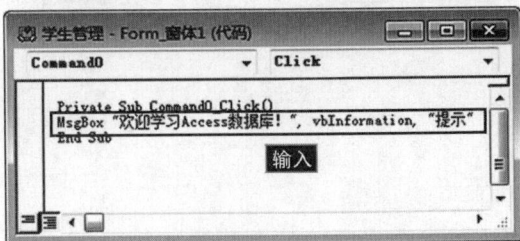

图7-16　输入VBA程序代码

步骤6 关闭VBA代码编辑区,切换至窗体视图,如图7-17所示。

图7-17　窗体视图

步骤7 单击"单击事件"按钮,运行结果如图7-18所示。

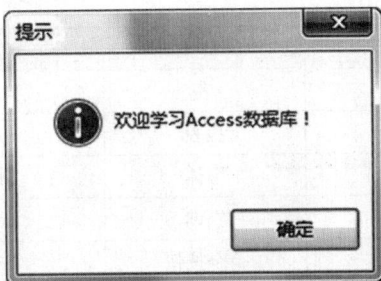

图7-18　运行结果

7.3.2　VBA编程的书写规则

1　VBA代码书写规则

在编写VBA代码时,需要满足如下几条书写规则。

规则1:多条语句写在一行时,各语句之间用冒号":"隔开。

例如,temp = a:a = b:b = temp

规则2:一条语句写在多行时,可以使用续行符(_)(一个空格加下划线"_")。

例如,Str = "全国计算" _
&"机等级" _
&"考试"

如果上面的语句写在一行,则写为:Str = "全国计算机等级考试"。

规则3:添加注释语句。

注释通常用于对程序代码进行说明,且注释不参与程序的直接运行。注释能够提高程序代码的可读性,从而方便对程序的维护。在 VBA 代码中可以使用如下两种形式的注释。

①单引号"'"注释,格式为:'注释语句。

②Rem 关键字注释,格式为:Rem 注释语句。

例如,stuName = "李红" '给变量 stuName 赋值"李红"

stuAge = 21 :Rem 给变量 stuAge 赋值 21

注意,当在代码后使用 Rem 进行注释时,需要在 Rem 前添加冒号":"。

注释可以出现在 VBA 程序代码的任何位置,默认以绿色文本显示。

规则4:书写时,尽量采用缩进的方式,这样会使代码显得清晰、整齐。

2 标识符及命名规则

所谓标识符,是指编程时使用的各种对象的名字。在计算机中,使用的各种数据对象(变量、常量、函数和语句块等)也应该有一个名字以便于引用,这些名字统称为标识符。在 VBA 代码中标识符的命名有一定的规则,通常采用 Hungarian 符号法,如表7-10 所示。

表7-10　Hungarian 符号法

序号	Access 对象	前缀	序号	Access 对象	前缀
1	表	tbl	7	列表框	lst
2	报表	rpt	8	复选框	chk
3	窗体	frm	9	组合框	cbo
4	查询	qry	10	选项按钮	opt
5	命令按钮	cmd	11	文本框	txt
6	标签	lbl	12	子窗体/子报表	sub

VBA 代码中常量、变量、过程等对象的名字标识符命名规则如下。

①只能由数字、字母和下划线组成。

②第一个字符必须是字母或下划线。

③不能与 VBA 的关键字(系统定义的有着特殊含义的标识符,如 Sub、Public 等)同名。

④最大长度不能超过 255 个。

⑤不能使用的字符:!、@ 、&、$ 、#、空格。

例如,在标识符 4A、A - 1、ABC _ 1、Private中,符合命名规则的只有 ABC_1,其他3 项均为错误的命名格式。

7.3.3 数据类型和数据库对象

1 标准数据类型

传统的 BASIC 语言使用类型说明符来定义数据类型,除此之外,VBA 还可以使用类型说明符来定义数据类型。表7-11 所示为 VBA 的数据类型、类型标识、符号、字段类型及取值范围。在使用 VB 代码中的字节、整数、长整数、自动编号、单精度和双精度数等常量或变量与 Access 的其他对象进行数据交换时,必须符合数据表、查询、窗体和报表中相应的字段属性。

表 7-11　　　　　　　　　　　　VBA 数据类型列表

数据类型	类型标识	符号	字段类型	取值范围
整型	Integer	%	字节/整数/是/否	$-32768 \sim 32767$
长整型	Long	&	长整数/自动编号	$-2147483648 \sim 2147483647$
单精度型	Single	!	单精度型	负数：$-3.402823E38 \sim -1.401298E-45$ 正数：$1.401298E-45 \sim 3.402823E38$
双精度型	Double	#	双精度数	负数：$-1.79769313486232E308 \sim -4.94065645841247E-324$ 正数：$4.94065645841247E-324 \sim 1.79769313486232E308$
货币型	Currency	@	货币	$-922337203685477.5808 \sim 922337203685477.5807$
变体型	Variant		任何	January1/10000（日期） 取值范围，数字和双精度型的相同，文本和字符串型的相同
布尔型	Boolean		逻辑值	True 或 False
日期型	Date		日期/时间	100 年 1 月 1 日 ~ 9999 年 12 月 31 日
字符串型	String	$	短文本	0 个字符 ~ 65500 个字符

（1）布尔型数据（Boolean）

● 布尔型数据的取值只能是 True 或 False。

● 其他类型数据转换为布尔型数据时，0 值转换为 False，非 0 值转换为 True。

● 布尔型数据转换为其他类型数据时，False 转换为 0，True 转换为 -1。

（2）日期型数据（Date）

日期型数据是用来存储文本型日期的，日期/时间型数据必须前后使用"#"号括起来，如#2020 - 11 - 28#。

（3）变体型数据（Variant）

变体型是一种特殊的数据类型，除了可以包含定长字符串类型和用户自定义类型的数据外，还可以包含其他任何类型的数据。变体型还可以包含 Empty、Error、Nothing 和 Null 等特殊值。使用时，可以用 VarType( ) 与 TypeName( ) 两个函数来检查变体型中的数据。

VBA 中规定，如果没有显式声明或使用符号来定义变量的数据类型，则默认为变体类型。Variant 数据类型十分灵活，但缺乏可读性，无法通过查看代码来明确其数据类型，容易引起问题。

2　用户定义的数据类型

应用过程中，可以建立包含一个或多个 VBA 标准数据类型的数据类型，即用户定义数据类型。它不仅可以包含 VBA 的标准数据类型，还可以包含前面已经说明的其他用户定义数据类型。

用户可以在 Type…EndType 关键字间定义数据类型，定义格式如下。

格式

```
Type［数据类型名］
    ＜域名＞ As ＜数据类型＞
    ＜域名＞ As ＜数据类型＞
    ……
End Type
```

3　数据库对象

数据库、表、查询、窗体和报表等也有对应的 VBA 对象数据类型。这些对象数据类型由引用的对象库定义。常用 VBA 对象数据类型和对象库中所包括的对象如表7-12所示。

表7-12 VBA 支持的数据库对象数据类型

对象数据类型	对象库	对应的数据库对象类型
数据库 Database	DAO 3.6	使用 DAO 时用 Jet 数据库引擎打开的数据库
连接 Connection	ADO 2.1	ADO 取代了 DAO 的数据库连接对象
窗体 Form	Access 9.0	窗体,包括子窗体
报表 Report	Access 9.0	报表,包括子报表
控件 Control	Access 9.0	窗体和报表上的控件
查询 QueryDef	DAO 3.6	查询
表 TableDef	DAO 3.6	数据表
命令 Command	ADO 2.1	ADO 取代 DAO. QueryDef 对象
结果集 DAO. Recordset	DAO 3.6	表的虚拟表示或 DAO 创建的查询结果
结果集 ADO. Recordset	ADO 2.1	ADO 取代 DAO. Recordset 对象

7.3.4 变量与常量

变量是指程序运行时,值会发生变化的数据。变量的命名同字段的命名一样,名字中不能包含空格或除了下划线字符(_)外的任何其他标点符号,其长度不能超过 255 个字符。

常量是在程序中可以直接引用的实际值,其值在程序运行过程中不变。不同数据类型的常量的表现形式也不同,VBA 中有 3 种常量:直接常量、符号常量和系统常量。

1 变量的声明

(1)显式声明

格式

```
Dim 变量名 As 数据类型
```

说明

Dim 和定义常量语句中的 Const 作用类似,表明声明的是变量而不是常量。

例如

```
Dim number As Integer
```

(2)隐式声明

格式

```
变量名 = 值
```

例如

```
Data =123
```

说明

变量名为"Data"的变量值为 123。

2 强制声明

在默认情况下,VBA 允许在代码中使用未声明的变量。若在模块设计窗口顶部的"通用 – 声明"区域中加入如下语句。

```
Option Explicit
```

则会强制要求所有变量必须定义才能使用。这种方法只能为当前模块设置自动变量声明功能,如果想让所有新模块都启用此功能,可以选择"工具"→"选项"菜单命令,在弹出的"选项"对话框中选择"要求变量声明"选项。

3 变量的作用域

在 VBA 中,变量定义的位置和方式不同,其存在的时间和作用范围也不同,也就是它的生命周期和作用域不同。

根据作用范围不同,可以将变量分为 3 个层次,如表 7-13 所示。

表7-13　　变量的作用域

范围	说明
局部范围	变量定义在模块过程内部,过程代码执行时可见。在子过程中定义或在函数中定义的变量的作用范围
模块范围	变量定义在模块的所有过程外的起始位置,运行时在模块所包含的所有子过程和函数过程中可见。用 Dim…As 关键字定义的就是模块范围
全局范围	变量定义在模块的所有过程外的起始位置,运行时所有类模块和标准模块的所有子过程和函数过程中均可见。用 Public…As 关键字定义的就是全局范围

请注意

可以用 Static 关键字代替 Dim 来定义静态变量,静态变量的持续时间是在整个模块内的时间,但它的有效范围由其定义的位置决定。

④ 数据库对象变量

可以引用 Access 中的窗体对象。

格式

Forms! 窗体名称! 控件名[,属性名]

也可以引用 Access 中的报表对象。

格式

Reports! 报表名称! 控件名[,属性名]

属性名默认为控件的基本属性。

例如

Forms! 学生! 姓名 ="张域"

如果要多次引用某一值,则可以用一个变量名来代替窗体控件对象。

例如

Dim Name As Control '定义控件类型变量

Set Name = Forms! 学生! 姓名 '指定引用窗体控件对象

Name ="张域" '操作对象变量

⑤ 数组

在 VBA 中,数组是有规则的结构中包含一种数据类型的一组数据,也称为数组元素变量。数组变量由变量名和数组下标构成,通常用 Dim 语句来定义数组。

格式

Dim 数组名([下标下限 to]下标上限)

默认情况下,下标下限从 0 开始,数组元素从"数组名(0)"至"数组名(下标上限)"。如果使用 to 选项,则可以安排非 0 下限。

例如

定义 6 个整型数构成的数组

Dim NewArray(5) As Integer

VBA 也支持多维数组,可以在数组下标中加入多个数值,并用逗号隔开。

例如

Dim a(2, -3 to 2,4) As Integer

请注意

在 VBA 中,默认情况下,下标下限从 0 开始,若声明部分使用"Option Base 1"语句,则可以将数组下标下限修改为从 1 开始。

⑥ 常量

（1）直接常量

如数值类型的常量:10、0.123。字符串类型常量:"大家好""ABC"。逻辑常量:True 和 False。日期/时间常量:#2020 - 9 - 1 12:00:00#。

（2）符号常量

一些使用较为频繁的常量可以用符号常量表示。

格式

Const 符号常量名称 =常量值

例如

定义圆周率：Const PI = 3.1415926。

🔍 **请注意**

符号常量一般要求大写命名，以便与变量区分。

（3）系统常量

Access 中的系统常量是可以直接使用的，如 True、False、Yes、No、On、Off 等。

7.3.5 常用标准函数

标准函数一般用于表达式中。

格式

函数名（［参数1］［，参数2］［，参数3］［，参数4］［，参数5］…）

说明

其中函数名是不可省略的。参数可以是常量、变量、表达式，参数个数根据需要自行设定。

① 算术函数

算术函数主要用于进行数学计算，常用的算术函数如表7-14所示。

表 7-14　　　　　　　　　　常用的算术函数

函数名称		说明	举例
绝对值函数	Abs（＜数值表达式＞）	返回数值表达式的绝对值	Abs（−10）=10
取整函数	Int（＜数值表达式＞）	返回数值表达式的整数部分，如果数值表达式为负数，则返回小于或等于数值表达式的第一个负整数	Int（3.561）=3 Int（−3.561）=−4
	Fix（＜数值表达式＞）	返回数值表达式的整数部分，如果数值表达式为负数，则返回大于或等于数值表达式的第一个负整数	Fix（4.521）=4 Fix（−3.521）=−3
	Round（＜数值表达式＞,小数位数）	返回表达式四舍五入的结果	Round（3.68,1）=3.7
产生随机数函数	Rnd（＜数值表达式＞）	产生［0,1）的单精度随机数	Int（100＊Rnd）
开平方函数	Sqr（＜数值表达式＞）	计算数值表达式的开平方值	Sqr（4）=2

② 字符串函数

字符串函数主要用于完成对字符串数据的处理，常用的字符串函数如表7-15所示。

表 7-15　　　　　　　　　　常用的字符串函数

函数名称	说明	举例
字符串检索函数	InStr（［Start,］＜Str1＞,＜Str2＞［,Compare］） 用于检索子字符串 Str2 在字符串 Str1 中最早出现的位置，返回一个整数。Start 为可选参数，用于设置检索起始位置。Compare 也是可选参数，用于指定文本比较方法	Str1 = "12345" Str2 = "23" T = InStr（str1,str2） 返回2

续表

函数名称	说明	举例
字符串长度检测函数	Len(<字符串表达式 >或 <变量名 >) 返回字符串字符数	T = Len("123789")返回 6 T = Len(123789)出错 Dim I = 123789 T = Len(I)返回 6
字符串截取函数	Left(<字符串表达式 > , <N >) 从字符串左边起截取 N 个字符	Left("计算机",1) 返回"计"
	Right(<字符串表达式 > , <N >) 从字符串右边起截取 N 个字符	Right("计算机",1) 返回"机"
	Mid(<字符串表达式 > , <N1 > , <N2 >) 从字符串左边第 N1 个字符起截取 N2 个字符	Mid("计算机考试",2,3) 返回"算机考"
生成空格字符函数	Space(<数值表达式 >) 返回数值表达式的值指定的空格字符数	T = Space(3) 返回 3 个空格字符
大小写转换函数	Ucase(<字符串表达式 >) 将表达式中的字母转换为大写	T = Ucase("AbCD") 返回"ABCD"
	Lcase(<字符串表达式 >) 将表达式中的字母转换为小写	T = Lcase("AbCD") 返回"abcd"
删除空格函数	Ltrim(<字符串表达式 >)删除字符串起始处的空格	Ltrim(" ABCD")返回"ABCD"
	Rtrim(<字符串表达式 >)删除字符串结尾处的空格	Rtrim("ABCD ")返回"ABCD"
	Trim(<字符串表达式 >)删除字符串起始处、结尾处的空格	Trim(" ABCD ")返回"ABCD"

3 日期/时间函数

日期/时间函数的功能是处理日期和时间,常用的日期/时间函数如表 7-16 所示。

表 7-16   常用的日期/时间函数

函数名称	说明	举例
Date	返回系统当前日期	D = Date 返回系统日期
Time	返回系统当前时间	T = Time 返回系统时间
Now	返回系统当前日期和时间	N = Now 返回系统当前日期和时间
Year(<表达式 >)	返回日期表达式年份的整数	Y = Year(#2018 – 1 – 12#)返回 2018
Month(<表达式 >)	返回日期表达式月份的整数	M = Month(#2018 – 1 – 12#)返回 1
Day(<表达式 >)	返回日期表达式日期的整数	D = Day(#2018 – 1 – 12#)返回 12
Weekday(<表达式 > ,[W])	返回 1 ~7 整数,表示星期几 [W]为可选项,用于指定一个星期的第一天是星期几	W = Weekday(#2018 – 1 – 12#,1)返回 3
DateAdd(<间隔类型 > , <间隔值 > , <表达式 >)	对表达式的日期按照间隔类型增加或者减少指定的时间间隔值	D = DateAdd("yyyy",2,D) 日期加 3 年
DateDiff(<间隔类型 > , <日期 1 > , <日期 2 > [,W1][,W2])	返回两个日期之间按照间隔类型指定的时间间隔数目	T = DateDiff("yyyy",#2017 – 1 – 1#, #2018 – 1 – 12#) 返回 1,间隔 1 年
DatePart(<间隔类型 > , <日期 > ,[,W1][,W2])	返回日期中按照间隔类型指定的时间部分值	T = DatePart("yyyy",#2018 – 1 – 12 12:20:30#) 返回 2018

函数名称	说明	举例
DateSerial(表达式1, 表达式2,表达式3)	返回以表达式1的值为年,表达式2的值为月,表达式3的值为日组成的日期	T = DateSerial(2018,1,12) 返回#2018 – 1 – 12#
DateValue(字符串表达式)	将表达式转换为日期	T = DateValue("January 13,2018") 返回#2018 – 1 – 13#

4 类型转换函数

类型转换函数的功能是将当前数据类型转换成指定的数据类型,常用的类型转换函数如表7-17所示。

表 7-17   **常用的类型转换函数**

函数名称	说明	举例
Asc(<字符串表达式 >)	返回字符串首字符的 ASCII 值	T = Asc("abdc") 返回 97
Chr(<字符代码 >)	返回与字符代码相关的字符	T = Chr(70) 返回 f
Str(<数值表达式 >)	数值表达式转换成字符串	T = Str(21) 返回"21"
Val(<字符串表达式 >)	将数字字符串转换成数值型数字	T = Val("21") 返回 21

7.3.6 运算符和表达式

1 运算符

VBA 中的运算符分为 4 种:算术运算符、关系运算符、逻辑运算符和连接运算符。

算术运算符用于算术运算,主要包括 7 种,具体说明如表7-18所示。

表 7-18   **算术运算符**

算术运算符	符号	说明	举例	
加	+	完成两个操作数的加法运算	T = 1 + 2	返回 3
减	–	完成两个操作数的减法运算	T = 10 – 9	返回 1
乘	*	完成两个操作数的乘法运算	T = 3 * 2	返回 6
除	/	完成两个操作数的除法运算	T = 9/3	返回 3
求模	Mod	对两个操作数做除法运算并返回余数	T = 10 Mod 2	返回 0;T = – 12.6 Mod – 5.0 返回 – 3
整数除法	\	对两个操作数做除法运算并返回一个整数	T = 10\3	返回 3
乘幂	^	完成两个操作数的乘方运算	T = 2^3	返回 8

请注意

对于整数除法(\)运算,如果操作数中有小数,系统会舍去后再运算,如果结果中有小数也将舍去。对于求模(Mod)运算,如果操作数中有小数,系统会四舍五入后再运算;如果被除数是负数,那么余数也是负数。

关系运算符用来表示两个及以上的值或表达式之间的大小,具体说明如表7-19所示。

表7-19   关系运算符

关系运算符	符号	说明	举例
等于	=		T = (1 = 3)返回 False
大于	>		T = (4 > 3)返回 True
大于等于	>=	主要用于对两个数或表达式进行比较,	T = (7 >= 9)返回 False
小于	<	比较运算的结果为逻辑值 True 或者	T = (10 < 11)返回 True
小于等于	<=	False	T = (7 <= 8)返回 True
不等于	<>		T = ("a" <> "b")返回 True

逻辑运算符可以用于对两个逻辑量进行逻辑运算,其运算结果仍为逻辑值,具体说明如表7-20所示。

表7-20   逻辑运算符

逻辑运算符	符号	说明	举例
与	AND		10 > 4 AND 1 > 2 返回 False
或	OR	主要用于对两个逻辑量进行逻辑运算,	10 > 4 OR 1 > 2 返回 True
非	NOT	结果仍为逻辑值	NOT 1 > 2 返回 True

连接运算符具有连接字符串的功能,具体说明如表7-21所示。

表7-21   连接运算符

连接运算符	说明	举例
&	强制将两个表达式作字符串连接	"a + b" & "ba" = "a + bba"
+	当两个表达式均为字符串数据时,才将两个字符串连接成一个新字符串	"a" + "b" = "ab"

2 表达式和优先级

表达式是用运算符将常量和变量连接在一起的式子。

当一个表达式由多个运算符连接在一起时,运算的先后顺序是按优先级来决定的。优先级高的先运算,优先级等同的按照从左向右的顺序进行,运算符优先级规则如下。

- 算术运算符 > 连接运算符 > 关系运算符 > 逻辑运算符。
- 优先级相同,按从左向右的顺序进行。
- 括号中的优先级最高。

各种运算符的优先级情况如表7-22所示。

表7-22   运算符优先级

优先级	算术运算符	连接运算符	关系运算符	逻辑运算符
高	^	&	=	NOT
	− (负数)	+	<>	AND
	* /		<	OR
	\		>	
	Mod		<=	
低	+ −		>=	

真题演练

【例1】下列 VBA 变量名中,错误的是(　　)。

A)ABCDEFG　　　　　B)P000000

C)89TWDDFF　　　　D)XYZ

【解析】本题主要考查变量的命名规则。在 VBA 中,变量命名规则为只能由字母、数字或下划线组成,不允许出现空格、#等符号;第一个字符必须是字母,且不能与 VBA 关键字相同。选项 C 是以数字开头的,错误。

【答案】C

【例2】在模块的声明部分使用"Option Base 1"语句,然后定义二维数组 A(2 to 5,5),则该数组的元素个数为(　　)。

A)20　　　　　　　B)24

C)25　　　　　　　D)36

【解析】本题主要考查数组的声明。在 VBA 中,"Option Base 1"语句的作用是设置数组下标下限从 1 开始,展开二维数组 A(2 to 5,5),为 A(2,1)…A(2,5),A(3,1)…A(3,5),…,A(5,1)…A(5,5),一共 4 组,每组 5 个元素,共 20 个元素。故选项 A 正确。

【答案】A

【例3】表达式 $4+5\backslash6*7/8$ Mod 9 的值是(　　)。

A)4　　　　　　　　B)5

C)6　　　　　　　　D)7

【解析】本题主要考查运算符的优先级。题目的表达式中涉及的运算的优先级顺序由高到低依次为:乘法和除法(*、/)、整数除法(\)、求模运算(Mod)、加法(+)。表达式 $4+5\backslash6*7/8$ Mod $9=4+5\backslash42/8$ Mod $9=4+5\backslash5.25$ Mod $9=4+1$ Mod $9=4+1=5$。故选项 B 正确。

【答案】B

【例4】下列选项中,与 VBA 中语句"Dim NewVar% ,sum!"等价的是(　　)。

A)Dim NewVar As Integer, sum As Single

B)Dim NewVar As Integer, sum As Double

C)Dim NewVar As Single, sum As Single

D)Dim NewVar As Siblge, sum As Integer

【解析】本题主要考查 VBA 中变量的声明。根据题意,VBA 语句"Dim Var% ,sum!"的功能是定义了整型 Var 和单精度型 sum 变量。在 VBA 中,除了可以直接指明变量类型外,还可以使用类型说明符

来指明,如题中符号"%"表示整型,符号"!"表示单精度型,所以与之等价的声明语句为:Dim Var As Integer, sum As Single。故选项 A 正确。

【答案】A

7.4　VBA 流程控制语句

计算机程序执行的控制流程有 3 种基本结构:顺序结构、条件判断结构和循环结构。

● 顺序结构:按顺序执行程序语句。

● 条件判断结构:按照给定的条件进行判断,再根据判断结果分别执行程序中不同部分的代码。

● 循环结构:按照条件反复执行一系列语句。

7.4.1　赋值语句

赋值语句主要用于为变量指定一个值或者表达式,通常用"="连接。

格式

> [Let]变量名 = 值或者表达式 'Let 为可选项

例如

定义一个单精度数值,并为其赋值 1.23456。

```
Dim I as single
I =1.23456
```

7.4.2　条件语句

1 单分支结构(If…Then 语句)

If 用于测试指定的条件,如果条件为真(True),则执行 Then 后面的语句。

格式1

> If 条件表达式 Then 语句

格式2
```
If 条件表达式 Then
    语句块
End If
```

单分支 If 语句执行过程:首先判断 If 后面的条件表达式,如果为真(True),则执行其中的语句块;如果条件为假(False),则执行 End If 之后的语句。

【例7-2】 用 If…Then 语句结构编程计算表达式 y 的值。

当 x < 0 时,y = x + 1。

程序代码
```
If x < 0 Then y = x + 1
```

2 双分支结构(If…Then…Else)

If…Then 语句的变形是 If…Then…Else 语句,它在条件为 True 时,执行一段语句;而在条件为 False 时,执行另一段语句。If…Then…Else 语句的格式如下。

格式
```
If 条件表达式 Then
    语句块 1
Else
    语句块 2
End If
```

双分支结构执行过程说明:如果条件表达式为真(True),则执行语句块 1;否则,执行语句块 2。

【例7-3】 用 If…Then 语句结构编程计算表达式 y 的值。

当 x > 0 时,y = x + 1;

当 x ≤ 0 时,y = x − 1。

程序代码
```
If x > 0 Then
    y = x + 1
Else
    y = x − 1
End If
```

3 多分支结构(If…Then…ElseIf 语句)

格式
```
If 条件表达式 1 Then
    语句块 1
ElseIf 条件表达式 2 Then
    语句块 2
ElseIf 条件表达式 3 Then
    语句块 3
……
ElseIf 条件表达式 n Then
    语句块 n
Else
    语句块 n + 1
End If
```

多分支结构执行过程说明如下。

① 主要用于判断条件较多的情况,首先判断 If 语句后的条件表达式 1,如果为真(True),则执行语句块 1。当不满足条件表达式 1 时,则判断条件表达式 2,如果为真(True),则执行语句块 2。如果条件表达式 2 依然为假(False),则继续向下判断下一个条件表达式;如果为真(True),则执行相应的语句,以此类推。如果所有的条件表达式都为假,则执行 Else 语句内的语句块。

② 执行过程中,只要满足某个条件表达式且执行了相应的语句块,则整个 If 语句就终止了。即便在其后还有其他条件表达式成立,也不会再进行任何条件判断。

【例7-4】 用 If…Then…ElseIf 语句结构编程计算表达式 y 的值。

当 x > 0 时,y = x + 1;

当 x < 0 时,y = x − 1;

当 x = 0 时,y = 0。

程序代码

```
If x > 0 Then
    y = x + 1
ElseIf x < 0 Then
    y = x - 1
Else
    y = 0
End If
```

4 Select 语句

Select Case 选择结构：根据表达式求值结果，选择执行几个分支中的一个。

格式

```
Select Case 条件表达式
    Case  表达式 1
        语句 1
    [Case 表达式 2 To 表达式 3]
        [语句 2]
    [Case Is 关系运算符表达式 4]
        [语句 3]
    ……
    [Case Else][语句 n]
End select
```

说明

[ ]表示可以不包含括号中的内容。

表达式列表的形式有以下 3 种。

Case 表达式：如"Case 10,15"，判断测试表达式的值是否为 10 或 15。

Case 表达式 To 表达式：如"Case 10 To 15"，判断测试表达式的值是否在 10 ~ 15 范围内。

Case Is 关系运算符表达式：如"Case Is < 15"，判断测试表达式的值是否小于 15。

在 Case 子句中可以使用多重表达式。如"Case 10 To 15,20 To 25,30,31"。

只要测试表达式的值与 Case 子句中列出的某一个值相同，条件就成立，系统就会执行该 Case 后面的语句块。

If 语句和 Select Case 语句的应用：If 语句适合执行多个条件都执行的情况，如【例 7-5】所示；而 Select Case 在多个条件式中只能执行一个满足条件的语句块，如【例 7-6】所示。

【例 7-5】 根据计算机成绩和英语成绩将成绩优秀的输出，程序只能使用 If 语句。

程序代码

```
If 计算机 >= 90 then
    Msgbox "计算机成绩为" & 计算机
    Msgbox "成绩优秀"
End If
If 英语 >= 90 then
    Msgbox "英语成绩为" & 英语
    Msgbox "成绩优秀"
End if
```

【例 7-6】 用 Select 语句结构编程计算表达式 y 的值。

当 $x > 0$ 时，$y = x + 1$；

当 $x < 0$ 时，$y = x - 1$；

当 $x = 0$ 时，$y = 0$。

程序代码

```
Select Case x
    Case Is > 0
        y = x + 1
    Case Is < 0
        y = x - 1
    Case Else
        y = 0
End Select
```

5 条件函数

除上述条件语句结构外，VBA 还提供了 3 个条件函数来完成相应操作。

（1）Iif 语句

格式

　Iif（条件式，表达式1，表达式2）

说明

　Iif 语句根据"条件式"的值确定函数的返回值。当条件式的值为真时，返回表达式1的值；反之，返回表达式2的值。

【例7-7】 取变量 A、B 中较小的值，并将值赋给 Min。

Min = Iif（A < B，A，B）

（2）Switch 语句

格式

　Switch（条件式1，表达式1[，条件式2，表达式2…[，条件式n，表达式n]]）

说明

　Switch 语句根据"条件式"的值决定函数返回的值。

【例7-8】 根据 x 的值，为变量 Y 赋值。

Y = Switch（x > 1，7，x < -1，5，-1 < x < 1，9）

（3）Choose 语句

格式

　Choose（索引式，选项1[，选项2，…[，选项n]]）

说明

　Choose 语句根据"索引式"的值来返回选项列表的某个值。"索引式"值为1，则返回"选项1"的值；"索引式"值为n，则返回"选项n"的值。

【例7-9】 根据 x 的值，为变量 Y 赋值。

Y = Choose（x，7，5，9）

下面以【例7-10】为例说明条件语句的使用。

【例7-10】 在"学生管理"数据库中设计一个"登录"窗体，输入用户名和密码，若用户名和密码为空，给出提示，要求重新输入；若用户名和密码不正确，也给出错误提示，并结束程序运行；若用户名和密码均正确，则显示欢迎信息。

步骤1 打开"学生管理"数据库，然后在"设计"选项卡的"窗体"功能组中单击"窗体设计"按钮，设计一个"登录"窗体。设置文本框标题分别为用户名和密码，文本框名称分别为 txtUser 和 txtPwd；设置 txtPwd 文本框的"输入掩码"属性为"密码"，设置命令按钮名称为"CmdOK"，标题为"确定"，如图7-19所示。

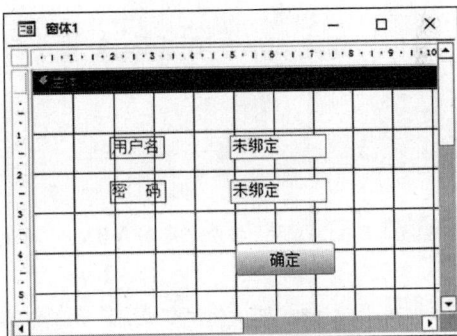

图7-19 设计"登录"窗体

步骤2 保存窗体，命名为"登录"。然后在"设计"选项卡的"工具"功能组中单击"查看代码"按钮，切换至 VBA 代码编辑窗口，如图7-20所示，选择"CmdOK"。

图7-20 VBA 代码编辑窗口

步骤3 在 VBA 代码编辑窗口中输入下列程序代码。

程序代码

```
Private Sub CmdOK_Click()
If IsNull(txtUser)Then            '用户名为空时
  MsgBox "请输入用户名!", vbOKOnly + vbInformation, "提示"
  txtUser.SetFocus               '设置焦点在 txtUser 中
  ElseIf IsNull(txtPwd)Then       '密码为空时
    MsgBox "请输入密码!", vbOKOnly + vbInformation, "提示"
      txtPwd.SetFocus            '设置焦点在 txtPwd 中
Else
  If txtUser = "jft" Then         '用户名为 jft
    If txtPwd = "1234" Then       '密码为 1234
      MsgBox "登录成功!", vbInformation + vbOKOnly, "提示"
    Else                         '密码错误时
      MsgBox "密码错误,登录失败!", vbCritical + vbOKOnly, "错误"
    End If
  Else                           '用户名错误时
    MsgBox "用户名错误,登录失败!", vbCritical + vbOKOnly, "错误"
  End If
End If
End Sub
```

步骤4 单击"保存"按钮,关闭 VBA 代码编辑窗口。

步骤5 在 Access 数据库中打开"登录"窗体,测试结果如图7-21～图7-24所示。

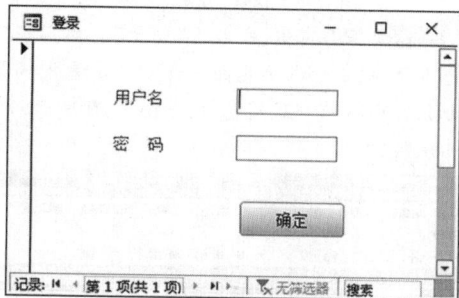

图 7-21　"登录"窗体

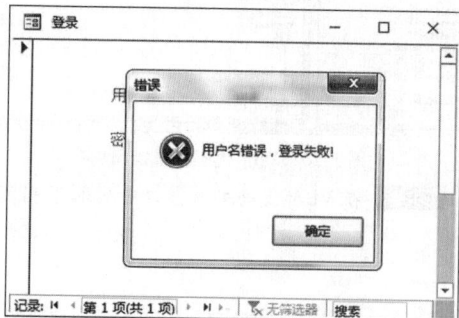

图 7-22　用户名错误提示

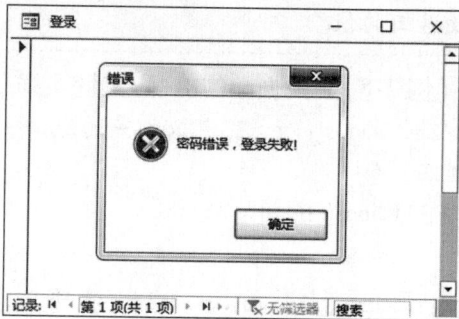

图 7-23　密码错误提示

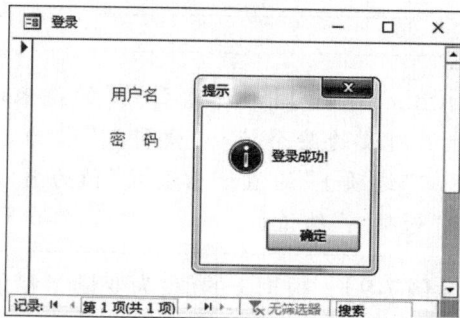

图 7-24　登录成功

7.4.3 循环语句

根据循环的条件,可以把循环结构分为

两种:一种是"当型"循环结构,当条件成立时,反复执行语句,For…Next 语句和 While…Wend 语句属于"当型"循环结构;另一种是"直到型"循环结构,即反复执行语句,直到条件成立为止,Do While…Loop 语句和 Do…Loop While 语句属于"直到型"循环结构。

1 For…Next 语句

For…Next 循环结构:将一段程序重复执行指定的次数,其中使用一个计数变量来统计执行的次数。

格式

```
For 循环变量 = 初值 To 终值
        [Step 步长]
        [语句块 1]
        Exit For
        [语句块 2]
Next [循环变量]
```

For…Next 语句的执行步骤如下。

①循环变量获取初始值。

②将循环变量与终止值进行比较,确定循环是否可执行,比较方式如下。

• Step > 0 时:如果循环变量 <= 终止值,循环可执行。

• Step = 0 时:如果循环变量 <= 终止值,则为死循环;如果循环变量 > 终止值,则循环不执行。

• Step < 0 时:如果循环变量 >= 终止值,循环可执行。

③执行循环体。

④执行 Next[循环变量],即循环变量 = 循环变量 + Step,程序跳转至步骤②。

【例7-11】 用 For…Next 语句设计程序代码,计算整数 1~10 的和。

程序代码

```
Dim i as Integer
Dim Sum as Integer
Sum = 0
For i = 1 to 10
    Sum = Sum + i
Next i
```

如果循环体内完整地包含了另一个循环结构,则称为多重循环或嵌套循环。嵌套的层数可以根据需要而定。对于循环语句的嵌套,要注意以下几点。

①内循环的循环变量与外循环的循环变量不能同名。

②外循环必须完整地包含内循环,内、外循环语句不能交叉。

③不能从循环体外转入循环体内,也不能从外循环转入到内循环体内。

【例7-12】 用 For…Next 语句设计程序代码,计算变量 x 的终值并在文本框中输出。

程序代码

```
Private Sub Command1_Click()
    For i = 1 To 4
        x = 3
        For j = 1 To 3
            For k = 1 To 2
                x = x + 3
            Next k
        Next j
    Next i
    Text1.Value = Str(x)
End Sub
```

首先在第一重循环中,x 的初值都是3,第一重循环 i 重复运行 4 次,每次初值都为3。然后第二重循环 j 重复运行 3 次,第三重循环 k 重复运行 2 次,共重复运行了 6 次,每次 x 的值都加3。最后的结果为 x = 3 + 6 * 3 = 21。用 Str( ) 函数将数值表达式转换成字符串,即文本框中输出的结果是21。

② Do While…Loop 语句

Do 循环一般用于循环次数未知的情况，需要在循环体中给出退出循环的条件。程序首先判断条件表达式，当条件表达式为真（True）时，反复执行循环体；直到条件表达式为假（False）或者执行到选择性的 Exit Do 语句时才退出循环。

格式

```
Do While 条件表达式
    [语句]
    [Exit Do]
    [语句]
Loop
```

【例7-13】　用 Do While…Loop 语句设计程序代码，计算整数 1～10 的和。

程序代码

```
Dim t,k as single
    k = 0
    DO While k < 10
        k = k + 1
        t = t + k
    Loop
```

程序代码中使用了 Do While…Loop 循环，循环继续执行的条件是 k < 10，若条件成立则执行循环体，否则退出循环。

题目中定义变量 t 和 k，初值均为 0。每执行一次循环体，k 的值加 1，t = t + k 用于实现计算整数 1～10 的和。当 k = 10 时，t = 0 + 1 + 2 + 3 + 4 + 5 + 6 + 7 + 8 + 9 + 10 = 55 完成了求整数 1～10 和的计算。当 k = 11 时，条件不成立，退出循环。

③ Do…Loop While 语句

程序首先执行一次循环体，再判断循环条件是否成立。当条件表达式为真（True）时，反复执行循环体；直到条件表达式为假（False）或者执行到选择性的 Exit Do 语句时才退出循环。

格式

```
Do
    语句
    [Exit Do]
    [语句]
Loop While 条件表达式
```

【例7-14】　用 Do…Loop While 语句设计程序代码，计算变量 x 的值。

程序代码

```
x = 2 : y = 2
Do
    x = x * y
    y = y + 1
Loop While y < 4
```

程序代码中使用了 Do…Loop While 循环，循环体至少执行一次，循环继续执行的条件是 y < 4。

①第一次执行循环：x = 2，y = 2；x = x * y = 2 * 2 = 4，y = y + 1 = 2 + 1 = 3；y < 4 条件成立。

②第二次执行循环：x = 4，y = 3；x = x * y = 4 * 3 = 12，y = y + 1 = 3 + 1 = 4；y < 4 条件不成立；退出循环，变量 x 的值为 12。

④ Do Until…Loop 语句

其结构与 Do While…Loop 语句的结构相对应。只是该结构是当条件表达式值为假（False）时，重复执行循环体；直到条件表达式为真（True）或者执行到选择性的 Exit Do 语句才退出循环。

格式

```
Do Until 条件表达式
    [语句]
    [Exit Do]
    [语句]
Loop
```

【例7-15】　用 Do Until…Loop 语句设计程序代码，计算变量 x 的值。

程序代码

```
x = 2:y = 5
Do Until y > 5
    x = x * y
    y = y + 1
Loop
```

程序代码中使用了 Do Until…Loop 循环,先判断条件表达式(y > 5)的值,再决定是否执行循环体。

①第一次执行循环:x = 2,y = 5;y > 5 条件不成立;x = x * y = 2 * 5 = 10,y = y + 1 = 5 + 1 = 6。

②第二次执行循环:x = 10,y = 6;y > 5 条件成立;退出循环,变量 x 的值为 10。

5 **Do…Loop Until 语句**

程序首先执行一次循环体,再判断循环条件表达式是否成立,当条件表达式为假(False)时,反复执行循环体;直到条件表达式为真(True)或者执行到选择性的 Exit Do 语句才退出循环。

格式

```
Do
    语句
    [Exit Do]
    [语句]
Loop Until 条件表达式
```

【例7-16】 用 Do…Loop Until 语句设计程序代码,要求循环执行 2 次后结束。

程序代码

```
x = 1
Do
    x = x + 2
Loop Until _____
```

程序代码中使用了 Do…Loop Until 循环,循环体至少执行一次,而题目要求循环执行 2 次后结束。第一次执行循环结束时变量 x

=3,若要执行 2 次循环,则第二次执行循环结束时变量 x =5。此时条件表达式判断为真,退出循环。故条件表达式应设置为 x >=5。

6 **While…Wend 语句**

格式

```
While 条件表达式
    语句
Wend
```

While…Wend 语句与 Do While…Loop 语句的结构类似,当条件表达式成立时执行循环体,只是在循环体内不能使用 Exit Do 语句。

【例7-17】 用 While…Wend 语句设计程序代码,计算 10 的阶乘。

程序代码

```
Dim t as single
Dim k as Integer
k = 0:t = 1
While _____
    k = k + 1
    t = t * k
Wend
```

程序代码中使用了 While…Wend 语句,条件表达式成立执行循环体,否则退出循环。

题目中定义了变量 k 和 t 并赋值。每执行一次循环体,k 的值加 1,t = t * k 用于实现计算 10 的阶乘。当 k = 10 时,t = t * k = 1 * 2 * 3 * 4 * 5 * 6 * 7 * 8 * 9 * 10 完成了求 10 的阶乘的计算,则条件表达式应设置为 k < 10 或 k <=9。

7.4.4 标号和 GoTo 语句

1 **错误处理语句**

程序都存在错误的可能,因此程序中一定要合理地设置错误处理语句,以便应对程序中不可预知的情况,使程序更加"健壮"。

VBA 中错误处理语句的形式有如下几种。

①On Error GoTo 标号(发生错误时,程序转移到标号指定的语句处进行处理)。

②On Error Resume Next(忽略发生的错误,执行下面语句)。

③On Error GoTo 0(关闭错误处理)。

2 GoTo 语句

GoTo 语句的作用是无条件地转移到标号或行号指定的那行语句,并从该处继续执行。由于 GoTo 语句破坏了程序的逻辑顺序,一般不建议使用。在 VBA 中,其主要用于错误处理。

格式 ┊──────────────────────┊
┊
┊   GoTo 标号
┊   ……
┊   标号:
┊   ……
┊──────────────────────┊

真题演练

【例1】调用下面子过程,消息提示框显示的结果是(   )。

```
Sub SFun()
  Dim x, y, m
   x = 100
  y = 200
  If x > y Then
    m = x
  Else
    m = y
  End If
  MsgBox m
End Sub
```

A)300   B)400
C)100   D)200

【解析】本题主要考查了 If…Then 条件语句的用法。根据题意,代码中用 Sub 定义了一个过程,过程中定义了 3 个变量:x,y,m。其中 x = 100,y = 200。然后是 if 条件语句,条件是(x > y),根据前面的赋值可知,不满足此条件,故执行 Else 语句中的代码,m = y,因此显示的 m 的值为 200。因此选择 D 选项。

【答案】D

【例2】如果变量 a 中保存了字母"m",则以下程序段执行后,变量 Str $ 的值是(   )。

```
Select Case a $
  Case"A" To"Z"
  Str $ = "Upper Case"
    Case"0"To"9"
    Str $ = "Number"
  Case"!","?",",",")",";"
    Str $ = "Punctuaton"
  Case""
    Str $ = "Null String"
  Case Is < 32
    Str $ = "Special Character"
  Case Else
    Str $ = "Unknown Character"
End Select
```

A) Unknown Character
B) Special Character
C) Upper Case
D) Punctuaton

【解析】本题主要考查了多路分支语句 Select Case…End Case 的用法。该题将字符 m 赋给变量 a。程序会执行满足 Case 后条件的那一条指令,然后跳出循环。本题 m 的 ASCII 码值大于 32,不满足所有条件,所以执行 Case Else 后的语句。因此,本题应选择 A 选项。

【答案】A

【例3】以下程序的功能是产生 100 个 0 ~ 99 的随机整数,并统计个位上的数字分别是 1,2,3,4,5,6,7,8,9,0 的数的个数。

```
Private Sub a3()
  Dim x (1 To 10) As Integer, a (1 To
100) As Integer
  Dim p As Integer, j As Integer
  For j = 1 To 100
  【   】
  p = a(j) Mod 10
  If p = 0 Then p = 10
  【   】
  Next j
  For j = 1 To 10
    Debug.Print x(j);
```

```
    Next j
End Sub
```

有如下语句：

① a(j) = Int(Rnd * 100)

② a(p) = Int(Rnd * 100)

③ p = Int(Rnd * 100)

④ x(p) = x(p) + 1

⑤ x(j) = x(j) +1

⑥ p = p+1

程序中有两个空，将程序补充完整的正确语句是( )。

A)①④   B)②⑤

C)③⑥   D)②⑥

【解析】本题主要考查了 For…Next 语句的用法。数组 a 用于存储 100 个随机整数，数组 x 用于存储个位上数字是 1,2,3,4,5,6,7,8,9,0 的数的个数；Rnd( )函数用于返回大于或等于 0 且小于 1 的随机值，Int( )函数用于取整。程序利用 For j = 1 To 100 进行 100 次循环，每次循环利用 Int(Rnd * 100)产生一个 0~99 的随机整数并存储在数组 a(j) 中；之后利用 a(j) Mod 10 计算出该整数的个位数字并存储在 p 中，再利用 x(p) = x(p) + 1 将该个位数字加 1 后存储在数组 x(p) 中。因此空行内应填入 a(j) = Int(Rnd * 100) 与 x(p) = x(p) + 1。因此选项 A 正确。

【答案】A

【例4】在窗体中有文本框 Text1 和 Text2。运行程序时，在 Text1 中输入整数 m(m > 0)，单击 Command1"运行"按钮，程序能够求出 m 的全部除1之外的因子，并使用 Text2 显示结果。例如，18 的全部因子有 2,3,6,9,18,输出结果为"2,3,6,9,18";28 的全部因子为 2,4,7,14,28,输出结果为"2,4,7,14,28"。

事件代码如下。

```
Private Sub Command1_Click()
    m = Val(Me! Text1)
    resule = ""
    k = 2
    Do
        If m Mod k = 0 Then result = result &
k &","
        k = k + 1
    Loop Until【  】
```

```
    Me! Text2 = result
End Sub
```

程序【 】中应填写的语句是( )。

A)k > m   B)k = m

C)k >= m   D)k < m

【解析】本题主要考查了 Do…Loop Until 语句的用法。本题要找输入值 m 的除1之外所有的因子，循环结束的条件是 k > m,但是不能用 k = m 或 k >= m 作为结束条件。例如，如果 m 输入值为 1,循环条件会一直满足,就会形成死循环。因此,本题应选择 A 选项。

【答案】A

7.5 过程调用和参数传递

在 VBA 中,过程由一系列可以完成某项指定的操作、计算语句和方法组成。根据过程是否返回值，可将其分为 Sub 过程和 Function 函数。

7.5.1 过程调用

1 过程的定义和调用

用 Sub 语句声明一个新的过程。

格式

```
[{Public |Private}][Static]
Sub 过程名([参数 As 数据类型])
    [过程语句]
    [Exit Sub]
    [过程语句]
End Sub
```

使用 Public 关键字可以使该过程适用于所有模块中的其他过程;用 Private 关键字则使该程序只适用于同一模块中的其他过程。

过程调用形式有以下两种。

● Call 过程名([实参])。

● 过程名([实参])。

【例 7-18】 先编写一个子过程"MsgBox",然后写出调用该子过程的语句。

程序代码

```
Sub MsgBox ( FormName as String)
    MsgBox "请输入用户名!", vbOKOnly + vbInformation, "提示"
End Sub
```

调用名为"登录"的窗体,可以用下列语句。

程序代码

```
Call Sub MsgBox("登录")
```

② 函数的定义和调用

过程使用起来很方便,但如果需要返回参数,就要用到函数了。VBA 中提供了大量的内置函数,例如,字符串函数 Mid( )、统计函数 Max( )等,在编程时直接引用即可。

有时用户需要按自己的要求定制函数,例如,计算半径为 R 的圆的面积 S,则有代码 S = 3.14 * R^2。但圆的半径 R 是不确定的,不可能为每一个不同半径的圆都写上相似的一段代码。这时就需要使用函数。

用 Function 语句可以声明一个新函数,它接收参数、返回变量类型和运行该函数过程的代码的格式如下。

格式

```
[Public |Private][Static] Func-
tion 函数名([参数]) [As 数据类型]
    [函数语句]
```

```
    [函数名 = 表达式]
    [Exit Function]
    [函数语句]
    [函数名 = 表达式]
End Function
```

说明

对函数使用 Public 关键字,则所有模块的过程都可以调用它。

Private 关键字使这个函数只适用于同一模块中的其他过程。当把一个函数说明为模块对象中的私有函数时,不能从查询、宏或另一个模块中的函数调用这个函数。

包含 Static 关键字时,只要含有这个过程的模块是打开的,则所有在这个过程中的显式和隐式说明的变量值都将被保留。

【例 7-19】 编写一个逆向指标标准化的函数过程 NXZBJS( ),逆向指标标准化的函数计算方法如下。

假定某一指标的 5 级指标原始阈值分别为 X_i(X_1、X_2、X_3、X_4、X_5),阈值得分为 A_i(90、70、50、30、10),X 为指标的原始值。

当 $X < X_1$ 时,$X_j = 90 + 10(X_1 - X)/X_1$;

当 $X_j > 100$ 时,取 $X_j = 100$;

当 $X_i < X < X_{i-1}$ 时,$X_j = A_{i-1} + 20(X - X_i)/(X_{i-1} - X_i)$;

当 $X > X_5$ 时,$X_j = 10(X - X_5)/X_5$。

程序代码

```
Public Function NXZBJS(XZZ As Single) '逆向指标计算
    Dim FJYZ(1 To 5) As Single '定义一个"分级域值"5 维数组
    FJYZ(1) = 90
    FJYZ(2) = 70
    FJYZ(3) = 50
    FJYZ(4) = 30
    FJYZ(5) = 10
    Dim DF As Single '得分
    If XZZ < FJYZ(1) Or XZZ = FJYZ(1) Then
```

程序代码

```
        DF = 90 + 10 * (FJYZ(1) - XZZ)/FJYZ(1):End If
    If (XZZ > FJYZ(1) And XZZ < FJYZ(2)) Or XZZ = FJYZ(2) Then
        DF = 70 + 20 * (XZZ - FJYZ(1))/(FJYZ(2) - FJYZ(1)):End If
    If (XZZ > FJYZ(2) And XZZ < FJYZ(3)) Or XZZ = FJYZ(3) Then
        DF = 50 + 20 * (XZZ - FJYZ(2))/(FJYZ(3) - FJYZ(2)):End If
    If (XZZ > FJYZ(3) And XZZ < FJYZ(4)) Or XZZ = FJYZ(4) Then
        DF = 30 + 20 * (XZZ - FJYZ(3))/(FJYZ(4) - FJYZ(3)):End If
    If (XZZ > FJYZ(4) And XZZ < FJYZ(5)) Or XZZ = FJYZ(5) Then
        DF = 10 + 20 * (XZZ - FJYZ(4))/(FJYZ(5) - FJYZ(4)):End If
    If XZZ > FJYZ(5) Then
        DF = 10 * (XZZ - FJYZ(5))/FJYZ(5):End If
    If DF > 100 Then
        DF = 100:End If
    NXZBJS = DF
End Function
```

7.5.2 参数传递

过程或函数定义时可以设置一个或多个参数,这个参数称为形参,多个参数之间用逗号分隔。

格式

[Optional][ByVal |ByRef][ParamArray]Varname[()][As type][= Default value]

各参数的含义如表7-23所示。

表7-23　　　参数含义

名称	说明
Varname	必选项,形参名称遵循标准的变量命名规则
Type	可选项,传递给该过程的参数的数据类型
Optional	可选项,表示参数不是必需的。如果使用了 ParamArray 关键字,则任何参数都不能使用 Optional 关键字
ByVal	可选项,表示该参数按值传递
ByRef	可选项,表示该参数按地址传递。ByRef 是 VBA 的默认选项
ParamArray	可选项,只用于形参的最后一个参数,指明最后这个参数是一个 Variant 元素的 Optional 数组。使用 ParamArray 关键字可以提供任意数目的参数。但 ParamArray 关键字不能与 By-Val、ByRef 或 Optional 等关键字一起使用

续表

名称	说明
Defaultvalue	可选项,任何常数或常数表达式,只对 Optional 参数合法。如果类型为 Object,则显示的默认值只能是 Nothing

含参数的过程被调用时,主调用过程中的调用式必须提供相应的实参(实际参数的简称),并通过实参向形参传递的方式完成过程操作。

关于实参向形参的数据传递,还需了解以下内容。

- 实参可以是常量、变量或表达式。
- 实参的数目和类型应该与形参的数目和类型相匹配。若形参的定义中含 Optional 和 ParamArray 选项,此种情况下参数、类型可能不一致。
- 传值调用(ByVal 选项)的"单向"作用形式与传址调用(ByRef 选项)的"双向"作用形式。

过程定义时,如果形参被说明为传值(ByVal 选项),则过程调用只是将相应位置实参的值"单向"传递给形参处理;而被调用过程内部对形参的任何操作引起的形参值的变化均不会反馈,进而不会影响实参的值。

由于这个过程中数据的传递具有单向性,故称为"传值调用"的"单向"作用形式。反之,如果形式参数被说明为传址(ByRef选项),则过程调用是将相应位置实参的地址传递给形参处理;而被调用过程内部对形参的任何操作引起的形参值的变化又会反向影响实参的值。在这个过程中,数据的传递具有双向性,故称为"传址调用"的"双向"作用形式。

请注意

实参可以是常量、变量或表达式3种方式之一。如果实参为常量或表达式,形参即便是传址(ByRef选项)说明,实际传递的也只是常量或表达式的值。这种情况下,过程参数"传址调用"的"双向"作用形式不起作用。但如果实参是变量、形参是传址(ByRef选项)说明,可以将实参变量的地址传递给形参,这时过程参数"传址调用"的"双向"作用形式会产生影响。

真题演练

【例1】如果有VBA的过程头部为:Private Sub BstData(ByRef xyz As Integer),则变量xyz遵守的参数传递规则是( )。

A)按地址传递　　B)按值传递
C)按实参传递　　D)按形参传递

【解析】本题考查了参数传递规则。在主调过程中,实参传递给形参有两种方式:"单向"传值调用(ByVal)和"双向"传址调用(ByRef)。本题中形参xyz前使用ByRef修饰,即为"双向"传址调用。故选项A正确。

【答案】A

【例2】假定有以下两个过程。

```
Sub s1(ByVal x As Integer,ByVal y As Integer)
    Dim t As Integer
    t = x
    x = y
    y = t
End Sub
Sub S2(x As Integer,y As Integer)
    Dim t As Integer
    t = x:x = y:y = t
End Sub
```

下列说法正确的是( )。
A)用过程S1可以实现交换两个变量的值的操作,S2不能实现
B)用过程S2可以实现交换两个变量的值的操作,S1不能实现
C)用过程S1和S2都可以实现交换两个变量的值的操作
D)用过程S1和S2都不可以实现交换两个变量的值的操作

【解析】本题考查了过程调用和参数传递规则。在VBA中定义过程时如果省略传值方式则默认为按址传递。过程S2中省略了参数传递方式说明,而过程S1由于声明为按值传递(ByVal)所以会按传值调用参数。而在过程调用时,如果为传值调用,实参只是把值传给了形参,在过程内部对形参值进行改变不会影响实参变量。按址调用却不同,这种方式是把实参的地址传给了形参,在过程中对形参值进行改变也会影响实参的值。因此,过程S2能够交换两个变量的值,而S1不能实现。故选项B正确。

【答案】B

【例3】已知事件对应的程序代码如下。

```
Private Sub Command0_Click()
Dim J As Integer
J = 100
Call GetData(J + 5)
MsgBox J
End Sub
Private Sub GetData(ByRef f As Integer)
f = f + 120
End Sub
```

则程序的输出是( )。
A)100　　　　B)120
C)125　　　　D)225

【解析】本题主要考查了Sub子过程的调用以及参数的传递。根据题意,程序代码中用Sub定义了2个过程:Command0_Click()和GetData()。其中过程GetData的功能是将参数f的值增加120后再赋给f,且f为ByRef类型(按址传递)的参数,可将参数在过程中的改变传递到过程外。在过程Command0_Click中定义整型数据J=100,并将J+5作为GetData的参数,然后调用GetData过程。此时在GetData过程中的形参为105,经GetData过程处理后增加

120，变成 225。但是最后输出的是变量 J，而作为 GetData 参数的 J＋5 是表达式，J 的值在整个过程中并没有改变，还是 100。因此选择 A 选项。

【答案】A

7.6 VBA 常用操作

在 VBA 编程过程中经常会用到一些操作，例如打开或关闭、输入值、显示提示信息和计时功能等。这些功能都可以使用 VBA 的输入框、消息框和计时事件（Timer）等来实现。

7.6.1 DoCmd 对象的应用

VBA 中可以通过调用 DoCmd 对象的方法来实现对 Access 各种对象的打开和关闭，从而可以把系统中的各种对象集成起来，形成一个完整的信息系统。实际上，DoCmd 对象能够实现几乎所有宏操作的相关功能，本小节主要介绍其打开和关闭数据库对象的方法。

1 DoCmd 打开数据库对象

格式

```
DoCmd.数据库对象.对象名称[,打开方式]
```

其中，对象名称必须放在双引号（""）中。不同打开方式，其对应的打开模式有不同的选项值。DoCmd 打开数据库对象示例如表 7-24 所示。

表 7-24　DoCmd 打开数据库对象示例

数据库对象	代码示例
表（OpenTable）	DoCmd.OpenTable "表名"
查询（OpenQuery）	DoCmd.OpenQuery "查询名"
窗体（OpenForm）	DoCmd.OpenForm "窗体名"
报表（OpenReport）	DoCmd.OpenReport "报表名"
宏（RunMacro）	DoCmd.RunMacro "宏名"
SQL 语句（RunSQL）	DoCmd.RunSQL "SQL 语句"

【例 7-20】 以"预览方式"打开报表"学生管理信息"的代码如下。

程序代码

```
DoCmd.OpenReport "学生管理信息",acViewPreview
```

【例 7-21】 调用宏对象"mEmp"打开数据表"学生管理"的代码如下。

程序代码

```
DoCmd.RunMacro "mEmp"
```

2 DoCmd 关闭数据库对象

格式

```
DoCmd.Close [Objecttype,objectname],[save]
```

说明

- Objecttype：可选项；表示关闭数据对象的类型，取值为 acDefault（默认值）、acTable（表）、acQuery（查询）、acForm（窗体）、acReport（报表）、acMacro（宏）。
- objectname：可选项；表示有效的对象名称，要求放在双引号（""）中。
- save：可选项；表示关闭对象时是保存操作，选项有：acSavePrompt（默认值，提示保存）、acSaveYes（直接保存）、acSaveNo（不保存）。

【例 7-22】 关闭"学生管理信息"报表的代码如下。

程序代码

```
DoCmd.Close acReport,"教师"
```

【例 7-23】 在"学生管理"数据库中的"fEmp"窗体上单击"输出"命令按钮（名为"btnP"），此时会弹出一输入对话框，其中的提示文本为"请输入大于 0 的整数值"。

①输入 1 时，相关代码实现关闭窗体（或程序）。

②输入 2 时，相关代码实现预览输出报表对象"rEmp"。

③输入 > =3 时,相关代码实现调用宏对象"mEmp"来打开数据表"tEmp"。

程序代码

```
Private Sub btnP_Click()
Dim k As String
    k = InputBox("请输入大于 0 的
整数值")
    If k = "" Then Exit Sub
    Select Case Val(k)
      Case Is >= 3
          DoCmd.RunMacro "mEmp"
      Case 2
          DoCmd.OpenReport "rEmp",
acViewPreview
      Case 1
          DoCmd.Close
    End Select
End Sub
```

7.6.2 输入框

输入框是一个等待用户输入的对话框,它返回包含文本框内容的字符串数据信息,InputBox()函数的返回值类型是字符串。

格式

```
InputBox(prompt[,title][,de-
fault][,xpos][,ypos][,helpfile,
context])
```

说明

● prompt:必选项;提示字符串,最大长度为 1024 个字符。

● title:可选项;显示对话框标题栏中的字符串表达式,如果省略 title,则应把应用程序名放入标题栏中。

● xpos:可选项;指定对话框的左侧与屏幕左侧的水平距离,如果省略 xpos,则对话框会在水平方向居中显示。

● ypos:可选项;数值表达式,成对出现,指定对话框的上侧与屏幕上侧的距离,如果省略 ypos,则对话框被放置在屏幕垂直方向距下侧大约 1/3 的位置。

● helpfile:可选项;字符串表达式,用于识别帮助文件。

● context:可选项;数值表达式,为由帮助文件的作者提供某个帮助主题的上下文编号。

【**例 7-24**】 请为图 7-25 所示的输入框示例补充程序代码。

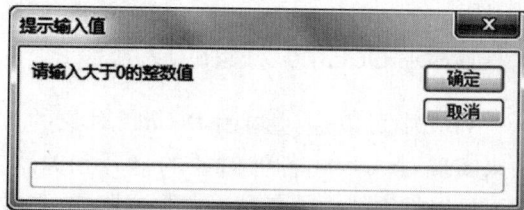

图 7-25 "提示输入值"对话框

程序代码

```
    k = InputBox("请输入大于 0 的整
数值", "提示输入值")
```

7.6.3 消息框

消息框是一个显示消息的对话框,它通过返回一个整型值来响应用户单击的按钮。Msgbox()函数返回值的类型是数值。

格式

```
MsgBox(prompt[,buttons][,ti-
tle][,helpfile][,context])
```

说明

● prompt:必选项;提示字符串,最大长度是 1024 个字符。

● buttons:可选项;指定显示按钮的数目及形式、使用的图标样式、默认按钮是什么、消息框的强制回应等。

● title:可选项;指定在对话框标题栏中显示的字符串表达式。

执行语句:MsgBox "查询项目或查询内容不能为空!!!", vbOKOnly + vbInformation,"注意"。弹出的对话框如图7-26所示。

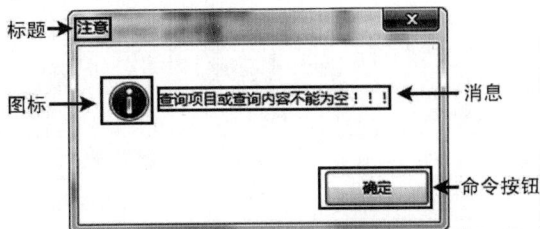

图7-26　MsgBox 消息框

MsgBox 消息框中常用的按钮及图标类型如表7-25所示。

表7-25　　　　　　　　MsgBox 消息框中常用的按钮及图标类型

分组	常量	描述
按钮	vbOKOnly	只显示 OK 按钮
	vbYes	显示 Yes 按钮
	vbNo	显示 No 按钮
	vbYesNo	显示 Yes 及 No 按钮
	vbYesNoCancel	显示 Yes、No 及 Cancel 按钮
图标	vbCritical	显示 ✖ 图标
	vbQuestion	显示 ❓ 图标
	vbExclamation	显示 ⚠ 图标
	vbInformation	显示 ⓘ 图标

【例7-25】 在"学生管理"数据库中单击"报表输出"按钮,编写事件代码弹出图7-27所示的消息框。

图7-27　弹出的消息框

程序代码

```
MsgBox "报表预览",vbYesNo +
vbQuestion,"确认"
```

7.6.4 VBA 验证函数

通过窗体控件向程序中输入数据时,通常需要对数据进行各种验证。例如验证数据类型、数据范围等,以确保数据输入的准确性。如果采用文本框来接收用户输入的数据,可以通过设置文本框的"输入掩码"属性和"验证规则"属性来控制用户的输入。本小节将介绍利用 VBA 程序检查数据是否输入正确的验证方法。

VBA 提供了一些验证输入数据的函数,它们能够帮助用户验证数据,常见验证函数及其含义如表7-26所示。

表7-26　　　　　　　　　　　常见验证函数及其含义

函数名称	返回值的类型	含义
isNumeric	布尔型	验证表达式的结果是否为数值。如果是,则返回 True
isDate	布尔型	验证表达式的结果是否可以转换为日期。如果是,则返回 True
isNull	布尔型	验证表达式的结果是否为无效数据(Null)。如果是,则返回 True
isEmpty	布尔型	验证变量是否已经初始化。如果没有,则返回 True
isArray	布尔型	验证变量是否为数组。如果是,则返回 True
isError	布尔型	验证表达式是否有错误。如果有错误,则返回 True
isObject	布尔型	验证标识符是否为一个对象变量。如果是,则返回 True

【例7-26】　在"学生管理"数据库中,"fEmp"窗体的"窗体页眉"节上有一个文本框(名为"txtName")和一个命令按钮(名为"cmdQuery")。在文本框中输入职员姓名后,单击"cmdQuery"命令按钮,调用事件代码根据输入的姓名在"tEmp"表中进行查找,并将找到的信息添加到"主体"节相应文本框中。如果没有找到,将显示提示信息"对不起,没有这个职员!";如果在"txtName"文本框中未输入姓名,单击"cmdQuery"命令按钮后将显示提示信息"对不起,未输入职员姓名,请输入!",请设计相关事件代码实现上述功能描述。

程序代码

```
Private Sub cmdQuery_Click()
Dim rs As ADODB.Recordset
Dim strSQL As String
Dim name As String, pass As String
Set rs = New ADODB.Recordset
If IsNull(Trim(Me.txtName)) Then        '判断文本框"txtName"是否为空
    MsgBox "对不起,未输入职员姓名,请输入!"
Else
    name = Trim(Me.txtName)
    strSQL = "Select *  from tEmp where 姓名 ='" & name & "'"
    rs.Open strSQL, CurrentProject.AccessConnection, adOpenKeyset
    If rs.EOF Then
        MsgBox "对不起,没有这个职员!", vbInformation, "查找结果"
        Me.txtName = Null
        Me.txtName.SetFocus
    Else
        Me.职员号 = rs("编号")
        Me.姓名 = rs("姓名")
        Me.性别 = rs("性别")
        Me.所属部门 = rs("所属部门")
        Me.年龄 = rs("年龄")
```

程序代码

```
        Me.职务 = rs("职务")
        Me.聘用时间 = rs("聘用时间")
    End If
    rs.Close
  End If
End Sub
```

7.6.5 计时事件

VB 中提供的时间控件可以实现"定时"功能。但 VBA 中并没有直接提供时间控件，而需要通过设置窗体的"计时器间隔"（TimerInterval）属性与添加"计时器触发"（Timer）事件来实现类似的"定时"功能。

计时器间隔以 ms 为单位，Interval 属性值为 1000 时，间隔为 1s，为 5000 时则间隔为 5s。

【例 7-27】 在"产品管理"数据库中，为窗体对象"fStock"添加合适事件，实现在窗体中有一个"btime"标签来显示动态数字时钟，要求时间输出格式为"××:××:××"。

程序代码

```
Private Sub Form_Timer()
    btime.Caption = Time()
End Sub
```

7.6.6 数据文件读写

在 Access 中，可以使用函数来实现对文件的读、写功能，即对文件内容进行管理。

1 打开文件

VBA 中使用 Open() 函数打开一个文件。

格式

```
Open pathname For mode [ac-
cess][lock] As [#]filenumber [len
= recordlength]
```

说明

- pathname：要打开的文件的路径。
- mode：取值为 Append、Binary、Input、Output、Random（默认值）中的任一值。
- access：取值为 Read（只读，默认值）、Write、Read Write 中的任一值。
- lock：取值为 Shared（共享，默认值）、Lock Read、Lock Write、Lock Read Write 中的任一值。
- filenumber：用于标识处理的文件，包含 FreeFile() 函数调用结果的变量；使用 Random 模式时，filenumber 的值指的是记录的长度；使用 Append 或者 Output 模式时，这个值指的是缓冲存储的字节数。

按文件访问方式不同可以将文件分为顺序文件、随机文件和二进制文件。Output、Input、Append 为指定顺序输出输入方式；Random 为指定随机存取方式；Binary 为指定二进制文件。

2 读取文件内容

（1）Input #语句

从打开的文件中提取数据并为变量赋值。

（2）Line Input #语句

与 Input #语句类似，从打开的文件中提取数据，但是一次只能提取一行。

3 写入文件

写入文件的过程就是将值添加到相关文

件中的过程。

（1）Write #语句

Write #filenumber［,outputlist］

（2）Print #语句

Print #filenumber［,outputlist］

Write #语句和 Print #语句都可以将值写入打开的文件之中,两者的区别在于:Write #语句是将数据写入指定文件中,而 Print #语句则是创建一个新的打印文件并写入数据。

真题演练

【例1】如果在 C 盘当前文件夹下已有顺序文件 StuData.dat,执行语句"Open "C:StuData.dat" For Append As #1"后,完成的操作是(　　)。

A)打开文件,且清除文件中原有内容

B)保留文件中原有内容,可在文件尾添加新内容

C)保留文件中原有内容,可从文件头开始添加新内容

D)以只读方式打开文件

【解析】打开一个文件的语法格式为:Open "文件名" For 模式 As［#］文件号［Len=记录长度］。其中,模式的取值方式有如下 3 种。

①Input:打开一个文件,将对文件进行读操作,文件不存在则出错;

②Output:打开一个文件,将对文件进行写操作并覆盖原内容;若文件不存在,可新建一个。

③Append:打开一个文件,将在该文件末尾进行追加操作。

故选项 B 正确。

【答案】B

【例2】VBA 中要进行读文件操作,应使用的命令是(　　)。

A)Input　　　　　B)Read

C)Get　　　　　D)Fgets

【解析】Input 命令功能:从已打开的顺序文件中读出数据并将数据指定给变量。Get 命令功能:将一个已打开的磁盘文件读入一个变量中,只能读有限个字符。VBA 中没有 Read 和 Fgets 命令。故选项 A 正确。

【答案】A

【例3】在 VBA 中要打开名为"学生信息录入"

的窗体,应使用的语句是(　　)。

A)DoCmd.OpenForm "学生信息录入"

B)OpenForm "学生信息录入"

C)DoCmd.OpenWindow "学生信息录入"

D)OpenWindow "学生信息录入"

【解析】在 VBA 中打开窗体的命令格式如下:DoCmd.OpenForm(FormName,View,FilterName,WhereCondition,DataMode,WindowMode,OpenArgs)。其中 FormName 是必需的,且是字符串表达式,表示当前数据库中窗体的有效名称。故选项 A 正确。

【答案】A

【例4】为使窗体每隔5s触发一次计时器事件(timer 事件),应将其 Interval 属性值设置为(　　)。

A)5　　　　　B)500

C)300　　　　　D)5000

【解析】窗体计时器间隔以 ms 为单位,Interval 属性值为 1000 时,间隔为 1s,为 5000 时则间隔为 5s。故选项 D 正确。

【答案】D

7.7　VBA 程序的错误处理

"立即窗口"用于实时跟踪程序的执行过程,将程序执行情况立即显示出来。使用 Debug.Print 语句可以把所要显示的内容输出到"立即窗口"中。

"本地窗口"用于显示程序运行到断点处的各变量的值。

"监视窗口"监视的是 VBA 程序挂起时表达式的值。

本节将以实例讲解 VBA 程序的调试与错误处理。

【例7-28】　在"学生管理"数据库的模块中编写一段求和代码并进行调试。

步骤1 打开"学生管理"数据库,然后在"创建"选项卡的"宏与代码"功能组中单击"模块"按钮,打开 VBA 代码编辑窗口。

步骤2 在 VBA 代码窗口中编写程序,程序功能为计算从 1 加到 100 的总和,如图7-28所示。

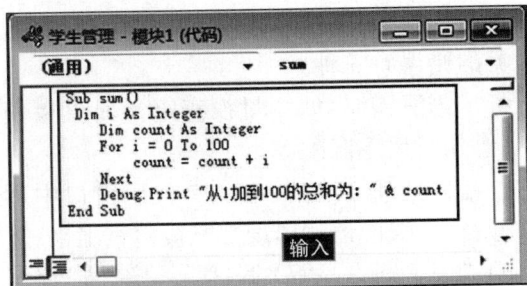

图7-28 VBA代码编辑窗口

步骤3 选择"视图"→"立即窗口"菜单命令打开"立即窗口"。

步骤4 将鼠标光标移动到"End Sub"语句后面，选择"调试"→"运行到光标处"菜单命令，如图7-29所示，此时"立即窗口"中会出现显示结果，如图7-30所示。

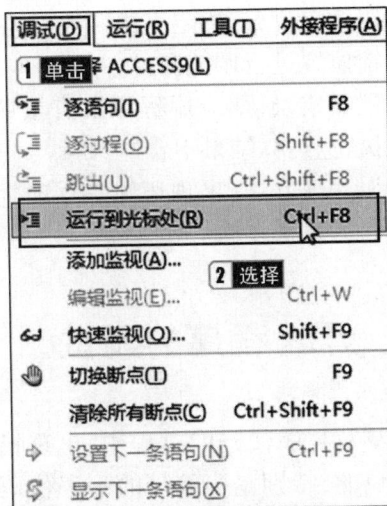

图7-29 "调试"菜单命令

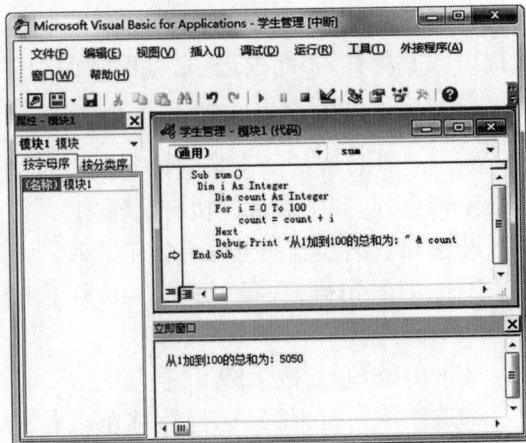

图7-30 在"立即窗口"中调试

步骤5 单击快速访问工具栏上的"保存"按

钮，将模块保存为"求和"。

步骤6 选择"视图"→"本地窗口"菜单命令，如图7-31所示，打开"本地窗口"。

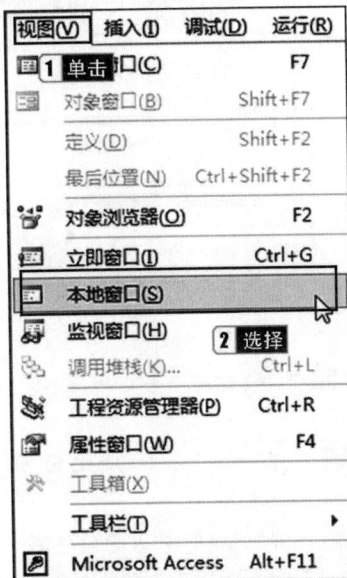

图7-31 "视图"菜单命令

步骤7 在VBA代码编辑窗口中单击"Next"语句左边的灰色条，即在该语句处设置断点，如图7-32所示。

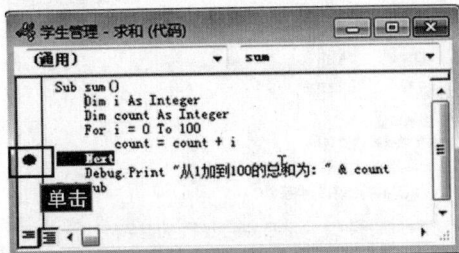

图7-32 设置断点

步骤8 选择"运行"→"重新设置"菜单命令，中断上次未完成的程序，如图7-33所示。

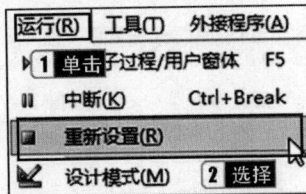

图7-33 "运行"菜单命令

步骤9 选择"运行"→"运行子过程/用户窗体"菜单命令，如图7-34所示。

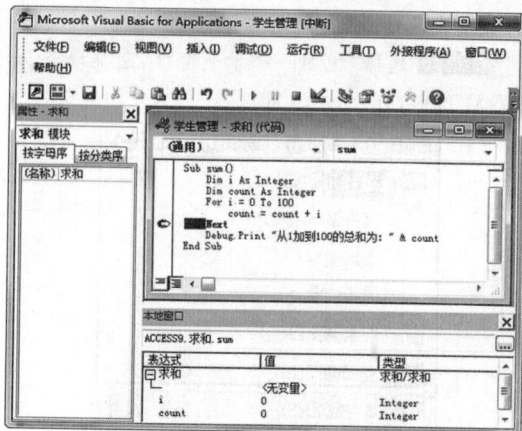

图 7-34　在"本地窗口"中调试

步骤10 选择"视图"→"监视窗口"菜单命令打开"监视窗口"。

步骤11 选择"运行"→"重新设置"菜单命令，中断上次未完成的程序。

步骤12 选择"调试"→"添加监视"菜单命令打开"添加监视"对话框，在"表达式"文本框中输入"i<50"，单击"确定"按钮，如图 7-35 所示。

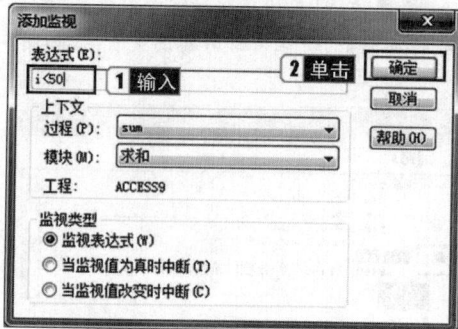

图 7-35　"添加监视"对话框

步骤13 在代码窗口中的"Next"处设置断点，然后单击工具栏上的"运行"按钮。"监视窗口"如图 7-36 所示。

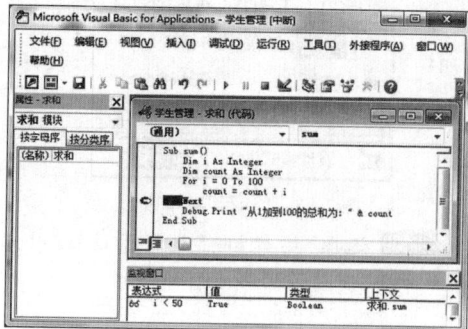

图 7-36　在"监视窗口"中调试

在模块中，编写的程序可能会出现错误，常见的错误有 3 种。

①语法错误，如变量没有定义而直接使用、语句前后不匹配等。

错误处理方法：在 Access 代码窗口中逐行检查，一般的语法错误都能被检查出来；复杂的错误可通过选择"调试"→"编译"菜单命令查找，在编译过程中，模块中的所有语法错误都将被查出。

②运行错误，如数据参数传递类型不匹配、数据发生异常等。

错误处理方法：在出现运行错误时，Access 系统会中断程序的执行，显示错误信息并将代码窗口打开，指定出错误代码的位置，根据出错位置进行调试即可。

③逻辑错误，如应用程序没有按照希望的结果执行、运算结果不合逻辑等。

错误处理方法：出现逻辑错误时需要修改程序的算法来排除。

7.8　VBA 程序的调试

在编写程序代码的过程中，出现错误是不可避免的，特别是当编写的程序代码比较复杂、代码量比较大时，更容易出现错误。所以我们应该掌握正确的程序调试方法，快速地找出问题所在，不断改进、完善程序。

1　断点概念

断点是在过程的某个特定语句上设置的一个位置点，起到中断程序执行的作用。

设置和取消断点的方法有以下 3 种。

①选中语句行，选择"调试"→"切换断点"菜单命令。

②选中语句行，按 <F9> 键。

③选中语句行，将鼠标指针移至行首并单击。

图 7-37 所示为设置好的"断点"行。

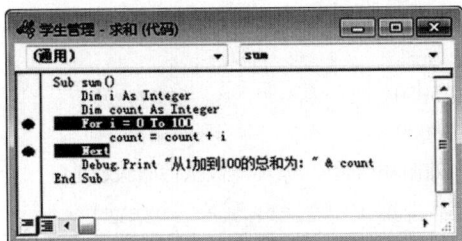

图7-37 设置断点

2 调试工具的使用

调试工具如图7-38所示,相应的说明如表7-27所示。

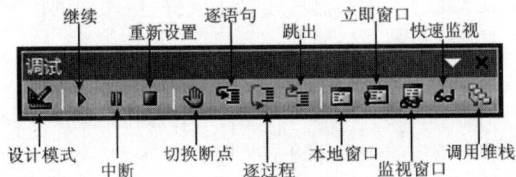

图7-38 调试工具

表7-27 调试工具

工具名	说明
继续	用于在调试运行的"中断"阶段使程序继续运行至下一断点或结束程序运行
中断	用于暂时中断程序运行
重新设置	用于终止程序调试,返回编辑状态
切换断点	用于设置或取消设置"断点"
逐语句	用于单步跟踪操作
逐过程	用于单步跟踪操作,但遇到调用过程语句时,只在过程内单步执行
跳出	提前结束被调用过程的代码的调试
本地窗口	用于打开"本地窗口"
立即窗口	用于打开"立即窗口"
监视窗口	用于打开"监视窗口"
快速监视	用于打开"快速监视"窗口
设计模式	用于VBA程序代码的输入或编写,退出设计模式后可执行代码
调用堆栈	用于列出已启动但尚未完成的过程,仅在中断模式中可用

课后总复习

扫码看答案解析

一、选择题

1. 用一个对象来表示"一个白色的足球被踢进球门",那么"白色""足球""踢""进球门"分别对应的是( )。
   A)属性、对象、方法、事件
   B)属性、对象、事件、方法
   C)对象、属性、方法、事件
   D)对象、属性、事件、方法

2. 在VBA中要定义一个由10个整型数构成的数组,正确的语句是( )。
   A)Dim NewArray(10) As Integer
   B)Dim NewArray(2 To 11) As Integer
   C)Dim NewArray(2 To 11)
   D)Dim NewArray(10)

3. 在VBA中,要引用"学生名单"窗体中的控件对象,正确的格式是( )。
   A)Forms！学生名单！控件名称[.属性名称]
   B)Forms.学生名单.控件名称[.属性名称]
   C)Forms！学生名单！控件名称[！属性名称]
   D)Forms！学生名单.控件名称[.属性名称]

4. 下列变量名中,合法的是( )。
   A)4A
   B)A-1
   C)ABC_1
   D)private

5. 下列VBA变量名中,正确的是( )。
   A)3a
   B)Print-2
   C)Select My Name
   D)Select_12

6. VBA中一般采用Hungarian符号法命名变量,代表子窗体的字首码是( )。
   A)sub
   B)Rpt
   C)Fmt
   D)txt

7. VBA表达式19.5 Mod 2*2的运算结果是( )。
   A)3.5
   B)1
   C)3
   D)0

8. 下列表达式中,与DateDiff("m",#1893-12-26#,Date())等价的表达式是( )。
   A)(Month(date())-Month(#1893-12-26#))
   B)(MonthName(date())-MonthName(#1893-12-26#))

C)（year（date（ ））－year（#1893－12－26#））＊12

－（month（date（ ））－month（#1893－12－26#））

D)（year（date（ ））－year（#1893－12－26#））＊12

＋（month（date（ ））－month（#1893－12－26#））

9. VBA 表达式 Left（"how are you ",3）的值是（　　　）。

A）how

B）are

C）you

D）ho

10. "职工"表中有 3 个字段:姓名、性别和生日。要查询男职工中年龄最小的记录,并显示该最小年龄,正确的 SQL 命令是（　　　）。

A）SELECT Min（Year（Date（ ））－Year（生日））AS 年龄 FROM 职工 WHERE 性别＝男;

B）SELECT Min（Year（Date（ ））－Year（[生日]））AS 年龄 FROM 职工 WHERE [性别]＝"男";

C）SELECT 年龄 FROM 职工 WHERE Min（Year（Date（ ））－Year（生日））AND 性别＝男;

D）SELECT 年龄 FROM 职工 WHERE Min（Year（Date（ ））－Year（[生日]））AND [性别]＝"男";

11. 下列选项中,不是 Access 内置函数的是（　　　）。

A）Choose

B）Iif

C）Switch

D）If

12. 以下程序的功能是求"x^3－5"表达式的值,其中 x 的值由文本框 Text0 输入,运算的结果由文本框 Text3 输出。

```
Private Sub Command0_Click()
    Dim x As Integer
    Dim y As Long
    Me.Text0 = x
    y = x ^ 3 - 5
    Me.Text3 = y
End Sub
```

上述程序有错误,错误的语句是（　　　）。

A）Dim x As Integer

B）Me. Text0 ＝ x

C）Me. Text3 ＝ y

D）Dim y As Long

13. 执行下列程序段后,变量 S 的值是（　　　）。

```
Dim S As Integer, n As Integer
S = 0 : n = 1
Do While n < 100
    S = S + n
```

n ＝ n ＋ 1

Loop

A）5050

B）4950

C）3000

D）4000

14. 下列循环结构中,循环体被执行的次数是（　　　）。

```
Dim i As Integer, t As Integer
    For i = 9 to 0
    t = t + 1
Next i
```

A）0 次

B）1 次

C）4 次

D）5 次

15. 在 VBA 中,要打开一个文本文件,应使用的语句是（　　　）。

A）Open

B）DoCmd. Open

C）OpenFile

D）DoCmd. OpenFile

16. 若有语句:str1＝inputbox（"输入","","练习"）。输入字符串"示例"后,str1 的值是（　　　）。

A）"输入"

B）""

C）"练习"

D）"示例"

二、操作题

1. 素材文件夹下有一个数据库文件"samp3. accdb",其中存在已经设计好的表对象"tAddr"和"tUser",同时还有窗体对象"fEdit"和"fEuser"。请在此基础上按照以下要求补充"fEdit"窗体的设计。

（1）将窗体中名称为"LRemark"的标签控件上的文字颜色改为"红色"（"红色"的代码为255）,字体粗细改为"加粗"。

（2）将窗体标题设置为"修改用户信息"。

（3）将窗体边框改为"对话框边框"样式,取消窗体中的水平和垂直滚动条、记录选择器、浏览按钮和分隔线的显示。

（4）将窗体中"退出"命令按钮（名称为"cmdquit"）上的文字颜色改为"深红色"（"深红色"的代码为128）,字体粗细改为"加粗",并给文字加上下划线。

（5）在窗体中还有"修改"和"保存"两个命令按钮,名称分别为"CmdEdit"和"CmdSave"。其中"保存"命令按钮在初始状态为不可用,当单击"修改"按钮后,应使"保存"按钮变为可用。现已编写了部分 VBA 代码,请按照 VBA 代码中的指示将代码补充完整。

要求:修改后运行该窗体,并查看修改结果。

注意:不能修改窗体对象"fEdit"和"fEuser"中

未涉及的控件和属性;不能修改表对象"tAddr"和
"tUser"。

程序代码只允许在"＊"与"＊"之间的空行内,
不允许增删和修改其他位置已存在的语句。

```
Private Sub CmdEdit_Click()
    用户名_1.Enabled = True
    Me! Lremark.Visible = True
    Me! 口令_1.Visible = True
    Me! 备注_1.Visible = True
    Me! tEnter.Visible = True
'＊ ＊ ＊ ＊ ＊ ＊ ＊ ＊ ＊ ＊ ＊ ＊ ＊ ＊ ＊ ＊ ＊
＊ ＊ ＊ ＊ ＊ ＊ ＊ ＊ ＊ ＊ ＊ ＊ '


'＊ ＊ ＊ ＊ ＊ ＊ ＊ ＊ ＊ ＊ ＊ ＊ ＊ ＊ ＊ ＊ ＊
＊ ＊ ＊ ＊ ＊ ＊ ＊ ＊ ＊ ＊ ＊ ＊ ＊ ＊ ＊ ＊ ＊
＊ ＊ '

End Sub
```

2.在素材文件夹下有一个数据库文件"samp3.
accdb",里面已经设计好表对象"tStudent",同时还
设计出窗体对象"fQuery"和"fStudent"。请在此基
础上按照以下要求补充"fQuery"窗体的设计。

(1)在距"主体"节上侧0.4cm、左侧0.4cm位
置添加一个矩形控件,其名称为"rRim",矩形的宽
度为16.6cm、高度为1.2cm、"特殊效果"为"凿痕"。

(2)将窗体中"退出"命令按钮上显示的文字颜
色改为"深红色"("深红色"的代码为128),字体粗
细改为"加粗"。

(3)将窗体标题改为"显示查询信息"。

(4)将窗体边框改为"对话框边框"样式,取消
窗体中的水平和垂直滚动条、记录选择器、浏览按钮
和分隔线的显示。

(5)在窗体中有一个"显示全部记录"命令按钮
(名称为"bList"),单击该按钮后,应实现将"tStu-
dent"表中的全部记录显示出来的功能。现已编写
了部分VBA代码,请按照VBA代码中的指示将代
码补充完整。

要求:修改后运行该窗体,并查看修改结果。

注意:不要修改窗体对象"fQuery"和"fStudent"
中未涉及的控件和属性;不要修改表对象"tStu-
dent"。

程序代码只能在"＊"与"＊"之间的空行双引
号内补充,不允许增删和修改其他位置已存在的
语句。

```
Private Sub bList_Click()
'＊ ＊ ＊ ＊ ＊ ＊ ＊ ＊ ＊ 请在下面双引号内添入适
当的SELECT语句 ＊ ＊ ＊ ＊ ＊ ＊ ＊ ＊ ＊ '
    BBB.Form.RecordSource = " "
'＊ ＊ ＊ ＊ ＊ ＊ ＊ ＊ ＊ ＊ ＊ ＊ ＊ ＊ ＊ ＊ ＊
＊ ＊ ＊ ＊ ＊ ＊ ＊ ＊ ＊ ＊ ＊ ＊ ＊ ＊ ＊ ＊ ＊ '

    [Text2] = " "
End Sub
```

第8章

VBA数据库编程

本章评估		学习点拨
重要度	★★★★	
知识类型	理论+应用	
考核类型	选择题+操作题	本章主要介绍VBA常见操作和编程，要求考生掌握VBA的简单操作方法及其编程的原理。
所占分值	选择题：约2.1分　操作题：约3分	
学习时间	4课时	

本章学习流程图

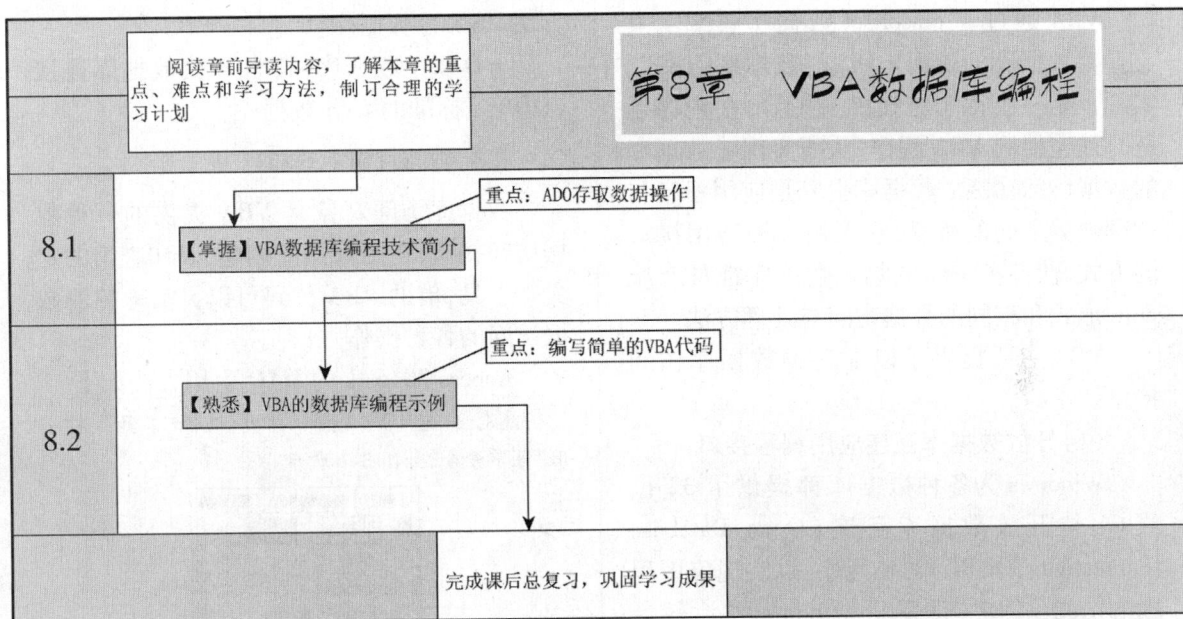

	阅读章前导读内容，了解本章的重点、难点和学习方法，制订合理的学习计划	第8章　VBA数据库编程
8.1	重点：ADO存取数据操作 【掌握】VBA数据库编程技术简介	
8.2	重点：编写简单的VBA代码 【熟悉】VBA的数据库编程示例	
	完成课后总复习，巩固学习成果	

8.1　VBA 数据库编程技术简介

名师讲解

1　数据库引擎及接口

VBA 通过 MicrosoftJet 数据库引擎工具支持对数据库的访问。所谓"数据库引擎"，实际上是一组动态链接库（DLL），在程序运行时被连接到 VBA 程序，从而实现对数据库的数据访问功能。数据库引擎是应用程序与物理数据之间的桥梁，它采用一种通用接口的方式，使各种类型的物理数据库都具有统一的形式和相同的数据访问与处理方法。

VBA 主要提供了以下 3 种数据库访问接口。

（1）开放数据库互连应用编程接口

Windows 为各种数据库都提供了 32 位或 64 位开放数据库互连（Open Database Connectivity，ODBC）驱动程序，以实现应用程序的访问。ODBC 是基于 Windows 平台较老的一种数据库访问方式，目前在数据库应用系统开发中已经较少使用。

（2）数据访问对象

数据访问对象（Data Access Object，DAO）提供了一个数据库访问的对象模型。利用一组数据库访问对象，如 Database、RecordSet 等，实现对数据库的各种操作。DAO 适用于单系统应用程序或小范围本地应用。

（3）ActiveX 数据库对象

ActiveX 数据库对象（ActiveX Data Objects，ADO）是基于组件的数据库编程接口，是一个和编程语言无关的 COM 组件系统。用户使用 ADO 能方便访问任何符合 ODBC 标准的数据库。ADO 是 DAO 的后继者，简单易用，已成为当前数据库开发的主流技术。目前最新的 ADO 版本是基于微软公司的 . NET框架的 ADO. NET。

2　VBA 访问数据库的类型

VBA 通过数据库引擎可以访问的数据库有以下 3 种类型。

- 本地数据库：即 Access 数据库。
- 外部数据库：指所有的索引顺序访问方法（ISAM）数据库。
- ODBC 数据库：符合开放数据库连接（ODBC）标准的 C/S 数据库。

3　数据库访问对象

数据库访问对象是 VBA 提供的一种数据访问接口，包括数据库创建、表和查询的定义等工具，借助 VBA 代码可以灵活地控制数据访问的各种操作。

Access 2016 中的 DAO 引用方法如下。

步骤1　进入 VBA 编程环境，选择"工具"→"引用"菜单命令，如图 8-1 所示。

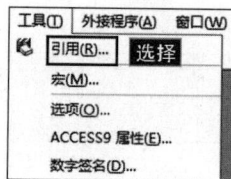

图 8-1　"工具"菜单列表

步骤2　勾选"Microsoft DAO 3.6 Object Library"复选框，并单击"确定"按钮，如图 8-2 所示。

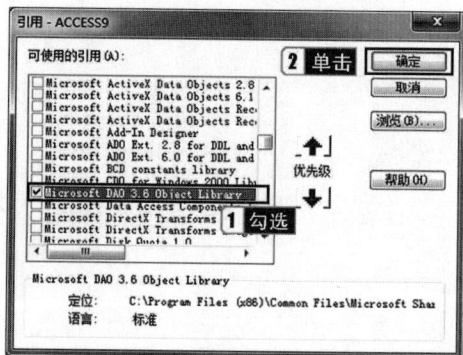

图 8-2　DAO"引用"对话框

图 8-3 所示的 DAO 数据模型采用的是层次结构。其中 DBEngine（数据库引擎）是最高层次的对象，它包含 Error 和 Workspace 两个对象集合。当程序引用 DAO 对象时，只产生一个 DBEngine 对象，同时自动生成一个

默认的 Workspace（工作区对象）。表 8-1 所示为 DAO 对象层次说明。

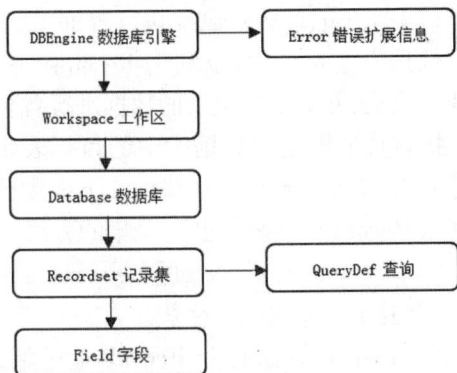

图 8-3 DAO 模型层次结构

表 8-1　　　DAO 对象层次说明

对象层次	说明
DBEngine 数据库引擎	表示 Microsoft Jet 数据库引擎
Workspace 工作区	表示工作区
Database 数据库	表示操作的数据库对象
Recordset 记录集	表示数据操作返回的记录集
Error 错误扩展信息	表示数据提供程序出错时的扩展信息
QueryDef 查询	表示数据库查询信息
Field 字段	表示记录集中的字段信息

通过 DAO 编程实现数据库访问的一般语句和步骤如下。

程序代码

```
Dim w As Workspace
Dim db As Database
Dim rs As Recordset                          '设置变量值
Set w = DBEngine.Workspace(0)                '打开工作区
Set db = w.OpenDatabase(数据库名)             '打开数据库文件
Set rs = db.OpenRecordset(表名或查询名或 SQL 语句)
                                             '打开记录集
Do While Not rs.EOF                          '利用循环实现对记录集的遍历
    ......                                    '字段数据操作
    rs.MoveNext                              '记录下移一条
Loop
rs.Close                                     '关闭记录集
db.Close                                     '关闭数据库
Set rs = Nothing
Set db = Nothing
...
```

④ **ADO 对象**

微软公司的 ADO 是一个用于存取数据源的 COM 组件系统。它提供了编程语言和统一数据访问方式 OLEDB 的一个中间层；允许开发人员编写访问数据的代码，不用关心数据库是如何实现的，而只需关心与数据库的连接。访问数据库的时候，关于 SQL 的知识不是必要的，但是特定数据库支持的 SQL 命令仍可以通过 ADO 中的命令对象来执行。

Access 2016 中 ADO 引用方法与 DAO 的一致，ADO 引用对话框如图 8-4 所示。

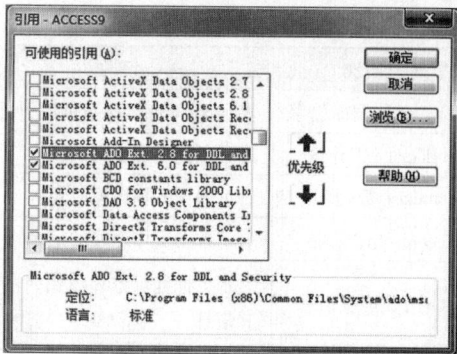

图 8-4 ADO"引用"对话框

ADO 层次模型包含 5 个对象,分别是 Connection 连接、Recordset 记录集、Command 命令、Error 错误和 Field 字段。ADO 对象说明如表 8-2 所示。

表 8-2 ADO 对象说明

对象层次	说明
Connection 连接	代表到数据库的连接
Recordset 记录集	代表数据库记录的一个集合
Command 命令	代表一个 SQL 命令
Error 错误	代表数据库访问中产生的意外
Field 字段	代表记录集中的字段信息

在实际编程过程中,使用 ADO 存取数据的主要对象操作如下。

(1)连接数据源

利用 Connection 对象可以创建一个数据源的连接,并利用其 Open 方法打开该连接。

Dim cn As New ADODB.Connection '创建 Connection 对象

利用 Open 方法打开 Connection 对象,其语法格式如下。

格式

```
cn. Open [ ConnectionString ]
[,UserID][,Password][,Option]
```

各参数说明如下。

● ConnectionString:用于连接数据库的字符串。

● UserID:可选项,是登录数据库的用户账号。

● Password:可选项,是对应的密码。

● Option:可选项,为连接选项。

(2)打开记录集对象或执行查询

数据库连接后,可以利用 Recordset 对象打开记录集,并对记录集中的数据进行各种操作。执行查询则是对数据库中的目标表直接执行追加、更新和删除记录操作。下面主要介绍利用 Recordset 对象打开记录集的方法。

Dim rs As New ADODB.Recordset '创建 Recordset 对象

利用 Open 方法打开 Recordset 对象,其语法格式如下。

格式

```
rs.Open [ Source ][, Activecon-
nection][,Cursortype][,Locktype]
[,Option]
```

各参数说明如下。

● Source:可选项,表示指定的记录集,可以是合法的 SQL 语句、表名、存储过程或 Command 对象。

● Activeconnection:可选项,用于指定合法且已经打开的 Connection 对象变量名。

● Cursortype:可选项,用于确定打开记录集对象使用的游标类型。

● Locktype:可选项,用于确定打开记录集对象使用的锁定类型。

● Option:可选项,用于指定 Source 参数中内容的类型,如表、存储过程等。

🔍 请注意

游标类型对打开的记录集操作有很大的影响,决定了记录集对象支持和使用的属性和方法。

(3)使用记录集

使用记录集包括记录指针定位、记录的检索、追加、更新、删除等操作。

①定位记录。

ADO 提供了多种定位和移动记录指针的方法,主要包含 Move 和 MoveXXXX 两种方法。

利用 Move 方法定位记录,其语法格式如下。

格式

```
rs.Move NumRecords[,Start]
```

各参数说明如下。

● NumRecords:带符号的 Long 表达式,用于指定当前记录位置移动的记录数。

● Start:可选 String 或 Variant 值,用于计算书签;还可以使用 BookmarkEnum 值。

利用 MoveXXXX 方法定位记录主要包含如下几种方法。

● MoveFirst:记录指针移动到第一条记录。使用方法 rs. MoveFirst。

● MoveNext:记录指针移动到当前记录的下一条记录。使用方法 rs. MoveNext。

● MovePrevious:记录指针移动到当前记录的上一条记录。使用方法 rs. MovePrevious。

● MoveLast:记录指针移动到最后一条记录。使用方法 rs. MoveLast。

②检索记录。

在 ADO 中,记录集内信息的快速查询检索主要提供了两种方法:Find 和 Seek。

利用 Find 方法检索记录,其语法格式如下。

格式

```
rs.Find Criteria[,SkipRows][,
SearchDirection][,Start]
```

各参数说明如下。

● Criteria:为 String 值,包含指定用于搜索的列名、比较操作符和值的语句。

● SkipRows:可选项,Long 值,其默认值为 0,用于指定当前行或 Start 书签的行偏移量以开始搜索。在默认情况下,搜索将从当前行开始。

● SearchDirection:可选项,SearchDirec-

tionEnum 值,用于指定搜索应从当前行开始,还是从搜索方向的下一个有效行开始。如果该值为 adSearchForward(值为 1),不成功的搜索将在 RecordSet 的结尾处停止;如果该值为 adSearchBackward(值为 -1),不成功的搜索将在 RecordSet 的开始处停止。

● Start:可选项,Variant 书签,用于标记搜索的开始位置。

利用 Seek 方法检索记录,其语法格式如下。

格式

```
rs.Seek KeyValues,SeekOption
```

各参数说明如下。

● KeyValues:为 Variant 值的数组,索引由一个或多个列组成,并且该数组包含与每个对应列作比较的值。

● SeekOption:为 SeekEnum 值,用于指定在索引的列与相应 KeyValues 之间进行的比较类型。

③操作记录。

操作记录包括向记录集中添加新记录、删除记录、更新记录。在操作记录集之前,记录集要处于可编辑状态。

Edit:使记录集处于可编辑状态。使用方法 rs. Edit。

AddNew:向记录集中添加一条新记录。使用方法 rs. AddNew。

Delete:从记录集中删除记录。使用方法 rs. Delete。

Update:保存对当前记录集所做的修改。使用方法 rs. Update。

④关闭连接和记录集。

在应用程序结束之前,应该关闭并释放分配给 ADO 对象(一般为 Connection 对象和 Recordset 对象)的资源。关闭连接和记录集使用的方法为 Close 方法,其语法格式如下。

格式

```
    rs.Close          '关闭记录集
    Set rs = Nothing  '回收记录集资源
    cn.Close          '关闭数据库
    Set cn = Nothing  '回收数据库资源
```

⑤重要属性。

利用 Recordset 记录集对象的相关属性,能够判断当前记录集的状态,常用属性如下。

● EOF:记录指针释放到达记录集的末尾,即最后一条记录之后。rs.EOF = True 表示记录指针到达记录集末尾,扫描循环语句的执行条件时 rs.EOF = False 或 Not rs.EOF。

● BOF:记录指针是否在记录集的开始,即第一条记录之前。rs.BOF = True 表示记录指针到达记录集开始位置。

● RecordCount:获取 Recordset 对象中的记录数。使用方法 rs.RecordCount。

通过 ADO 编程实现数据库访问的一般语句和步骤如下。

(1)在 Connection 对象上打开 RecordSet

程序代码

```
……
'创建对象引用
Dim cn As New ADODB.Connection          '创建连接对象
Dim rs As New ADODB.Recordset           '创建记录集对象
    cn.Open(连接字符串参数)              '打开连接
    rs.Open(查询字符串参数)              '打开记录集
Do While Not rs.EOF                     '利用循环实现对记录集的遍历
    ……                                 '字段数据操作
    rs.MoveNext                         '记录下移一条
Loop
rs.Close                                '关闭记录集
cn.Close                                '关闭数据库
Set rs = Nothing
Set cn = Nothing
……
```

(2)在 Command 对象上打开 Recordset

程序代码

```
……
'创建对象引用
Dim cn As New ADODB.Connection          '创建连接对象
Dim rs As New ADODB.Recordset           '创建记录集对象
'设置命令对象的属性
With cn
    .ActiveConnection = <连接串>
    .CommandType = <命令参数>
    .CommandText = <查询命令串>
```

程序代码

```
End With
    rs.open cn, <参数>
Do While Not rs.EOF          '利用循环实现对记录集的遍历
    ……                      '字段数据操作
    rs.MoveNext              '记录下移一条
Loop
rs.Close                     '关闭记录集
Set rs = Nothing
……
```

真题演练

【例】在使用ADO访问数据源时,从数据源获得的数据以行的形式存放一个对象中,该对象应是(　　)。

A）Command　　　　B）Recordset

C）Connection　　　D）Parameters

【解析】本题考查了ADO对象的说明。ADO是一个用于存取数据源的COM组件系统,提供了编程语言和统一数据访问方式OLEDB的一个中间层。ADO层次模型包含5个对象,其具体说明如下。

①Connection代表数据库的连接。

②Recordset结果集,表示数据库中记录的一个集合。

③Command对象的主要作用是在VBA中用SQL语句访问、查询数据库中的数据完成Recordset对象不能完成的操作,如创建表、修改表结构、删除表、将查询结果保存为新表等。

④Error依赖于Connection对象的使用,代表访问数据库的过程中产生的错误。

⑤Field依赖于Recordset对象的使用,代表记录集中的字段信息。

Parameters依赖于Command对象的使用,代表SQL语句中传递的参数。

【答案】B

8.2 VBA数据库编程示例

在对数据库进行访问和处理时,一般都会使用到几个特殊域聚合函数及DoCmd对象的RunSQL方法。本节将详细介绍常用的聚合函数及DoCmd对象的RunSQL方法。

1 常用的聚合函数

（1）Nz（）函数

Nz（）函数可以将Null值转换为0、空字符串（""）或者其他的指定值,其语法格式如下。

格式

Nz（表达式或字段属性值[,规定值]）。

各参数说明如下。

①当"规定值"参数省略时。

• 如果"表达式或字段属性值"为数值型且值为Null,Nz（）函数返回0。

• 如果"表达式或字段属性值"为字符型且值为Null,Nz（）函数返回空字符串（""）。

②当"规定值"参数存在时,如果"表达式或字段属性值"为Null,Nz（）函数返回"规定值"。

（2）Count（）和DCount（）函数

Count（）函数用于统计指定字段的记录个数,空值Null将不会统计在内。DCount（）函数用于返回指定记录集（一个域）中的记录数。它们的语法格式如下。

格式

> Count(表达式)
>
> DCount(表达式,记录集[,条件式])

各参数说明如下。

● 表达式:用于标识统计的字段,可以是字段名、控件名、常量或函数。

● 记录集:字符串表达式,代表组成域的记录集,可以是表名称或查询名称。

● 条件式:可选的字符串表达式,为一个条件表达式,用于限制函数执行的数据范围;一般要组织成 SQL 表达式中的 WHERE 子句,只是不含 WHERE 关键字;如果忽略,则函数在整个记录集的范围内计算。

【例 8-1】 在"学生管理"数据库中的窗体"tStudent"中有一个文本框控件,名称为"tCountZ",要求显示出每名学生所选的课程数。

步骤1 打开"学生管理"数据库,然后右键单击"tStudent"窗体,在弹出的快捷菜单中选择"设计视图"命令。

步骤2 右键单击"窗体页眉"节的"未绑定"文本框,在弹出的快捷菜单中选择"属性"命令。

步骤3 在"属性表"对话框中单击"数据"选项卡,然后单击"控件来源"行右侧的表达式生成器按钮,打开"表达式生成器"对话框,输入表达式" = DCount("成绩 ID","tGrade","学号 ='"＆[学号]＆"'")",单击"确定"按钮,如图 8-5 所示。

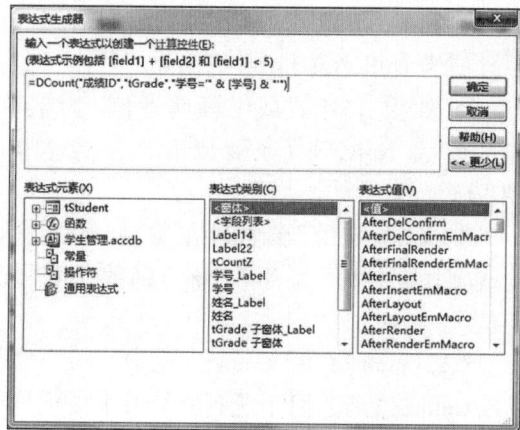

图 8-5 "表达式生成器"对话框

步骤4 关闭"属性表"对话框,单击快速工具栏中的"保存"按钮。

(3) Avg() 和 DAvg() 函数

Avg() 函数用于计算指定字段的平均值。DAvg() 函数用于返回指定记录集中某个字段列中数据的平均值。它们的语法格式如下。

格式

> Avg(表达式)
>
> DAvg(表达式,记录集[,条件式])

各参数说明如下。

● 表达式:用于标识统计的字段,可以是字段名、控件名、常量或函数。

● 记录集:字符串表达式,代表组成域的记录集,可以是表名称或查询名称。

● 条件式:可选的字符串表达式,为一个条件表达式,用于限制函数执行的数据范围;一般要组织成 SQL 表达式中的 WHERE 子句,只是不含 WHERE 关键字;如果忽略,则函数在整个记录集的范围内计算。

【例 8-2】 在文本框控件(tAvg)中显示女学生的平均年龄。

在文本框控件(tAvg)的"控件来源"属性行中输入表达式" = DAvg("年龄","学生表","性别 ='女'")"。

(4) Sum() 和 DSum() 函数

Sum() 函数用于计算指定字段的总和。DSum() 函数用于返回指定记录集中某个字段列中数据的和。它们的语法格式如下。

格式

> Sum(表达式)
>
> DSum(表达式,记录集[,条件式])

各参数说明如下。

● 表达式:用于标识统计的字段,可以是字段名、控件名、常量或函数。

● 记录集:字符串表达式,代表组成域的记录集,可以是表名称或查询名称。

● 条件式:可选的字符串表达式,为一个条件表达式,用于限制函数执行的数据范围;一般要组织成 SQL 表达式中的 WHERE 子句,只是不含 WHERE 关键字;如果忽略,则函数在整个记录集的范围内计算。

【例8-3】 在文本框控件(tSum)中显示男学生的成绩总和。

在文本框控件(tSum)的"控件来源"属性行中输入表达式" = DSum("成绩","学生表","性别 ='男'")"。

(5)DMax()函数和 DMin()函数

DMax()函数用于返回指定记录集中某字段列中数据的最大值。DMin()函数用于返回指定记录集中某字段列中数据的最小值。它们的语法格式如下。

格式

    DMax(表达式,记录集[,条件式])
    DMin(表达式,记录集[,条件式])

各参数说明如下。

• 表达式:用于标识统计的字段,可以是字段名、控件名、常量或函数。

• 记录集:字符串表达式,代表组成域的记录集,可以是表名称或查询名称。

• 条件式:可选的字符串表达式,为一个条件表达式,用于限制函数执行的数据范围;一般要组织成 SQL 表达式中的 WHERE 子句,只是不含 WHERE 关键字;如果忽略,则函数在整个记录集的范围内计算。

【例8-4】 在文本框控件(MaxAge)中显示"学生"表中女学生年龄的最小值。

在文本框控件(MaxAge)的"控件来源"属性行中输入表达式" = DMin("年龄","学生表","性别 ='女'")"。

(6)DLookup()函数

DLookup()函数用于从指定记录集里检索特定字段的值。它可以直接在 VBA、宏、查询表达式和计算控件中使用,主要用于检索来自外部表(而非数据源表)字段中的数据。其语法格式如下。

格式

    DLookup(表达式,记录集[,条件式])

各参数说明如下。

• 表达式:用于标识需要返回其值的检索字段,可以是字段名、控件名、常量或函数。

• 记录集:字符串表达式,代表组成域的记录集,可以是表的名称或查询的名称。

• 条件式:是可选的字符串表达式,为一个条件表达式,用于限制函数执行的检索范围。一般要组织成 SQL 表达式中的 WHERE 子句,只是不含 WHERE 关键字。如果忽略,则函数在整个记录集的范围内计算;如果有多个字段满足"条件式",那么 DLookup()函数将返回第一个匹配字段所对应的检索字段值。

【例8-5】 在"医生管理"数据库中,将窗体"fSubscribe"的"主体"节内文本框"tDept"和"tDoct"的"控件来源"属性设置为"计算控件"。要求该控件可以根据窗体数据源里的"科室 ID"和"医生 ID"字段值分别从非数据源表对象"tPatient"和"tDoctor"中检索出对应的科室名称和医生姓名并显示输出。

步骤1 打开"医生管理"数据库,然后右键单击"fSubscribe"窗体,在弹出的快捷菜单中选择"设计视图"命令。

步骤2 右键单击窗体"主体"节中"科室 ID"标签旁的"未绑定"文本框,在弹出的快捷菜单中选择"属性"命令。

步骤3 在"属性表"对话框中单击"数据"选项卡中"控件来源"行右侧的表达式生成器按钮,打开"表达式生成器"对话框,输入表达式" = DLookUp("[科室名称]","tOffice","科室 ID ='"&[科室 ID]&"'")",单击"确定"按钮,如图8-6 所示。

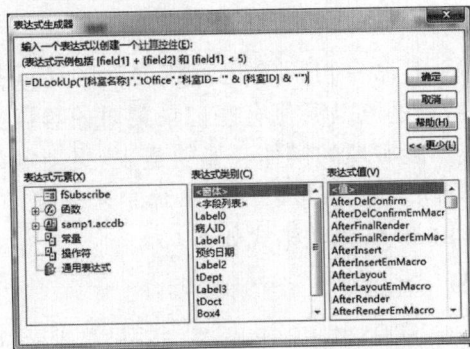

图8-6 "表达式生成器"对话框

步骤4 单击窗体"主体"节中"医生ID"标签旁的"未绑定"文本框。在"属性表"对话框中单击"数据"选项卡,然后单击"控件来源"行右侧的表达式生成器按钮,在打开的"表达式生成器"对话框中输入表达式"= DLookUp("[姓名]","tDoctor","医生ID ='" & [医生ID] & "'")",单击"确定"按钮,如图8-7所示。

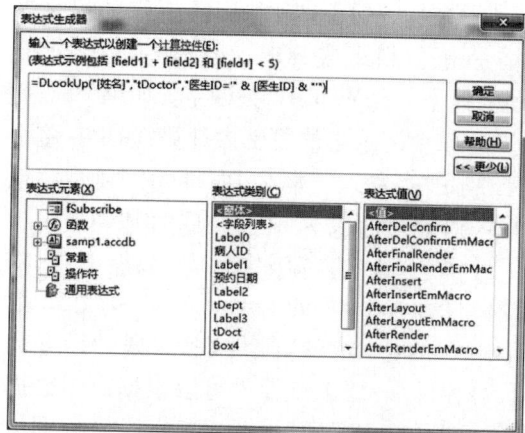

图8-7 "表达式生成器"对话框

步骤5 关闭"属性表"对话框,单击快速工具栏中的"保存"按钮。

【例8-6】 在"学生管理"数据库中,若在窗体中一个名为"tNum"的文本框中输入课程编号,则将"课程"表中对应的"课程名称"显示在另一个名为"tName"文本框中。

程序代码

```
Private Sub tNum_AfterUpdate()
    Me! tName = DLookup("课程名
称","课程表","课程编号 = '" & Me!
TNum & "'")
End Sub
```

② **Docmd 对象的 RunSQL 方法**

SQL 命令可以简化对数据库的访问操作,特别是可以简化有些记录集对象难以实现或不能实现的操作。如创建表、更新表结构、删除表等,都可以用 SQL 命令来完成。

RunSQL 语法格式如下。

格式

```
Docmd. RunSQL (SQLStatement [,
UseTransaction])
```

各参数说明如下。

- SQLStatement:为字符串表达式,表示各种操作查询或数据定义查询的有效 SQL 语句。

它可以使用 INSERT INTO、DELETE、SE-LECT…INTO、UPDATE、CTEATE TABLE、ALTER TABLE、DROP TABLE、CREATE INDEX 等。

- UseTransaction:为可选项,使用 True 可以在事务处理中包含该查询;使用 False 则不使用事务处理;默认值为 True。

【例8-7】 在"学生管理"数据库中,将"学生"表中的"年龄"字段值加1。

程序代码

```
Dim Str As String
Str = "Update 学生 Set 年龄 = 年龄
+1"
Docmd.RunSQL Str
```

③ **数据库编程实例**

Access 环境下的数据库编程大致可以划分为如下 3 种情况。

①利用 VBA + ADO(或 DAO)操作当前数据库。

②利用 VBA + ADO(或 DAO)操作本地数据库(Access 数据库或其他数据库)。

③利用 VBA + ADO(或 DAO)操作远端数据库(Access 数据库或其他数据库)。

对于这些数据库编程,用户可以使用前面介绍的一般 ADO(或 DAO)操作技术进行分析并加以解决。从上一节介绍的 ADO 或 DAO 技术分析来看,对数据库的操作都要经历打开、连接、创建记录集并实施操作的过程。尤其是连接字符串的确定、记录集参数的选择等为完成数据库操作的关键环节。本节通过对相关考题的讲解,使考生能够进一步熟悉 VBA 数据库编程的一般步骤和考核要点。

【例8-8】 试编写子过程,分别用 DAO 和 ADO 实现功能:将 D 盘根目录下"学生管理"数据库中"成绩"表的"成绩"值都加1。

使用 DAO 编程,程序代码如下。

程序代码

```
Sub AgeAdd()
    Dim w As DAO.Workspace
    Dim db As DAO.Database
    Dim rs As DAO.Recordset
    Dim cj As DAO.Field
                                            '设置变量值
    Set w = DBEngine.Workspace(0)           '打开工作区
    Set db = w.OpenDatabase("D:\学生管理.accdb")  '打开数据库文件
    Set rs = db.OpenRecordset("成绩")        '打开记录集
    Set cj = rs.Fields("成绩")

                                            '利用循环实现对记录
                                            集的遍历

    Do While Not rs.EOF
                                            '字段数据操作
        rs.Edit                             '进入编辑状态
        cj = cj + 1                         '成绩值加1
        rs.Update                           '记录集更新
        rs.MoveNext                         '记录下移一条
    Loop
    rs.Close                                '关闭记录集
    db.Close                                '关闭数据库
    Set rs = Nothing
    Set db = Nothing
End Sub
```

使用 ADO 编程,程序代码如下。

程序代码

```
Sub AgeAdd()
                                            '创建对象引用
    Dim cn As New ADODB.Connection          '创建连接对象
    Dim rs As New ADODB.Recordset           '创建记录集对象
    Dim cj As ADODB.Field                   '创建字段对象
    Dim Strsql As String                    '定义查询字段
    Dim StrConnect As String                '定义连接字符串
    StrConnect = "D:\学生管理.accdb"          '连接数据库文件
    cn.Provider = "Microsoft.Jet.OLEDB.4.0"  '设置数据提供者
    cn.Open StrConnect                      '打开连接
    Strsql = "Select 成绩 From 成绩"          '设置查询表
```

程序代码

```
        rs.Open Strsql,cn,adOpenDynamic,adLockOptimistic,adCmdText
        '打开记录集
        Set cj = rs. Fields("成绩")
        '利用循环实现对记录集的遍历
        Do While Not rs.EOF
        '字段数据操作
            cj = cj +1                    '成绩值加1
            rs.Update                     '记录集更新
            rs.MoveNext                   '记录下移一条
        Loop
        rs.Close                          '关闭记录集
        cn.Close                          '关闭数据库
        Set rs = Nothing
        Set cn = Nothing
    End Sub
```

【例8-9】　试编写子过程,用 ADO 实现下列功能:通过对象变量返回当前窗体的 Recordset 属性的记录集引用,在消息框中输出记录集中的记录(即窗体记录源)个数。

程序代码

```
Sub GetRecNum()
    Dim rs As Object
    Set rs = Me.Recordset
    MsgBox rs.RecordCount
End Sub
```

【例8-10】　试编写子过程,用 ADO 实现下列功能:假设数据库中有学生信息表"stud"(sno, sname,ssex);其中,性别"ssex"字段已建索引,要在调试窗口中显示第一个男同学的信息。

程序代码

```
Private Sub Form_Load()
    Dim rs As ADODB.Recordset
    Set rs = New ADODB.Recordset
    rs.ActiveConnection = "Provider =Microsoft.Jet.OLEDB.4.0;" & "Data Source = e:\考试中心教程\教学管理.accdb;"
    rs.CursorType = adOpenKeyset
    rs.LockType = adLockOptimistic
    rs.Index = "ssex"
```

程序代码

```
    rs.Open "stud" , , , , adCmdTableDirect
    rs.Seek "男", adSeekFirstEQ
    Debug.Print rs("sno "), rs("sname "), rs("ssex ")
    rs.Close
    Set rs = Nothing
End Sub
```

ADO 的 Seek( )成员函数是在表类型记录集中基于表索引搜索记录的,Find( )成员函数是在动态集类型或快照类型记录集中搜索记录的。因为本例中性别"ssex"字段已建索引,所以采用 Seek( )成员函数。adSeekFirstEQ 用于查找等于关键值的第一个关键字,adSeekLastEQ( )用于查找等于关键值的最后一个关键字。本例中要显示第一个男同学的信息,因此使用 adSeekFirstEQ。

【例 8-11】 "教师管理"数据库有数据表"teacher",包括"编号""姓名""性别""职称"4个字段。下面程序的功能是:通过窗体向"teacher"表中添加教师记录。对应"编号""姓名""性别""职称"的 4 个文本框的名称分别为:tNo、tName、tSex 和 tTitles。当单击窗体上的"增加"命令按钮(名称为"Command1")时,首先判断编号是否重复,如果不重复,则向"teacher"表中添加教师记录;如果编号重复,则给出提示信息。

程序代码

```
Private ADOcn As New ADODB.Connection
Private Sub Form_Load()
'打开窗口时,连接 Access 本地数据库
Set ADOcn = CurrentProject.Connection
End Sub
Private Sub Command0_Click()
'追加教师记录
    Dim strSQL As String
    Dim ADOcmd As New ADODB.Command
    Dim ADOrs As New ADODB.Recordset
    Set ADOrs.ActiveConnection = ADOcn
    ADOrs.Open "Select 编号 From teacher Where 编号 = '" + tNo + "'"
    If Not ADOrs.EOF Then
        MsgBox "你输入的编号已存在,不能新增加!"
    Else
    ADOcmd.ActiveConnection = ADOcn
    strSQL = "Insert Into teacher(编号,姓名,性别,职称)"
    strSQL = strSQL + "Values('" + tNo + "','" + tname + "','" + tsex + "',
'" + ttitles + "')"
    ADOcmd.CommandText = strSQL
    ADOcmd.Execute
        MsgBox "添加成功,请继续!"
    End If
    ADOrs.Close
    Set ADOrs = Nothing
End Sub
```

【例8-12】 "用户表"中包含4个字段:"用户名"(短文本,主键)、"密码"(短文本)、"登录次数"(数字)和"最近登录时间"(日期/时间)。在"登录界面"的窗体中有名为"tUser"和"tPassword"的两个文本框,还有一个登录按钮"Command0"。进入登录界面后,用户输入用户名和密码,单击登录按钮后,程序会查找"用户表"中的记录。如果用户名和密码全部正确,则登录次数加1,并显示上次的登录时间,同时记录本次登录的当前日期和时间。否则,显示出错提示信息。

程序代码

```
Private Sub Command0_Click()
    Dim cn As New ADODB.Connection
    Dim rs As New ADODB.Recordset
    Dim fd1 As ADODB.Field
    Dim fd2 As ADODB.Field
    Dim strSQL As String
    Set cn = CurrentProject.Connection
    strSQL = "Select 登录次数,最近登录时间 From 用户表 Where 用户名 = '"
& Me! tUser &"' And 密码 = '" & Me! tPassword & "'"
    rs.Open strSQL, cn, adOpenDynamic, adLockOptimistic, adCmdText
    Set fd1 = rs.Fields("登录次数")
    Set fd2 = rs.Fields("最近登录时间")
    If Not rs.EOF Then
        fd1 = fd1 + 1
        MsgBox "用户已经登录:" & fd1 & "次" & Chr(13) & Chr(13) & "上次登录
时间:" & fd2
        fd2 = Now()
        rs.Update
    Else
        MsgBox "用户名或密码错误。"
    End If
    rs.Close
    cn.Close
    Set rs = Nothing
    Set cn = Nothing
End Sub
```

【例8-13】 数据库中有数据表"Emp",包括"Eno""Ename""Eage""Esex""Edate""Eparty"等字段。下面程序段的功能:在窗体文本框"tValue"内输入年龄条件,单击"删除"按钮完成对该年龄职工记录信息的删除操作。

程序代码

```
Private Sub btnDelete_Click()          '单击"删除"按钮
Dim strSQL As String                   '定义变量
strSQL = "delete from Emp"             '为 SQL 基本操作字符串赋值
    If IsNull(Me! tValue) = True Or IsNumeric(Me! tValue) = False Then
    '判断窗体年龄条件值的无效(空值或非数值)处理
    MsgBox "年龄值为空或非有效数值!", vbCritical, "Error"
    '将窗体输入焦点移回年龄输入的文本框"tValue"控件内
    Me! tValue.SetFocus
    Else
        strSQL = strSQL & " where Eage = " & Me! tValue
        '构造条件删除查询表达式
        If MsgBox("确认删除? (Yes/No)", vbQuestion + vbYesNo, "确认") =
vbYes Then
        '在消息框中提示"确认删除? (Yes/No)"确认后完成删除操作
        DoCmd.RunSQL strSQL                  '执行删除查询
        MsgBox "completed!", vbInformation, "Msg"
        End If
    End If
End Sub
```

真题演练

【例1】子过程 Plus 用于完成对当前数据库中"教师表"的"年龄"字段值都加1的操作。

```
Sub Plus()
    Dim cn As New ADODB.Connection
    Dim rs As New ADODB.Recordset
    Dim fd As ADODB.Field
    Dim strConnect As String
    Dim strSQL As String
    Set cn = CurrentProject.Connection
    strSQL = "Select 年龄 from 教师表"
    rs.Open strSQL, cn, adOpenDynam-
ic, adLockOptimistic, adCmdText
    Set fd = rs.Fields("年龄")
    Do While Not rs.EOF
        fd = fd +1
        rs.Update
        【  】
    Loop
    rs.Close
    cn.Close
    Set rs = Nothing
    Set cn = Nothing
End Sub
```

程序【 】处应该填写的语句是(   )。

A)rs. MoveNext   B)rs. MovePrevious

C)rs. MoveFirst   D)rs. MoveLast

【解析】本题考查的是如何使用 ADO 数据库技术操作数据库。其中,RecordSet 的对象 rs 是用来表示来自基本表或命令执行结果的记录集的。rs 更新完一条记录之后,需要使指针往后移动到下一条记录上(注:MoveNext,移动到下一条记录的位置)。因此，本题应选择 A 选项。

【答案】A

【例2】下列代码实现的功能是：窗体中的一个名为"tNum"的文本框，运行时在其中输入课程编号，程序在"课程表"中查询记录，找到对应的"课程名称"并显示在另一个名为"tName"文本框中。

```
Private Sub tNum_AfterUpdate()
    Me! tName = 【  】
End Sub
```

要使程序可以正确运行，【 】处应该填写的是（   ）。

A）DLookup（"课程名称"，"课程表"，"课程编号 ='"& Me! tNum & "'"）

B）DLookup（"课程表"，"课程名称"，"课程编号 ='" & Me! tNum &"'"）

C）DLookup（"课程表"，"课程编号 ='" & Me! tNum &"'"，"课程名称"）

D）DLookup（"课程名称"，"课程编号 ='" & Me! tNum &"'"，"课程表"）

【解析】本题主要考查了 DLookup（）函数的使用。根据题意，【 】处的代码应实现的功能是在"课程表"中查询出"课程编号"等于"tNum"文本框中数据的"课程名称"，DLookup（）函数有此功能。DLookup（）函数的格式为：DLookup（表达式，记录集，条件式）。其中表达式用于指定要查询的字段，即题目中的"课程名称"；记录集用于指定要查询的范围，即题目中的"课程表"；条件式用于指定查询条件，即题目中的"课程编号 ='" & Me! tNum & "'"。因此选择 A 选项。

【答案】A

课后总复习

扫码看答案解析

一、选择题

1. 能够实现从指定记录集里检索特定字段值的函数是（   ）。

A）Nz   B）Find

C）Lookup   D）DLookup

2. 子过程 Plus 用于完成对当前数据库中"学生表"的"年龄"字段值都加 1 的操作。

```
Sub Plus()
    Dim cn As New ADODB.Connection
    Dim rs As New ADODB.Recordset
    Dim fd As ADODB.Field
    Dim strConnect As String
    Dim strSQL As String
    Set cn =CurrentProject.Connection
    strSQL = "Select 年龄 from 学生表"
    rs.Open strSQL, cn, adOpenDynamic,
adLockOptimistic, adCmdText '
    Set fd = rs.Fields("年龄")
    Do While Not rs.EOF
        fd = fd +1
        rs.Update
    【  】
    Loop
    rs.Close
    cn.Close
    Set rs = Nothing
    Set cn = Nothing
End Sub
```

在【 】处应该填写的语句是（   ）。

A）rs. MoveNext   B）cn. MoveNext

C）rs. Next   D）cn. Next

3. "教师管理"数据库有数据表"teacher"，包括"编号""姓名""性别""职称"4 个字段。下面程序的功能是：通过窗体向"teacher"表中添加教师记录。对应"编号""姓名""性别""职称"的 4 个文本框的名称分别为：tNo、tName、tSex 和 tTitles。当单击窗体上的"增加"命令按钮(名称为"Command1")时,首先判断编号是否重复,如果不重复,则向"teacher"表中添加教师记录;如果编号重复,则给出提示信息。

```
Private ADOcn As New ADODB.Connection
Private Sub Form_Load()
'打开窗口时,连接 Access 本地数据库
Set ADOcn = CurrentProject.Connection
End Sub
Private Sub Command0_Click()
'追加教师记录
Dim strSQL As StringDim ADOcmd As New
ADODB.CommandDim ADOrs As New ADODB.
Recordset
Set ADOrs.ActiveConnection = ADOcn
ADOrs.Open " Select 编号 From teacher
Where 编号 ='" + tNo +"'"
If Not ADOrs.EOF Then
MsgBox"你输入的编号已存在,不能新增加!"
Else
ADOcmd.ActiveConnection = ADOcn
strSQL = "Insert Into teacher (编号,姓
名,性别,职称)"
strSQL = strSQL + "Values ('" + tNo +
"','" + tname + "','" + tsex + "','" +
ttitles + "')"
ADOcmd.CommandText = strSQL
ADOcmd.【  】
MsgBox "添加成功,请继续!"
End If
ADOrs.Close
Set ADOrs = Nothing
End Sub
```

按照功能要求,在【 】处应填写的是(   )。

A) Execute   B) RunSQL

C) Run   D) SQL

4. 下列程序的功能是:通过对象变量返回当前窗体的 Recordset 属性记录集引用,并在消息框中输出记录集中的记录(即窗体记录源)个数。

```
Sub GetRecNum()
    Dim rs As Object
    Set rs = Me.Recordset
    MsgBox【  】
End Sub
```

在【 】处应填写的是(   )。

A) Count   B) rs. Count

C) RecordCount   D) rs. RecordCount

5. ADO 对象模型中有 5 个主要对象,它们是 Command、RecordSet、Field、Error 和(   )。

A) Database   B) Workspace

C) Connection   D) DBEngine

6. 下列子过程用于实现将"教师表"中的基本工资上涨 10% 的操作。

```
Sub GongZi()
    Dim cn As New ADODB.Connection
    Dim rs As New ADODB.Recordset
    Dim fd As ADODB.Field
    Dim strConnect As String
    Dim strSQL As String
    Set cn =CurrentProject.Connection
    strSQL = "Select 基本工资 from 教师
表"
    rs.Open strSQL, cn, adOpenDynamic,
adLockOptimistic, adCmdText '
    Set fd = rs.Fields("基本工资")
    Do While Not rs.EOF
        【  】
        rs.Update
        rs.MoveNext
    Loop
    rs.Close
    cn.Close
    Set rs = Nothing
    Set cn = Nothing
```

End Sub

在【 】处应该填写的语句是( )。

A)fd = fd * 1.1

B)rs = rs * 1.1

C)基本工资 = 基本工资 * 1.1

D)rs.fd = rs.fd * 1.1

7.窗体中有一个命令按钮"Command1"和一个文本框"Text1",编写如下程序。

```
Function result(x As Integer) As Boole-
an
    If【 】 Then
        result = True
    Else
        result = False
    End If
End Function
Private Sub Command1_Click()
    x = Val(InputBox("请输入一个整数"))
    If Not result(x) Then
    Text1 = Str(x) & "是奇数."
    Else
    Text1 = Str(x) & "是偶数."
    End If
End Sub
```

程序运行后单击命令按钮,在输入对话框中输入121,则"Text1"中显示"121 是奇数."那么在程序的【 】处应填写( )。

A)x Mod 2 =1   B)x Mod 2 = =1

C)x Mod 2 = =0   D)x Mod 2 =0

8.已知代码下。

```
Dim strSQL As String
strSQL = "create table Student ("
strSQL = strSQL + " Sno CHAR(10) PRIMA-
RY KEY,"
strSQL = strSQL + " Sname VARCHAR(15)
NOT NULL,"
strSQL = strSQL + " Ssex CHAR(1) NOT
```

NULL,"

```
strSQL = strSQL + " Sage SMALLINT,"
strSQL = strSQL + " Sphoto IMAGE );"
DoCmd.RunSQL strSQL
```

以上代码实现的功能是( )。

A)动态创建"Student"学生表

B)删除"Student"表中指定的字段

C)为"Student"表建立索引

D)为"Student"表设置关键字

9.下列代码实现的功能是:若在窗体中一个名为"tNum"的文本框中输入课程编号,则将"课程表"中对应的"课程名称"显示在另一个名为"tName"文本框中。

```
Private Sub 【 】()
    Me! tName = DLookup ("课程名称","课程
表", "课程编号 ='" & Me! TNum& "'")
End Sub
```

则在【 】处应该填写的是( )。

A)tNum_AfterUpdate   B)tNum_Click

C)tNum_AfterInsert   D)tNum_MouseDown

二、操作题

在素材文件夹下有一个数据库文件"samp3.mdb",里面已经设计好了表对象"tAddr"和"tUser",同时还设计出了窗体对象"fEdit"和"fEuser"。请在此基础上按以下要求补充"fEdit"窗体的设计。

(1)将窗体中名称为"1Remark"的标签控件上的文字颜色改为"蓝色"("蓝色"的代码为 #0072BC),字体粗细改为"加粗"。

(2)将窗体标题设置为"显示/修改用户口令"。

(3)将窗体边框改为"细边框"样式,取消窗体中的水平和垂直滚动条、记录选择器、浏览按钮和分隔线的显示,保留窗体中的"关闭"按钮。

(4)将窗体中"退出"命令按钮(名称为"cmdquit")上的文字颜色改为"棕色"("棕色"的代码为128),字体粗细改为"加粗",并在文字下方加下划线。

(5)在窗体中还有"修改"和"保存"两个命令按

钮,名称分别为"CmdEdit"和"CmdSave",其中"保存"命令按钮在初始状态为不可用,当单击"修改"按钮后,"保存"按钮变为可用;同时在窗体的左侧显示出相应的信息和可修改的信息。如果在"口令"文本框中输入的内容与在"确认口令"文本框中输入的内容不相符,当单击"保存"按钮后,应弹出图8-8所示的提示框。现已编写了部分VBA代码,请按照VBA代码中的指示将代码补充完整。

图8-8 提示框

要求:修改后运行该窗体,并查看修改结果。

注意:不要修改窗体对象"fEdit"和"fEuser"中未涉及的控件和属性,不要修改表对象"tAddr"和"tUser"。

程序代码只能在"＊＊＊＊＊Add＊＊＊＊＊"与"＊＊＊＊＊Add＊＊＊＊＊"之间的空行内补充,不允许增删和修改其他位置已存在的语句。

```
Private Sub CmdSave_Click()
If Me! 口令_1 = Me! tEnter Then
DoCmd.RunSQL ("update tUser " & "set 用户名='" & Me! 用户名_1 & "'" & "where 用户名='" & Me! 用户名_1 & "'")
DoCmd.RunSQL ("update tUser " & "set 口令='" & Me! 口令_1 & "'" & "where 用户名='" & Me! 用户名_1 & "'")
DoCmd.RunSQL ("update tUser " & "set 备注='" & Me! 备注_1 & "'" & "where 用户名='" & Me! 用户名_1 & "'")
Forms! fEdit.Refresh
DoCmd.GoToControl "cmdedit"
CmdSave.Enabled = False
Me! 用户名_1 = Me! 用户名
Me! 口令_1 = Me! 口令
Me! 备注_1 = Me! 备注
Me! tEnter = " "
Me! 用户名_1.Enabled = False
Me! 口令_1.Visible = False
Me! 备注_1.Visible = False
Me! tEnter.Visible = False
Me! Lremark.Visible = False
Else
'＊＊＊＊＊＊＊＊＊＊＊＊＊＊Add＊＊＊＊＊＊＊＊＊＊＊＊'
'＊＊＊＊＊＊＊＊＊＊＊＊＊＊Add＊＊＊＊＊＊＊＊＊＊＊＊'
End If
End Sub
```

附　　录

附录1　VBA 的常见函数

VBA 的常见函数如表 F-1 所示。

表 F-1　　　　　　　　　　　　　　　　　VBA 的常见函数

类型	名称	函数格式	含义
算术函数	正弦	Sin(数值表达式)	返回数值表达式的正弦值
	余弦	Cos(数值表达式)	返回数值表达式的余弦值
	正切	Tan(数值表达式)	返回数值表达式的正切值
	自然指数	Exp(数值表达式)	计算 e 的数值表达式次方,返回双精度数
	自然对数	Log(数值表达式)	计算以 e 为底的数值表达式值的对数
	绝对值	Abs(数值表达式)	返回数值表达式的绝对值
	平方根	Sqr(数值表达式)	返回数值表达式的平方根
	取整	Int(数值表达式)	返回不大于数值表达式的整数
		Fix(数值表达式)	返回数值表达式的整数部分,即为去掉小数点后的数
		Round(数值表达式 [,表达式])	按照指定的小数位数进行四舍五入,其中[表达式]为保留的小数位数
	符号	Sgn(数值表达式)	返回数值表达式的符号值。数值表达式大于 0 时,返回 1;等于 0 时,返回 0;小于 0 时,返回 -1
	随机	Rnd(数值表达式)	产生一个 0 ~ 1 之间的随机单精度类型的小数,注意范围是[0,1)
字符串函数	生成空格	SPACE(数值表达式)	返回用数值表达式的值确定的空格数组成的字符串
	首字符重复	STRING(数值表达式,字符串表达式)	返回由字符表达式的第一个字符重复组成的指定长度为数值表达式的值的字符串
	字符串截取	LEFT(字符串表达式,数值表达式)	返回字符串左边的数值表达式个字符
		RIGHT(字符串表达式,数值表达式)	返回字符串右边的数值表达式个字符
		MID(字符串表达式 1,数值表达式 1,数值表达式 2)	返回从字符串表达式最左端某个字符开始,截取到某个字符为止的若干个字符。其中,数值表达式 1 的值是开始的字符位置,数值表达式 2 是终止的字符位置
	计算字符长度	LEN(字符串表达式)	返回字符串表达式的字符个数,如字符串为 Null,返回 Null
	删除空格	LTRIM(字符串表达式)	去掉字符串表达式左边的空格
		RTRIM(字符串表达式)	去掉字符串表达式右边的空格
		TRIM(字符串表达式)	去掉字符串表达式两边的空格

类型	名称	函数格式	含义
字符串函数	大小写转换	Lcase(字符串表达式)	将字符串中大写字母转成小写字母
		Ucase(字符串表达式)	将字符串中小写字母转成大写字母
	字符串搜索	InStr([搜索起点,]字符串1,字符串2[,比较模式])	指定字符串2在字符串1中,从指定的搜索起点开始,搜索最先出现的位置。返回一个整数
	字符串替换	Replace(字符串1,字符串2,字符串3)	在字符串1中查找指定字符串2,并将指定的字符串替换为字符串3
日期/时间函数	获取日期/时间分量	DAY(日期表达式)	返回给定日期1~31的值,表示给定日期是一个月中的哪一天
		MONTH(日期表达式)	返回给定日期1~12的值,表示给定日期是一年中的哪个月
		YEAR(日期表达式)	返回给定日期100~9999的值,表示给定日期是哪一年
		WEEKDAY(日期表达式)	返回给定日期1~7的值,表示给定日期是一个周中的哪一天
		Hour(时间表达式)	返回时间表达式的0~23的小时数
		Minute(时间表达式)	返回时间表达式的0~59的分钟数
		Second(时间表达式)	返回时间表达式的0~59的秒数
	获取系统时间	DATE()	返回系统当前的日期
		Time()	返回系统当前的时间
		Now()	返回系统当前的日期与时间
	时间间隔	DateDiff(间隔类型,日期1,日期2)	返回两个指定日期间的时间间隔数目
		DateAdd(间隔类型,间隔值,日期0)	返回在指定的日期上按照间隔类型加上或减去指定的时间间隔值
		DatePart(间隔类型,日期0)	返回日期中按照指定间隔类型所指定的时间间隔值
	组合日期	DateSerial(表达式1,表达式2,表达式3)	返回由表达式1(年),表达式2(月),表达式3(日)组成的日期值
转换函数	ASCII码转为字符	Chr(ASCII整数值)	返回与指定的ASCII整数值对应的字符
	字符转为ASCII	Asc(字符串表达式)	返回字符串首字母的字符值(ASCII整数值)
	字符串转为数值	Val(字符串表达式)	将最前面的数字字符串转换为数值
	数值转为字符串	Str(数值表达式)	将数值表达式转成字符串,当数值转为字符串时,字符串的第一个位一定是空格或是正、负号
	字符串转换为日期	DateValue(字符串表达式)	返回字符串表达式对应的日期值
	Null值转换	Nz(表达式或字段值[,指定值])	将表达式或字段的空值Null进行转换,是数值时转换为0;字符串时转换为空字符串,也可转换为指定的值
	转换为Integer	Cint(数值表达式或布尔值)	返回数值表达式四舍五入的整数值,将布尔值True转换为−1,False转换为0
	转换为Boolean	Cbool(数值表达式)	将数值表达式转换为布尔值,0转换为False,非0值转换为True

续表

类型	名称	函数格式	含义
数据验证函数	数字字符验证	IsNumeric(表达式)	验证表达式的结果是否为数值或数字字符串,如果是,则返回 True
	日期数据验证	IsDate(表达式)	验证表达式的结果是否可以转换为日期,如果是,则返回 True
	空值 Null 验证	IsNull(表达式)	验证表达式的结果是否为无效值 Null,如果是,则返回 True
	初始化验证	IsEmpty(表达式)	验证表达式的结果是否已经初始化,如果没有,则返回 True
	数值类型验证	IsArray(表达式)	验证表达式的结果是否为一个数组,如果是,则返回 True
	错误验证	IsError(表达式)	验证表达式的结果是否错误,如果是,则返回 True
	对象类型验证	IsObject(表达式)	验证表达式的结果是否为一个对象变量,如果是,则返回 True
SQL 聚合函数	合计	SUM(字符表达式)	返回字符表达式的总和,字符表达式可以是字段名称,也可以是包含字段的表达式
	平均值	AVG(字符表达式)	返回字符表达式的平均值,字符表达式可以是字段名称,也可以是包含字段的表达式
	计数	COUNT(字符表达式)	返回字符表达式中值的个数,空值 Null 将不统计在内。字符表达式可以是字段名称,也可以是包含字段的表达式
	最大值	MAX(字符表达式)	返回字符表达式的最大值,字符表达式可以是字段名称,也可以是包含字段的表达式
	最小值	MIN(字符表达式)	返回字符表达式的最小值,字符表达式可以是字段名称,也可以是包含字段的表达式
域聚合函数	计数	DCount(表达式,域,[条件])	返回指定记录集(一个域)中的记录数。表达式:字符串表达式,可以是字段名、控件名、常量或函数。域:字符串表达式,代表组成域的记录集,可以是表名称或查询名称。[条件]:可选的字符串表达式,为一个条件表达式
	合计	DSum(表达式,域,[条件])	返回指定记录集(一个域)中的一组值的总和。表达式:字符串表达式,可以是字段名、控件名、常量或函数。域:字符串表达式,代表组成域的记录集,可以是表名称或查询名称。[条件]:可选的字符串表达式,为一个条件表达式
	平均值	DAvg(表达式,域,[条件])	返回指定记录集(一个域)中的一组值的平均值。表达式:字符串表达式,可以是字段名、控件名,常量或函数。域:字符串表达式,代表组成域的记录集,可以是表名称或查询名称。[条件]:可选的字符串表达式,为一个条件表达式
	最大值	DMax(表达式,域,[条件])	返回指定记录集(一个域)中的一组值的最大值。表达式:字符串表达式,可以是字段名、控件名、常量或函数。域:字符串表达式,代表组成域的记录集,可以是表名称或查询名称。[条件]:可选的字符串表达式,为一个条件表达式
	最小值	DMin(表达式,域,[条件])	返回指定记录集(一个域)中的一组值的最小值。表达式:字符串表达式,可以是字段名、控件名、常量或函数。域:字符串表达式,代表组成域的记录集,可以是表名称或查询名称。[条件]:可选的字符串表达式,为一个条件表达式
	特定字段值	DLookup(表达式,域,[条件])	返回指定记录集(一个域)中获取特定字段的值。表达式:字符串表达式,可以是字段名、控件名、常量或函数。域:字符串表达式,代表组成域的记录集,可以是表名称或查询名称。[条件]:可选的字符串表达式,为一个条件表达式

续表

类型	名称	函数格式	含义
流程函数	条件	Iif(条件式,表达式1,表达式2)	当条件式的值为真(True)时,函数返回表达式1的值;为假(False)时,函数返回表达式2的值
	开关	Switch(条件式1,表达式1[条件式2,表达式2…])	函数中条件式与表达式成对出现,如某一条件式为真(True),则返回该条件式对应表达式的值
	选择	Choose(索引式,选项1[,选项2…[,选项n]])	函数根据"索引式"的值来返回选项列表中的某个值。若"索引式"值为1,则返回选项1的值;若"索引式"值为2,返回选项2的值;以此类推。这里"索引式"的值要求介于1和选项数目之间,如果"索引式"的值小于1或者大于选项数,则函数返回空值(Null)
消息函数	信息提示框	MsgBox(提示[,按钮和图标][,标题])	作用是执行时显示消息提示对话框,等待用户单击相关按钮,并返回一个整型值告诉程序用户单击了那个按钮,以此交互性地根据用户的选择引导程序的执行
	输入提示框	InputBox(提示[,标题][,默认值])	作用是执行后打开包含一个文本框对话框,提示并获取用户的输入信息,并返回输入的字符串型的信息
数组函数	生成数组	Array(值列表)	作用是产生一个数组,数组中的元素值通过其列表值赋值。在值列表中,值之间用逗号分隔。如果不提供值列表参数,则创建一个长度为0的数组,即空数组

附录2　窗体属性及其含义

窗体属性及其含义如表F-2所示。

表F-2　　　　　　　　　　　　　　　　　窗体属性及其含义

类型	名称	函数格式	含义
格式属性	标题	Caption	指定在窗体视图的标题栏上显示的文本
	默认视图	DefaultView	指定打开窗体时所用的视图。可以选择的视图有:单一窗体、连续窗体、数据表、数据透视表、数据透视图
	滚动条	ScrollBars	指定是否在窗体上显示滚动条。选项有:两者均无、只水平、只垂直、两者都有
	窗体视图	AllowFormView	表明是否可以在窗体视图中查看指定的窗体
	记录选择器	RecordSelectors	指定窗体在窗体视图中是否显示记录选定器
	导航按钮	NavigationButtons	指定窗体上是否显示导航按钮和记录编号框
	分隔线	DividingLines	指定是否使用分隔线分隔窗体上的节或连续窗体上显示的记录
	自动调整	AutoResize	在打开"窗体"窗口时,是否自动调整"窗体"窗口大小以显示整条记录
	自动居中	AutoCenter	当窗体打开时,是否在应用程序窗口中将窗体自动居中
	边框样式	BorderStyle	可以指定用于窗体的边框和边框元素(标题栏、"控制"菜单、"最小化"与"最大化"按钮和"关闭"按钮)的类型。可选项有:无、细边框、可调边框、对话框边框

类型	名称	函数格式	含义
格式属性	控制框	ControlBox	指定在窗体视图和数据表视图中窗体是否具有"控制"菜单
	最大最小化按钮	MinMaxButtons	指定在窗体上"最大化"和"最小化"按钮是否可见
	图片	Picture	指定显示在命令按钮、图像控件、切换按钮、选项卡控件的页上，或当作窗体和报表的背景图片的位图或其他类型的图形
	图片类型	PictureType	指定 Access 是将对象的图片存储为链接对象还是嵌入对象
	图片缩放模式	PictureSizeMode	指定对窗体或报表中的图片调整大小的方式。可选项有：剪裁、拉伸、缩放
数据属性	记录源	RecordSource	指定窗体或报表的数据源。属性值可以是表名称、查询名称或者 SQL 语句
	筛选	Filter	指定对窗体、报表、查询或表应用筛选时要显示的记录子集
	排序依据	OrderBy	指定如何对窗体、报表、查询或表应用中的数据进行排序，可选升序或降序
	允许编辑	AllowEdits	指定用户是否可在使用窗体时编辑已保存的记录
	允许添加	AllowAdditions	指定用户是否可在使用窗体时添加记录
	允许删除	AllowDeletions	指定用户是否可在使用窗体时删除记录
	数据输入	DataEntry	指定用户是否允许打开绑定窗体进行数据输入
	记录锁定	RecordLocks	指定记录如何锁定以及当两个用户试图同时编辑同一条记录时将会发生什么。选项有：不锁定、所有记录、已编辑的记录
属性其他	弹出方式	PopUp	指定窗体是否作为弹出式窗口打开
	模式	Modal	指定窗体是否作为模式窗口打开。当窗体作为模式窗口打开时，在焦点移到另一个对象之前，必须先关闭该窗口
	循环	Cycle	指定当按下＜Tab＞键时绑定窗体中位于最近一个控件上的焦点的去向。可选项有：所有记录、当前记录、当前页
	功能区名称	RibbonName	获取或设置在指定的窗体时要现实的自定义功能区的名称
	工具栏	ToolBar	指定窗体或报表使用的工具栏
	快捷菜单	ShortcutMenu	指定当用鼠标右键单击窗体上的对象时是否显示快捷菜单
	菜单栏	MenuBar	将菜单栏指定给 Access 数据库、窗体或报表使用
	快捷菜单	ShortcutMenuBar	指定用鼠标右键单击窗体、报表或窗体上的控件时所显示的快捷菜单

附录3 控件属性及其含义

控件属性及其含义如表F-3所示。

表F-3 控件属性及其含义

类型	名称	函数格式	含义
格式属性	标题	Caption	指定按钮和标签控件中显示的文本
	格式	Format	自定义数字、日期、时间和文本的显示方式
	可见性	Visible	指定显示或隐藏窗体、报表、窗体或报表的节、数据访问页与控件
	边框样式	BorderStyle	指定控件边框的显示方式,可选项有:透明、实线、虚线、短虚线、点线、稀疏点线、点划线、点点划线、双实线
	左边距	Left	指定控件的左边框到包含该控件的节的左边缘的距离
	上边距	Top	指定控件的上边框到包含此控件的节上边缘的距离。Left 和 Top 共同确定了控件的位置
	背景样式	BackStlye	指定控件是否透明,可选项有:普通、透明
	特殊效果	SpecialEffect	指定是否将特殊格式应用于节或控件,可选项有:平面、凸起、凹陷、蚀刻、阴影、凿痕
	字体名称	FontName	指定文本的字体
	字号	ForeSize	指定文本显示的大小
	字体粗体	FontBold	指定字体在下列情况中是否以粗体样式显示
	倾斜字体	FontItalic	指定文本是否为斜体
	背景色	BackColor	指定某个控件或节内部的颜色
	前景色	ForeColor	指定一个控件的文本颜色
数据属性	控件来源	ControlSource	指定在控件中显示的数据。可以显示和编辑绑定到表、查询或 SQL 语句中的数据,还可以显示表达式的结果
	输入掩码	InputMask	使数据输入更容易,并且可以控制用户可在文本框类型的控件中输入的值。通常用掩码字符组成的字符串指定掩码格式
	默认值	DefaultValue	指定计算型控件或非结合型控件的初始值,使得控件默认显示该值
	验证规则	ValidationRule	指定对输入记录、字段或控件中的数据合法性检查的表达式
	验证文本	ValidationText	指定当输入的数据违反了验证规则的设置时,将显示给用户的提示信息
	是否锁定	Locked	指定控件仅显示信息而不允许编辑
	可用性	Enabled	指定该控件是否可以使用,以及控件是否可以接受鼠标或是键盘的输入;不可用时,控件为灰色

续表

类型	名称	函数格式	含义
其他属性	名称	Name	指定或确定用于标识对象名称的字符串表达式,以便引用该控件
	允许自动校正	AllowAutoCorrect	指定是否自动更正文本框或组合框控件中的用户输入内容
	自动 < Tab > 键	AutoTab	指定当输入文本框控件的输入掩码所允许的最后一个字符时,是否进行自动 < Tab > 键切换。自动 < Tab > 键切换会按窗体的 < Tab > 键次序将焦点移到下一个控件上
	< Tab > 键索引	TabIndex	指定窗体上的控件在 < Tab > 键次序中的位置
	控件提示文本	ControlTipText	指定当鼠标指针停留在控件上时,显示在 ScreenTip 中的提示文字

附录4　常见事件及其含义

常见事件及其含义如表 F-4 所示。

表 F-4　　　　　　　　　　　　　常见事件及其含义

类型	事件	名称	属性及适用对象	含义
鼠标事件	Click	单击	OnClick(窗体、控件)	当在一个对象上单击时发生
	DblClick	双击	OnDblClick(窗体、控件)	当在一个对象上双击时发生
	MouseDown	鼠标按下	OnMouseDown(窗体、控件)	当在一个对象上按下鼠标键时发生
	MouseMove	鼠标移动	OnMouseMove(窗体、控件)	当在一个对象上移动鼠标指针时发生
	MouseUp	鼠标释放	OnMouseDown(窗体、控件)	当在一个对象上释放按下的鼠标键时发生
键盘事件	KeyDown	键按下	OnKeyDown(窗体、控件)	当在一个对象上按下任意键时发生
	KeyUp	键释放	OnKeyUp(窗体、控件)	当在一个对象上释放任意键时发生
	KeyPress	击键	OnKeyPress(窗体、控件)	在一个对象上按下并释放一个按键或组合键后发生
打开窗体或报表事件	Open	打开	OnOpen(窗体、报表)	当窗体或报表打开时发生
	Load	加载	OnLoad(窗体、报表)	当窗体或报表且显示了其上的记录时发生。Load 发生在 Open 之后、Current 之前
	Resize	调整大小	OnResize(窗体)	当窗体的大小发生变化或窗体第一次显示时发生
	Activate	激活	OnActivate(窗体、报表)	当窗体或报表成为激活窗口时发生
	Current	成为当前	OnCurrent(窗体)	在窗体第一次打开、焦点从一条记录移动到另一条记录时,或者重新查询窗体的数据来源时发生
关闭窗体或报表事件	UnLoad	卸载	OnUnLoad(窗体)	在窗体关闭,并且它的记录被卸载,从屏幕上消失之前发生
	Deactivate	停用	OnDeactivate(窗体、报表)	当其他窗口成为激活窗口时发生
	Close	关闭	OnClose(窗体、报表)	当窗体或报表关闭时发生

续表

类型	事件	名称	属性及适用对象	含义
错误	Error	出错	OnError（窗体、报表）	当窗体或报表在运行过程中出现错误时发生
时钟	Timer	计时器触发	OnTimer（窗体）	每隔窗体的 TimerInterval 时间间隔指定的时间被触发一次
筛选	ApplyFilter	应用筛选	OnApplyFilter（窗体）	当窗体的记录应用了筛选或取消筛选时发生
筛选	Filter	筛选	OnFilter（窗体）	当在"记录"菜单中选择"按窗体筛选"命令时发生；或者在"按窗体筛选"情况下，选择"高级筛选/排序"命令时发生
失去或获得焦点	Enter	进入	OnEnter（控件）	在控件实际接收焦点之前发生
失去或获得焦点	Exit	退出	OnExit（控件）	正好在焦点从一个控件移动到同一窗体上的另一个控件之前发生
失去或获得焦点	GotFocus	获得焦点	OnGotFocus（窗体、控件）	当控件或窗体接收焦点时发生
失去或获得焦点	LostFocus	失去焦点	OnLostFocus（窗体、控件）	当控件或窗体失去焦点时发生
数据编辑或移动当前记录	AfterDelConfirm	确认删除后	AfterDelConfirm（窗体）	发生在确认删除记录，且记录实际上已经删除之后；或发生在取消删除之后
数据编辑或移动当前记录	AfterInsert	插入后	AfterInsert（窗体）	当一条新记录添加到数据库中时发生
数据编辑或移动当前记录	AfterUpdate	更新后	AfterUpdate（窗体）	在控件或记录中的数据被更新后发生，此时控件或记录已经失去焦点
数据编辑或移动当前记录	BeforeInsert	插入前	BeforeInsert（窗体）	在新记录中输入第一个字符但记录未添加到数据库时发生
数据编辑或移动当前记录	BeforeUpdate	更新前	BeforeUpdate（窗体）	在控件或记录中的数据被更新前发生，此时控件或记录已经失去焦点
数据编辑或移动当前记录	BeforeDelConfirm	确认删除前	BeforeDelConfirm（窗体）	在删除一条或多条记录时，Access 显示对话框提示是否确定删除记录之前发生
数据编辑或移动当前记录	Delete	删除	OnDelete（窗体）	当一条记录被删除但未确认和执行删除记录时发生
数据编辑或移动当前记录	Change	更改	OnChange（窗体）	在文本框或组合框的内容发生更改时发生；或在选项卡控件从一个转移到另一个时发生

附录5　常用宏操作命令及其含义

常用宏操作命令及其含义如表 F-5 所示。

表 F-5　　　　　　　　　　　　常用宏操作命令及其含义

类型	宏命令	含义
打开或关闭数据库对象	OpenTable	打开指定数据表
打开或关闭数据库对象	OpenForm	打开指定窗体
打开或关闭数据库对象	OpenQuery	打开指定查询

类型	宏命令	含义
打开或关闭数据库对象	OpenReport	打开指定报表
	RunMacro	运行指定宏
	RunCode	打开指定 VBA 中的 Function 过程
	CloseWindow	关闭各种数据库对象
	CloseDatabase	关闭当前数据库
	QuitAccess	退出当前数据库
刷新/查找或定位记录	Requery	重新查询控件的数据源从而更新控件中的数据,即刷新控件数据
	FindRecord	查找满足指定条件的第一条记录
	FindNextRecord	查找符合最近的 FindRecord 操作的下一条记录
	ApplyFilter	在表、窗体或报表中应用筛选,选择满足条件的记录
	RequeryRecord	刷新当前记录
	ShowAllRecords	显示表、查询中的所有记录
	GotoControl	转移焦点到窗体、报表中的特定控件上
	GotoRecord	使指定记录成为打开的表、窗体、或查询的当前记录
窗口操作	MaximizeWindow	最大化激活窗口
	MinimizeWindow	最小化激活窗口
	MoveAndSizeWindow	移动活动窗口或调整其大小
	RestoreWindow	将最大、最小化窗口恢复为原始大小
宏操作	CancelEvent	取消使该宏运行的 Access 事件
	ClearMacroError	清除 MacroError 中的上一处错误
	OnError	定义宏在出现错误时如何处理
	StopAllMacros	终止当前所有宏的运行,包括吱声宏
	StopMacros	停止当前正在运行的宏
	SingleStep	暂停宏的执行并打开"单步执行宏"对话框
	SetLocalVar	将本地变量设置为给定值
数据	SaveRecord	保存当前记录
操作	DeleteRecord	删除当前记录
	EditListItems	编辑查询列表中的选项值
	UndoRecord	撤销最近用户的操作
系统及用户界面命令	Beep	使计算机发出嘟嘟声
	MessageBox	显示消息提示对话框
	SetWarnings	关闭或打开所有的系统消息
	Echo	使用 Echo 操作指定是否打开回响
	SetProperty	设置窗体、报表的控件属性值
	SetValue	设置窗体、报表上的字段值,或控件的属性值
	PrintOut	打印数据表、报表、窗体、数据访问页和模块

续表

类型	宏命令	含义
系统及 用户界 面命令	SendObject	可以使用 SendObject 操作在电子邮件中添加指定的 Microsoft Access 数据表、表单、报表或模块,同时还能查看和转发电子邮件
	AddMenu	添加自定义菜单栏
	SetMenuItem	设置活动窗口的自定义菜单栏或全局菜单栏的状态
	Redo	重复用户最近的操作
数据导 入导出	ExportWithFormatting	将指定对象中的数据导出为指定格式的文件
	EMailDatabaseObject	将指定的数据库对象包含在邮件中并发送
	TransferSpreadsheet	从电子表格文件中导入和导出数据
	TransferText	从文本文件中导入和导出数据
	WordMailMerge	执行邮件合并操作

附录 6　无纸化上机考试指导

一、考试环境简介

1　硬件环境

考试系统所需要的硬件环境如表 F-6 所示。

表 F-6　　　　　　　　硬件环境

CPU	主频 3GB
内存	2GB 及以上
显卡	SVGA 彩显
硬盘空间	10GB 以上可供考试使用的空间

2　软件环境

考试系统所需要的软件环境如表 F-7 所示。

表 F-7　　　　　　　　软件环境

操作系统	中文版 Windows 7
应用软件	中文版 Microsoft Access 2016

3　软件适用环境

本书配套的软件在教育部考试中心规定的考试环境下进行了严格的测试,适用于中文版 Windows 7、Windows 8、Windows 10 和 Microsoft Access 2016 操作系统。

4　题型及分值

全国计算机等级考试二级 Access 考试满分为 100 分,共有 4 种考查题型,即选择题(40 小题,共 40 分)、基本操作题(18 分)、简单应用题(24 分)和综合应用题(18 分)。

5　考试时间

全国计算机等级考试二级 Access 考试时间为 120 分钟,考试时间由考试系统自动计时。考试时间结束,考试系统自动将计算机锁定,考生不能继续答题。

二、考试流程演示

考生考试过程分为登录、答题、交卷等阶段。

1　登录

在实际答题之前,需要进行考试系统的登录。一方面,这是考生姓名的记录凭据,系统要验证考生的"合法"身份;另一方面,考试系统也需要为每一位考生随机抽题,生成一份二级 Access 数据库程序设计考试的试题。

(1)启动考试系统。双击桌面上的"NCRE 考试系统"快捷图标;或从"开始"菜单的"所有程序"中选择"第××(××为考次号)次 NCRE"命令,启动"NCRE 考试系统"。

(2)考号验证。在"考生登录"界面中输入准考证号,单击图 F-1 所示的"下一步"按钮,可能会出现以下两种情况的提示信息。

①如果输入的准考证号存在,将弹出"考生信息确认"界面,要求考生对准考证号、姓名及证件号进行验证,如图 F-2 所示。如果准考证号错误,则单击"重输准考证号"按钮重新输入;如果准考证号正确,则单击"下一步"按钮继续。

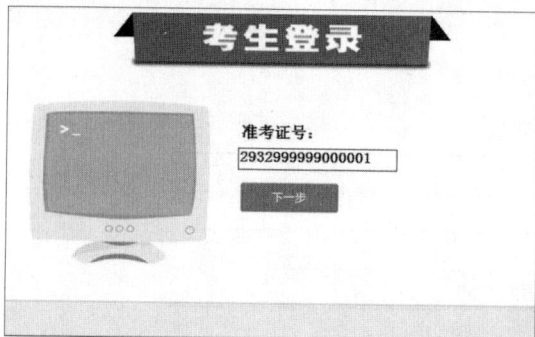

图 F-1　输入准考证号

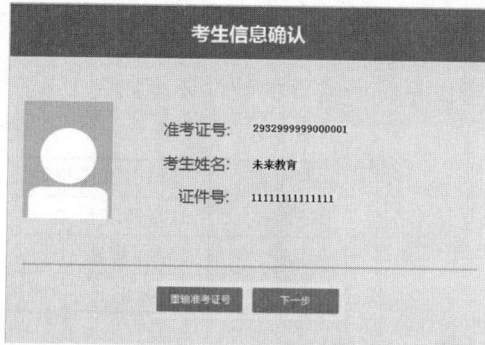

图 F-2　考生信息确认

②如果输入的准考证号不存在,考试系统会显示图 F-3 所示的提示信息并要求考生重新输入准考证号。

图 F-3　准考证号无效

（3）登录成功。当考试系统抽取试题成功后，屏幕上会显示"二级 Access 数据库程序设计"的考试须知界面，考生须勾选"已阅读"复选框并单击"开始考试并计时"按钮，开始考试并计时，如图 F-4 所示。

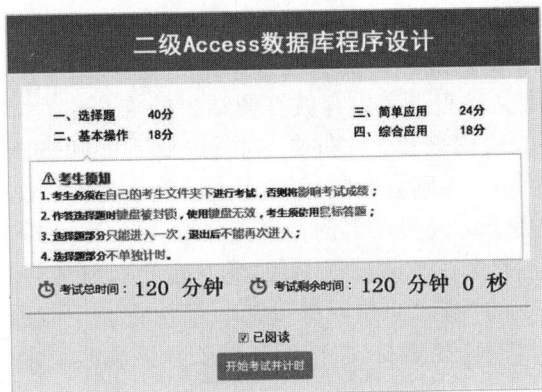

图 F-4　考试须知

2 答题

（1）试题内容查阅窗口。登录成功后，考试系统将自动在屏幕中间生成试题内容查阅窗口，至此，系统已为考生抽取了一套完整的试题，如图 F-5 所示。单击其中的"选择题""基本操作""简单应用""综合应用"选项卡，可以分别查看各题型的题目要求。

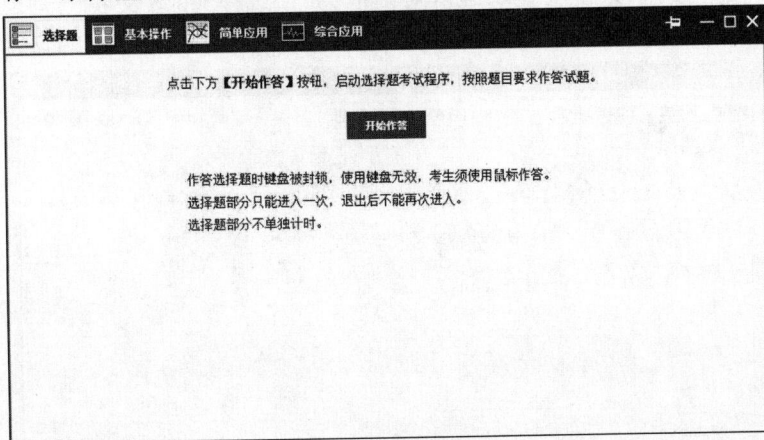

图 F-5　试题内容查阅窗口

当试题内容查阅窗口中显示了上下或左右滚动条时，表示该窗口中的试题尚未完全显示，此时，考生可用鼠标指针拖动滚动条显示余下的试题内容，防止因漏做试题而影响考试成绩。

（2）考试状态信息条。屏幕中出现试题内容查阅窗口的同时，窗口顶部会显示考试状态信息条，其中包括：①考生的报考科目、准考证号、姓名、考试剩余时间；②可以随时显示或隐藏试题内容查阅窗口的按钮；③退出考试系统进行交卷的按钮；④收起或固定顶部栏、查看作答进度、查看帮助文件的按钮，如图 F-6 所示。

图 F-6　考试状态信息条

（3）进入考试环境。在试题内容查阅窗口中单击"选择题"选项卡，再单击"开始作答"按钮，系统将自动进入选择题的作答界面，此时根据要求进行答题。注意：选择题作答界面只能进入一次，退出后不能再次进入。对于基本操作题、简单应用题和综合应用题，可单击试题内容查阅窗口内素材列表中的文件；也可以单击"考生文件夹"按钮在打开的文件夹中双击相应文件，在启动的 Access 2016 中按照题目要求进行操作。

（4）考生文件夹。考生文件夹是考生存放答题结果的唯一位置。考生在考试过程中所操作的文件和文件夹绝对不能脱离该考生文件夹，同时绝对不能随意删除此文件夹中的任何与考试要求无关的文件及文件夹，否则会影响考试成绩。当考生登录成功后，考试系统会自动在本计算机上创建一个以考生准考证号命名的文件夹，如 C:\NCRE_KSWJJ\2932999999000001。

（5）素材文件的恢复。考生在考试过程中，如果原始的素材文件不能复原或被误删除，可以单击试题内容查阅窗口中的"查看原始素材"按钮，系统将会下载原始素材文件到一个临时目录中。考生可以查看或复制原始素材文件，但是请勿在该临时目录中答题。

3　交卷

考试过程中，系统会为考生计算剩余考试时间。在剩余 5 分钟时，系统会显示一条提示信息，提示考生注意存盘并准备交卷。时间用完后，系统自动结束考试，强制交卷。

如果考生要提前结束考试并交卷，可在窗口顶部考试状态信息条中单击"交卷"按钮，考试系统将弹出图 F-7 所示的"作答进度"对话框，其中会显示已作答题号和未作答题号。此时考生如果单击"确定"按钮，系统会显示确认对话框，如果选择"继续交卷"，则退出考试系统进行交卷处理；单击"取消"按钮则返回考试界面，继续进行考试。

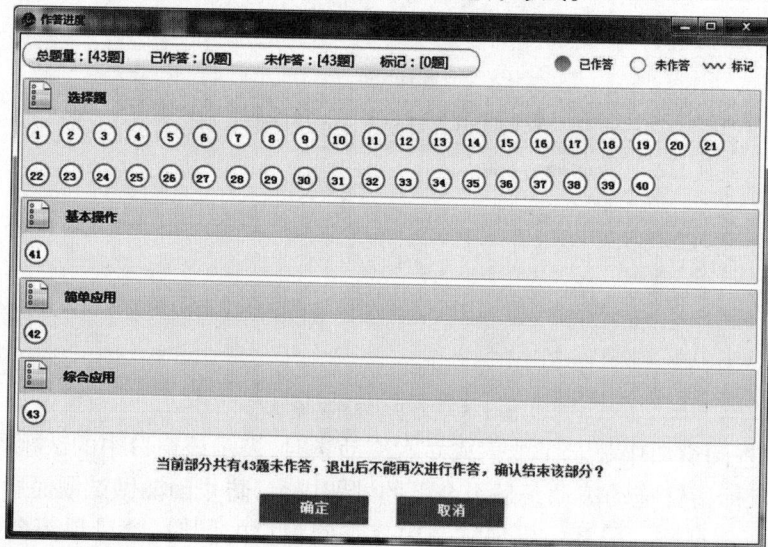

图 F-7　"作答进度"对话框

如果确定进行交卷处理，系统会首先锁住屏幕，并显示"正在结束考试"。当系统完成交卷处理时，屏幕上会显示"考试结束，请监考老师输入结束密码："这时只要输入正确的结束密码就可以结束考试。（注意：只有监考人员才能输入结束密码。）

附录7　全国计算机等级考试二级 Access 考试大纲专家解读

基本要求

1. 具有数据库系统的基础知识。
2. 掌握关系数据库的基本原理。
3. 掌握数据库程序设计方法。
4. 能使用 Access 建立一个小型数据库应用系统。

考试内容

1. 数据库基础知识

大纲要求		专家解读
（1）基本概念 　　数据库,数据模型,数据库管理系统		以选择题的形式考核,约占总分的1%
（2）关系数据库基本概念 　　关系模型(实体的完整性,参照的完整性,用户定义的完整性),关系模式,关系,元组,属性,字段,域,值,主关键字等		以选择题的形式考核,多出现在选择题的第11～13题中,约占总分的1%
（3）关系运算基本概念 　　选择运算,投影运算,连接运算		以选择题的形式考核,多出现在选择题的第11～14题中,约占总分的1%
（4）数据库设计基础		以选择题的形式考核,约占总分的1%
（5）Access 系统简介	①Access 系统的基本特点	以选择题的形式考核,多出现在选择题的第11～14题中,约占总分的1%
	②基本对象:表,查询,窗体,报表,宏,模块	

2. 数据库和表的基本操作

大纲要求		专家解读
（1）创建数据库	①创建空白数据库	以选择题的形式考核,约占总分的1%
	②使用模板创建数据库	
（2）表的建立	①建立表结构:使用数据表视图和设计视图	以选择题和操作题两种形式考核。选择题一般出现在选择题的第15～22题,约占总分的2%。操作题出现在基本操作题中,抽中概率为10%
	②数据类型,字段属性设置	
	③设置表的主键:定义或修改表的主键	
	④输入数据:直接输入数据,获取外部数据	
（3）表间关系的建立与修改	①表间关系的概念:一对一,一对多	以选择题和操作题两种形式考核。选择题一般出现在选择题第14～19题,约占总分的1%。操作题出现在基本操作题中,抽中概率为10%
	②建立表间关系	
	③设置参照完整性	

续表

	大纲要求		专家解读
（4）表的维护	①修改表结构:添加字段,修改字段,删除字段,重新设置主关键字		以操作题的形式考核,抽中概率为100%。是基本操作题中的主要考核点
	②编辑表内容:添加记录,修改记录,删除记录,复制记录		
	③调整表外观:调整行高和列宽,设置字体大小和格式		
（5）表的其他操作	①查找数据		以选择题和操作题两种形式考核。选择题一般出现在第19～23题,约占总分的1%。操作题出现在基本操作题中,抽中概率为20%
	②替换数据		
	③汇总数据		
	④排序记录		
	⑤筛选记录		

3. 查询的基本操作

	大纲要求		专家解读
（1）查询分类	①选择查询		以选择题的形式考核,约占总分的1%
	②参数查询		
	③交叉表查询		
	④操作查询:生成查询,删除查询,更新查询,追加查询		
	⑤SQL查询		
（2）查询准则	①运算符		以选择题的形式考核,一般出现在选择题的第20～24题中,约占总分的2%。操作题中常以查询条件考核
	②函数		
	③表达式		
（3）创建查询	①使用查询向导创建查询		以选择题和操作题的形式考核,一般出现在选择题的第19～22题中,约占总分的2%。操作题出现在简单应用题中,抽中概率为100%
	②使用设计视图创建查询		
	③用SQL语言创建查询		
	④在查询中计算		
（4）操作已创建的查询	①运行已创建查询		以操作题的形式考核,抽中概率为5%
	②编辑查询中的字段		
	③编辑查询中的数据源		
	④排序查询的结果		

4. 窗体的基本操作

	大纲要求		专家解读
（1）窗体分类	①按功能划分:数据操作窗体,控制窗体,信息显示窗体,交互信息窗体		以选择题的形式考核,约占总分的1%
	②按显示方式划分:标准窗体,自定义窗体		

大纲要求		专家解读
（2）创建窗体	①使用向导创建窗体	以选择题和操作题两种形式考核。选择题一般出现在选择题的第 22～25 题中，约占总分的 2%。操作题中出现在综合应用题中，抽中概率为 90%
	②使用设计器创建窗体	
（3）编辑窗体	①常用控件的含义及种类	
	②在窗体中添加和修改控件	
	③设置窗体和控件的常见属性	

5. 报表的基本操作

大纲要求		专家解读
（1）报表分类	①纵栏式报表	以选择题和操作题两种形式考核。选择题一般出现在选择题的第 25～31 题中，约占总分的 2%。操作题出现在综合应用题中，常考控件属性及功能的设置，抽中概率为 60%
	②表格式报表	
	③图表式报表	
	④标签式报表	
（2）创建报表	①使用报表向导创建报表	
	②使用设计视图创建报表	
（3）编辑报表	①在报表中进行排序和分组	
	②在报表中计算和汇总	
	③添加和修改控件及其属性	

6. 宏

大纲要求		专家解读
（1）宏的基本概念		以选择题和操作题两种形式考核。选择题一般出现在选择题的第 31～34 题中，约占总分的 2%。操作题出现在基本操作题或综合应用题中，抽中概率为 4%
（2）宏的分类	①独立宏	
	②嵌入宏	
	③数据宏	
（3）宏的基本操作	①创建宏：创建一个宏，创建宏组	
	②运行宏	
	③在宏中使用条件	
	④设置宏操作参数	
	⑤常用的宏操作	
（4）事件的基本概念与事件驱动		

7. VBA 编程基础

大纲要求		专家解读
(1) 模块的基本概念	① 类模块	以选择题和操作题两种形式考核。选择题一般出现在选择题的第 34 ~ 40 题中,约占总分的 8%。操作题出现在综合应用题中,常以添加一两句语句使事件或程序功能完善的形式来考核,抽中概率为 40%
	② 标准模块	
	③ 将宏转换为模块	
(2) 创建模块	① 创建 VBA 模块:在模块中加入过程,在模块中执行宏	
	② 编写事件过程:键盘事件,鼠标事件,窗口事件,操作事件和其他事件	
(3) VBA 编程基础	① VBA 编程基本概念	
	② VBA 流程控制:顺序结构,选择结构,循环结构	
	③ VBA 函数/过程调用	
	④ VBA 数据文件读写	
	⑤ VBA 错误处理和程序调试(设置断点,单步跟踪,设置监视窗口)	
(4) VBA 数据库编程	① ACE 引擎和数据库编程接口技术	
	② 数据访问对象(DAO)	
	③ ActiveX 数据对象(ADO)	
	④ VBA 数据库编程技术	

考 试 方 式

1. 采用无纸化上机考试,考试时长为 120 分钟,满分为 100 分。

2. 题型及分值

(1) 单项选择题 40 分(公共基础知识部分 10 分,Access 相关选择题 30 分)。

(2) 操作题 60 分,包括基本操作题、简单应用题和综合应用题。

① 基本操作题 18 分。

② 简单应用题 24 分。

③ 综合应用题 18 分。

操作题及其具体考核内容如表 F-8 所示。

表 F-8　　　　　　　　　　　操作题及其具体考核内容

操作题	具体内容
(1) 基本操作题	① 建立表:建立表的结构,向表中输入数据,字段属性设置,建立表间的关系 ② 维护表:修改表的结构,编辑表的内容,调整表的外观 ③ 操作表:排序记录,筛选记录,汇总数据
(2) 简单应用题	条件查询,参数查询,操作查询,交叉表查询和 SQL 查询的建立
(3) 综合应用题	窗体常见控件使用及其属性设置,报表常见控件使用及排序和分组,宏的建立及条件设置,VBA 简单编程

3. 考试环境

操作系统:中文版 Windows 7。

开发环境:Microsoft Office Access 2016。